高等流体力学

Advanced Fluid Mechanics

董志勇　编著

科 学 出 版 社

北 京

内 容 简 介

本书系统地阐述了高等流体力学的基本概念、基本理论及最新研究成果，内容主要包括：流体力学的基本概念、流体运动学、流体动力学基本方程、紊流力学、边界层理论、势流理论、旋涡运动理论、气体动力学、非牛顿流体力学等。为便于读者自学，本书文字表述力求通俗易懂，对一些数学处理给出比较详细的推导过程，并列举了一些例题。书末附有详细的参考文献、高等流体力学常用术语中英文对照表和外国人名译名表，以便读者深入研究时参考。

本书可作为水利类、土木类、化工类、机械类、环境类专业研究生的教材，同时可供有关专业的学生、教师、科研人员及工程技术人员参考。

图书在版编目(CIP)数据

高等流体力学/董志勇编著. —北京：科学出版社，2020. 6

ISBN 978-7-03-065428-1

Ⅰ. ①高… Ⅱ. ①董… Ⅲ. ①流体力学-高等学校-教材 Ⅳ.①O35

中国版本图书馆 CIP 数据核字（2020）第 096162 号

责任编辑：胡 凯 许 蕾 曾佳佳／责任校对：杨聪敏

责任印制：张 伟／封面设计：许 瑞

科学出版社出版

北京东黄城根北街 16 号

邮政编码：100717

http://www.sciencep.com

北京建宏印刷有限公司 印刷

科学出版社发行 各地新华书店经销

*

2020 年 6 月第 一 版 开本: 720 × 1000 1/16

2021 年 5 月第三次印刷 印张: 14 1/2

字数：300 000

定价: 79.00 元

(如有印装质量问题, 我社负责调换)

前　言

流体是人类生活和生产中不可或缺的物质。许多工程技术与流体力学 (fluid mechanics) 有关，如水利工程、市政工程、化学工程、机械工程、土木工程、环境工程以及航空航天、气象、海洋、石油、船舶、医学等领域都有大量的流体问题需要应用流体力学的知识来解决。

《高等流体力学》一书较为系统地阐述了高等流体力学的基本概念、基本理论及最新研究成果。在叙述上，力求深入浅出、重点突出。主要思路为：从流体运动学到流体动力学；从黏性流体到理想流体；从牛顿流体到非牛顿流体；从不可压缩流体到可压缩流体；从紊流统计理论到紊流拟序结构；从边界层理论到势流理论。为便于读者查找，参考文献放在书后统一列出，中文以姓氏拼音为序，西文、俄文按字母排序；为适应不同层次读者使用和方便教学，在书末附有外国人名译名表。此外，书末还附有高等流体力学常用术语中英文对照表，以便读者深入研究时参考。为帮助读者理解所学内容，书中列举了一些例题。希望本书的内容能够对读者的学习、教学、研究等有所帮助。

本书的出版得到 “浙江工业大学专著与研究生教材出版基金” 的资助，在此表示衷心的感谢。作者的多位国内外同仁曾惠赠一些宝贵的资料或给予热情的帮助和鼓励，在此谨向他们表示真诚的谢意。书中插图的绘制由作者的研究生张凯、赵文倩、柳文菁、耿坤、李扬如、秦兆雨、王磊、杨杰、张邵辉、李大庆、黄洲、余俊鹏、钟铮闻、严泽阳、童建莉、孙金阳等同学完成，在此深表谢意。尤其要感谢科学出版社许蕾编辑认真、细致的编审工作。最后，感谢在本书写作和出版过程中所有给予关心、支持和帮助的人们。

在本书写作过程中，作者虽力求审慎，但由于水平有限，书中疏漏和不足在所难免，恳请读者批评指正。

董志勇

2018 年 7 月于杭州

E-mail: dongzy@zjut.edu.cn

目　　录

Contents

主要符号表

拉丁字母符号

a	声速；小扰动波传播速度
$\overrightarrow{a}$	加速度矢量
A	截面积；实常数；参变量；绕流物体的投影面积
A_1，A_2	变截面管流中 1-1 截面和 2-2 截面的面积
a, b, c	Lagrange 变数
a_x，a_y，a_z	坐标轴 x,y,z 方向加速度分量
a_1，a_2，$a_3, \cdots, a_n$	物理平面上多边形顶点在辅助平面实轴上的坐标
A_1^*，A_2^*，$A_3^*, \cdots, A_n^*$	物理平面变换到辅助平面的对应点
A_1，A_2，$A_3, \cdots, A_n$	物理平面上多边形的顶点
b	混合层宽度；矩形管道半高度；解析变换的实常数
B	质点的物理量；一排绕流物体的间距；参变量
$b_{1/2}$	射流扩展区半值宽, 即 $u = 0.5u_m$ 处的 y 值
c	常数；比热
C	常数
c_p	定压比热
c_v	定容比热
C_{D}	阻力系数
C_k	紊动能 k 方程中的对流项
C_{ij}	雷诺应力方程中的对流项
$\mathrm{cov}(\xi,\ \eta)$	随机变量 ξ, η 的协方差
$\mathrm{cov}(V_i,\ V_j)$	流速 V_i, V_j 的协方差
C_1，C_2，C_3	积分常数
C_f, C_p, C_d	摩擦、形状和绕流阻力系数
$C_\mu, C'_\mu, C_\varepsilon, C_{\varepsilon 1}, C_{\varepsilon 2}, C_D, C_k, C_1, C_2, C_{1w}, C_{2w}$	紊流模型中经验常数
d	直径
D	管径
$\mathrm{d}t$	时段

$\mathrm{D}\xi$	方差
$\mathrm{d}\vec{r}$	空间曲线上微分长度矢量
D_k	紊动能 k 方程中的扩散项
D_{ij}	雷诺应力方程中的扩散项
$\mathrm{d}A$	微分面积
$\mathrm{d}l$	微分长度
$\mathrm{d}\vec{L}$	微分长度矢量
$\mathrm{d}x, \mathrm{d}y, \mathrm{d}z$	流体微团边长；空间曲线上微分长度矢量 $\mathrm{d}\vec{r}$ 在三个坐标轴方向的投影；微团的边长
$\mathrm{d}q_1, \mathrm{d}q_2, \mathrm{d}q_3$	空间曲线上微分长度矢量 $\mathrm{d}\vec{r}$ 在正交曲线坐标系中三个坐标轴方向的投影
e	内能
E	能谱函数
$\mathrm{E}\xi$	数学期望
$E(n)$	频谱函数
$E_1,\ E_2$	理想流体和黏性流体的动能
f	阻力系数；Fanning 阻力系数；频率；因变量；随机变量
F	阻力；因变量
F_d	绕流阻力
$F(\omega)$	象函数
$f(z)$	像原复势
f_i	张量形式的单位质量力
Fr	Froude 数
$F(\xi)$	非牛顿流体管道压降的函数
$f(y^+)$	待定函数
$F(\eta)$	待定函数
$f(\tau)$	本构方程中切应力的函数
$\bar{f}\left(\dfrac{r_0^2}{\bar{z}}\right)$	圆柱面镜像复势
f'	随机变量 f 的脉动值
$\bar{f}$	随机变量 f 的时均值
$f(r)$	纵向相关函数
$\bar{f}(\bar{z}), \bar{f}(-\bar{z})$	平面镜像复势
F_f, F_p, F_d	物体绕流的摩擦阻力、形状阻力和总阻力

$f_x,\ f_y,\ f_z$	单位质量力 $\overrightarrow{f}$ 在三个坐标轴方向的分量
$f(\overrightarrow{x},t), \bar{f}(\overrightarrow{x}), \widetilde{f}(\overrightarrow{x},t), f'(\overrightarrow{x},t)$	瞬时变量, 时均分量, 拟序分量, 紊动分量
g	随机变量；重力加速度
g'	随机变量 g 的脉动值
$\bar{g}$	随机变量 g 的时均值
$g(r)$	横向相关函数
H	绕流物体的高度
h_f	沿程水头损失
h^+	具有雷诺数特征的参变量
He	Hedstrom 数
$h_1,\ h_2,\ h_3$	Lame 系数
i	复数
i	焓
i_1, i_2	激波前后气流的焓
$\overrightarrow{i},\ \overrightarrow{j},\ \overrightarrow{k}$	坐标轴单位矢量
$i,\ j,\ l,\ m,\ q$	张量形式的下标
J	涡通量；水力坡度
k	常数；波数；紊动能；非牛顿流体的流变系数
L	长度；紊流长度比尺
l	Prandtl 混合长度；涡线长度；管段长度
l_1	Prandtl 第二混合长度
m	质量；常量；偶极子的强度
M	马赫数；气体分子量
$M_1,\ M_2$	激波前后气流马赫数；变截面管流中 1-1 截面和 2-2 截面的马赫数；理想流体和黏性流体的动量
n	正实数；非牛顿流体的流变指数
n'	参变量
$\overrightarrow{n}$	法向单位矢量
$n_i,\ n_j,\ n_q,\ n_m$	张量形式的壁面法向单位矢量
p	压力；压强；动压强
p_0	海平面处大气压力；壁面压力；滞止状态的压力
P_{ij}	雷诺应力方程中的产生项
p_*	临界状态的压力
P_k	紊动能 k 方程中的产生项

p_1，p_2	激波前后气流压力；变截面管流中 1-1 截面和 2-2 截面的压力
p'_i，p'_j	张量形式的脉动压力
p，$\bar{p}$，p'，$\widetilde{p}$	瞬时压力、时均压力、脉动压力、拟序压力
Q	体积流量；点源和点汇的强度
Q_m	质量流量
Q_1，Q_2	理想流体和黏性流体的质量流量
q_1，q_2，q_3	正交曲线坐标系中的空间坐标
r	径向坐标；流场中两点间距离；矢径 $\vec{r}$ 的模
r_0	半径；流场中任一点至线涡的垂直距离
r_p	非牛顿流体切应力等于其屈服应力时所对应的半径
R	气体常数；水力半径
R_0	普适气体常数
$\vec{r}$	质点的矢径；涡线微分长度 dl 至空间点的矢径
$\widetilde{r}_{ij}$	拟序参变量
r_1，r_2	点汇和点源至流场中任一点的径向距离
r，r_1，r_2	流场中任一点距原点、点源、点汇的极距
Re	牛顿流体的雷诺数
$Re_{\rm c}$	牛顿流体的临界雷诺数
$Re_{\rm B}$	宾厄姆流体的雷诺数
$(Re_{\rm B})_{\rm c}$	宾厄姆流体的临界雷诺数
$Re_{\rm MR}$	Metzner-Reed 雷诺数
$Re_{\rm III}$	希辛柯雷诺数
Re_r	非牛顿流体半径 r 处的雷诺数
Re_*	摩阻雷诺数
$(Re_r)_{\rm c}$	幂律流体半径 r 处的临界雷诺数
$R_{\xi\eta}$	相关系数
$R_\tau(V)$，$R_\tau(p)$	流速和压力的自相关系数
$R_{ij}(V)$，$R_{ij}(p)$	流速和压力的互相关系数
S	源汇项；盐度；熵
S_{ij}	应变张量
St	Strouhal 数
$\bar{S}_{ij}, \widetilde{S}_{ij}, S'_{ij}$	时均应变率、拟序应变率和脉动应变率
t	时间
T	切应力；周期；温度

T_*	临界状态的温度
T_0	滞止状态的温度
T_V	紊动强度
T_{ij}	应力张量
T_1，T_2	激波前后气流温度；变截面管流中 1-1 截面和 2-2 截面的温度
u	纵向流速；边界层内流速；气流速度；非牛顿流体的流速
U	特征流速；断面平均流速
u_0	射流中势流核流速；尾流中主流速度
u_m	射流轴线流速
$u_{\max}$	断面上最大流速
u_d	尾流中速度亏损
u_{e}	主流速度；外流区流速
U_{c}	临界流速
U_0	非牛顿流体栓塞滑动速度
$\bar{u}_m$	管道轴线处时均流速
u^+	光滑管道中幂律流体的无量纲流速
u_*	摩阻流速或剪切流速
$U(x)$	待定函数
u_1，u_2	纵向流速
$\bar{u}_{\max}$，$\bar{u}_{\min}$	轴向最大、最小时均速度
U_1, U_2	混合层来流速度
u, v, w	空间直角坐标系中 x, y, z 方向的紊流瞬时流速；速度矢量 $\vec{V}$ 在三个坐标轴方向的分量
u'，v'，w'	空间直角坐标系中 x, y, z 方向的紊流脉动流速
$\overline{u}$，$\overline{v}$，$\overline{w}$	空间直角坐标系中 x, y, z 方向的紊流时均流速
v	横向流速；垂向流速
$\vec{V}$	速度矢量
V_∞	无穷远处来流速度
V	紊流速度比尺；旋涡诱导速度；当地流速
V_r，V_θ	径向流速、切向流速
V_1，V_2	激波前后气流速度；变截面管流中 1-1 截面和 2-2 截面的流速
$\widetilde{V}_i$，$\widetilde{V}_j$	张量形式的拟序流速

$-\overline{V_i' V_j'}$	随机雷诺应力
$-\overline{\widetilde{V}_i \widetilde{V}_j}$	拟序雷诺应力
V_1, V_2, V_3	速度矢量 $\mathrm{d}\overrightarrow{V}$ 在正交曲线坐标系中三个坐标轴方向的投影
$V_r,\ V_\theta,\ V_z$	柱坐标形式的速度分量
$V_R,\ V_\theta,\ V_\varphi$	球坐标形式的速度分量
$V_i,\ \bar{V}_i,\ V_i'$	张量形式的瞬时流速、时均流速、脉动流速
$V_j,\ \bar{V}_j,\ V_j'$	张量形式的瞬时流速、时均流速、脉动流速
$V_i',\ V_j',\ V_l',\ V_m',\ V_q'$	张量形式的脉动流速
$\overline{V}_i,\ \overline{V}_j,\ \overline{V}_l,\ \overline{V}_m,\ \overline{V}_q$	张量形式的时均流速
$V_i,\ V_j,\ V_l,\ V_m,\ V_q$	张量形式的瞬时流速
W	运动激波传播速度
$W(z), W(\zeta)$	物理平面和辅助平面上复势
x, y, z	空间直角坐标；Euler 变数
$x_i,\ x_j,\ x_l,\ x_m,\ x_q$	张量形式的坐标
y	距壁面垂直距离
y^+	具有雷诺数特征的参变量
Y_B	宾厄姆流体的屈服数
z	海拔；垂向坐标；解析变换, 即 $z=f(\zeta)$
$z,\ \bar{z}$	复变量、共轭复变量, 即 $z=x+\mathrm{i}y, \bar{z}=x-\mathrm{i}y$
z_j, z_k, z_l	像原复势在复平面上奇点的位置
$\bar{z}_j, \bar{z}_k, \bar{z}_l$	镜像复势在复平面上奇点的位置

希腊字母符号

α	与 x 轴的夹角
$\alpha_1,\ \alpha_2$	流场中任一点与线涡的夹角
$\alpha_1\pi,\ \alpha_2\pi,\ \alpha_3\pi,\ \cdots,\ \alpha_n\pi$	物理平面上多边形的内角
γ	比热比；绝热指数；水的重度
Γ	环量；点涡强度；涡线强度；广义扩散系数
δ	黏性底层厚度；边界层厚度；点源与点汇的间距
δq	热量
δV	微小体积
Δt	时段

Δp	压差；压降
Δp_y	非牛顿流体壁面切应力等于其屈服应力时的压降
$\Delta\vec{V}$	速度差
Δu_1，Δu_2	任意两流层间速度差
δ_{ij}，δ_{il}，δ_{jl}	Kronecker 函数, 如 $\delta_{ij}=\begin{cases}1, & i=j\\ 0, & i\neq j\end{cases}$
δ_1，δ_2，δ_3	边界层流量排挤厚度、动量损失厚度、能量损失厚度
ε_0	壁面处流体微团的变形速率
ε	能量耗散率；紊动能耗散率；非牛顿流体的流速梯度或变形速率
ε_{ij}	雷诺应力方程中的耗散项
$\varepsilon_{11},\varepsilon_{22}$	三角形微团对角线 AC、BD 的线变形速率
ε_{xx}，ε_{yy}，ε_{zz}	线变形速率
ε_{xz}，ε_{xy}，ε_{yz}	角变形速率
$\bar{\varepsilon}$, $\widetilde{\varepsilon}$, ε'	时均耗散率、拟序耗散率和脉动耗散率
ζ	辅助平面上复变量, 即 $\zeta=\xi+\mathrm{i}\eta$
ζ'	茹可夫斯基翼型绕流辅助平面上复变量, 即 $\zeta'=\xi'+\mathrm{i}\eta'$
η	随机变量；参变量；辅助平面上坐标
θ，θ_1，θ_2	夹角；流场中任一点距原点、点源、点汇的极角
κ	Karman 常数
λ	微尺度；Darcy-Weisbach 阻力系数；参变量
$\mathit{\Lambda}$	积分尺度
μ	动力黏性系数；非牛顿流体的动力黏度
μ_{C}	卡森黏度
μ_{e}	有效黏度
μ_t	涡黏性系数；紊动黏性系数
μ_a,μ_p	非牛顿流体的表观黏度和塑性黏度
ν	运动黏性系数
ν_t	紊流运动黏性系数
ξ	随机变量；参变量；辅助平面上坐标
$\mathit{\Pi}$	尾流参数
ρ	流体密度

ρ_1，ρ_2	激波前后气流密度；变截面管流中 1-1 截面和 2-2 截面的密度
ρ_0，ρ_*	滞止状态和临界状态的密度
σ	均方差或标准差；经验常数
$\sigma_k, \sigma_\varepsilon$	紊流模型中经验常数
σ_1，σ_2	三角形微团 BD 面、AC 面上的正应力
σ_u，σ_v	纵向流速 u 和横向流速 v 的标准差
σ_{xx}，σ_{yy}，σ_{zz}	垂直于 x 轴、y 轴、z 轴平面上的正应力
τ	切应力
τ_{B}	宾厄姆流体屈服应力
τ_{C}	卡森流体屈服应力
τ_0	壁面切应力
τ_l，τ_t	黏性切应力和紊动切应力
τ_{xy}，τ_{yx}，τ_{xz}，τ_{zx}，τ_{yz}，τ_{zy}	垂直于 x 轴、y 轴、z 轴平面上的切应力
φ	速度势
$\varPhi$	通用变量
$\varphi_{ij,1}, \varphi_{ij,2}, \varphi_{ij,1w}, \varphi_{ij,2w}, \varphi_{mq,2}, \varphi_{iq,2}$	紊流模型中参数
ψ	流函数
ω	圆频率
$\vec{\omega}$	流体微团旋转角速度矢量
$\vec{\varOmega}$	涡量
ω_x，ω_y，ω_z	流体微团旋转角速度矢量 $\vec{\omega}$ 在空间直角坐标系中三个坐标轴方向的分量
$\varOmega_i$，$\overline{\varOmega}_i$，$\widetilde{\varOmega}_i$，$\varOmega_i'$	张量形式的瞬时、时均、拟序、脉动涡量
$\varOmega_x$，$\varOmega_y$，$\varOmega_z$	涡量 $\vec{\varOmega}$ 在空间直角坐标系中三个坐标轴方向的分量

其他

∇	微分算符, 读作 “那布拉”(nabla), $\nabla = \dfrac{\partial}{\partial x}\vec{i} + \dfrac{\partial}{\partial y}\vec{j} + \dfrac{\partial}{\partial z}\vec{k}$
$\dfrac{\mathrm{D}}{\mathrm{D}t}$	质点导数算子, 即 $\dfrac{\mathrm{D}}{\mathrm{D}t} = \dfrac{\partial}{\partial t} + \vec{V} \cdot \nabla$

$\dfrac{\overline{\mathrm{D}}}{\mathrm{D}t}$	时均流场的质点导数算子, 即 $\dfrac{\overline{\mathrm{D}}}{\mathrm{D}t}=\dfrac{\partial}{\partial t}+\bar{V}_j\dfrac{\partial}{\partial x_j}$
∇^2	Laplace 算子, $\nabla^2=\dfrac{\partial^2}{\partial x^2}+\dfrac{\partial^2}{\partial y^2}+\dfrac{\partial^2}{\partial z^2}$
E	数学期望运算符
$\langle\ \rangle$	相位平均运算符
—	时间平均运算符
F	Fourier 变换运算符
F^{-1}	Fourier 逆变换运算符
$\forall$	体积; 比容
∇U	质量力势
$r,\ \theta,\ z$	柱坐标
$R,\ \varphi,\ \theta$	球坐标

第 1 章 绪　　论

§1.1 流体力学的基本概念

自然界物质的基本形态为固体、液体、气体，此外，还有等离子体 (plasma)。在这 4 种形态中，除固体外，其余 3 种均为流体。下面介绍一些流体力学的基本概念。

连续介质 (continuum)：从微观角度来看，流体是由分子组成的，分子间存在空隙，是不连续的。但是流体力学研究的是流体的宏观运动，不以分子作为流动的基本单元，而是以流体质点为基本单元，把流场看作是由无数流体质点组成的连续体。这样，可用高等数学中连续函数的概念。

流体质点 (fluid particle)：流场中一个体积很小 (δV) 并可忽略其几何尺寸，但与分子相比，这个 δV 可容纳足够多的分子数目的流体元，有一个稳定的平均特性，即满足概率论中的大数定律。

理想流体 (ideal fluid)：忽略流体黏性的流体，即 $\mu=0$。其实，真实流体都是有黏性的，黏性的存在给流体运动的研究带来很大的困难。在第 5 章中会看到，边界层外面的流体可看作理想流体。

可压缩流体与不可压缩流体 (compressible and incompressible fluids)：简单地讲，密度为常数 ($\rho = \text{const}$) 的流体为不可压缩流体，如水、石油及低速流动的气体 (< 80 m/s)。反之，密度不为常数 ($\rho \neq \text{const}$) 的流体为可压缩流体。

牛顿流体 (Newtonian fluid) **与非牛顿流体** (non-Newtonian fluid)：根据流体流动时切应力与流速梯度之间的关系，即牛顿内摩擦定律

$$\tau = \mu \frac{\mathrm{d}u}{\mathrm{d}y} \tag{1-1}$$

将流体分为牛顿流体与非牛顿流体。凡是符合牛顿内摩擦定律的流体称为牛顿流

体，如水、空气、石油等。否则为非牛顿流体，如污泥、泥石流、生物流体、高分子溶液、流质食品等。

若用图来表示，牛顿流体与非牛顿流体如图 1-1 所示。从图中可以看出，牛顿流体是通过原点的一条直线，其斜率为流体的黏性系数；非牛顿流体则为通过原点的曲线或具有截距的直线或曲线，可分为：拟塑性流体 (pseudoplastic fluid)，如油漆、橡胶等；膨胀性流体 (dilatant fluid)，如高分子聚合物、生面团等；宾厄姆流体 (Bingham fluid)，如污泥、水泥砂浆等；卡森流体 (Casson fluid)，如血液、涂料等。图中横坐标则为理想流体。

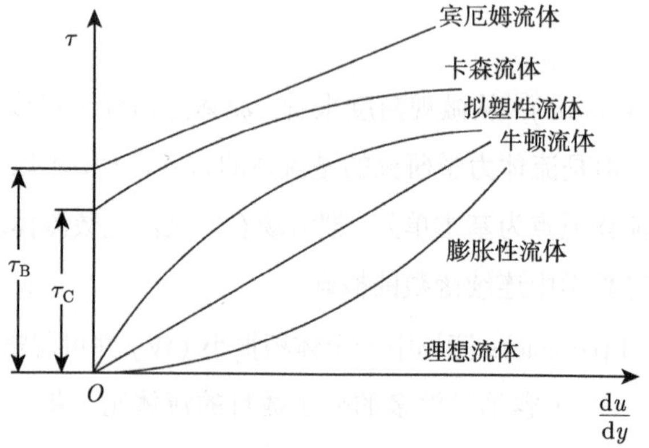

图 1-1　牛顿流体与非牛顿流体

动力黏度 (dynamic viscosity) **与运动黏度** (kinematic viscosity)：动力黏度又称为动力黏性系数，动力黏度 (μ) 是流体固有的属性，单位为 $N\cdot s/m^2$。运动黏度又称为运动黏性系数，运动黏性系数则取决于流体的运动状态，即 $\nu=\mu/\rho$，其单位为 m^2/s。黏性系数随流体温度的变化而变化，并且液体和气体的黏性系数随温度的变化规律不一样。液体的黏性系数随温度的增加而减小，气体的黏性系数则随温度的增加而增大。

体积力 (body force) **与表面力** (surface force)：体积力亦称质量力，是一种非接触力，即外力场对流体的作用，且外力场作用于流体每一质点上，如重力、惯性力、离心力、科氏力 (Coriolis force) (考虑地球自转对流动的影响，用于研究大尺度流体的运动，如湖泊、河口、海湾、海洋、大气环流等)、电磁力等。表面力是一种表面接触力，指流体与流体之间或流体与物体之间的相互作用，主要指压力、切应力、阻力等。

定常流 (steady flow) **与非定常流**(unsteady flow)：在水利、土木、机械、化工、石油等领域又称恒定流与非恒定流。若流场中流体质点的所有运动要素均不随时间变化，则这种流动称为定常流；反之，只要有一个运动要素随时间变化，则为非定常流。

§1.2 大气分层特性

地球表面包围着一层气体，这层气体叫做大气层 (atmosphere)。如果把地球比作一只苹果，那么大气层就相当于苹果皮。

按不同的物理性质，大气层可分为 5 层，即对流层 (troposphere)、同温层 (stratosphere)、中间层 (mesosphere)、电离层 (ionosphere) 及外逸层 (exosphere)，如图 1-2 所示。

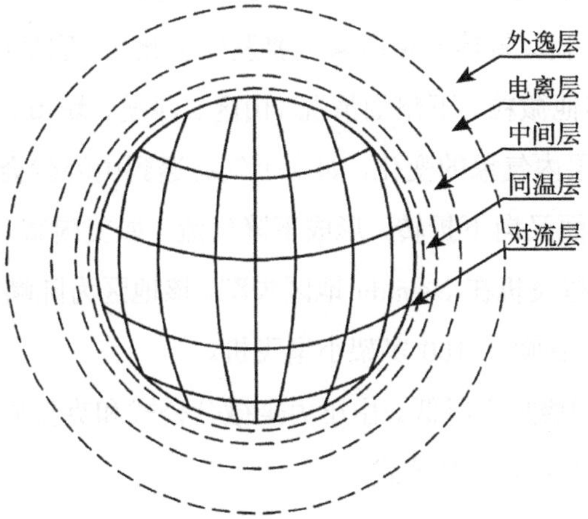

图 1-2 大气分层示意图

1.2.1 对流层

对流层是大气层中最低的一层，下界为地面，上界高度从赤道向两极逐渐减小。对流层的厚度在低纬度地区为 16~18km，中纬度地区为 10~12km，高纬度地区为 7~9km，如我国东北地区，对流层的厚度约为 10km；北京地区约为 11km；广州地区则达 16km。

顾名思义，对流层内具有强烈的对流作用，其强度随纬度的升高而减弱，即在低纬度地区，对流作用较强，而在高纬度地区则较弱，这也就是对流层厚度会从赤道向两极减小的原因。对流层对人类的生活、生产影响最大。大气污染现象也主要发生于此层，特别是近地面的大气边界层。对流层具有以下特性：

(1) 气温随高度的增加而降低。平均每升高 100m，气温降低约 0.65℃。对流层气温的变化主要是靠地面吸收太阳的热能后辐射出的热量而被加热，所以离地面越近，气温就越高。风是由温差引起的。气压也随高度的增加而降低。

(2) 大气层的质量。大气层的总质量约为 5.3×10^{15}t，仅为地球质量的百万分之一。由于受重力的作用，大气从地面到高空逐渐稀薄，大气质量主要集中在下部，其中 50%集中在 5km 以下，75%集中在 10km 以下，98%集中在 30km 以下。也就是说，对流层内几乎包含了整个大气层质量的 3/4，5km 以内包含整个大气层质量的一半。

(3) 气象的变化。自地表向上延伸 3km 通常称为大气边界层，这一区域受地表的影响最大。云、雾、雨、雪等气象现象主要发生于此层，这是由于在 3km 以下含有大量的水蒸气及其他微粒。下垫面情况 (山区、沙漠、城市、海洋、大江、大湖等) 直接影响到对流层内气象的变化，如水平气流遇到山峰就会向上折转，形成上升气流；而在山的背面又向下折转，形成下降气流，如美国富翁 Steve 于 2007 年 9 月 3 日驾驶一架小型飞机在 Nevada 地区失踪，该地区为陡峭的山峰和深深的沟壑相间，近 50 年来已吞噬了 150 多架小型飞机。

(4) 气压随高度的增加而降低。由压力全微分公式和克拉佩龙 (Clapeyron) 方程，可得不同海拔处压力的计算公式：

$$\frac{p}{p_0}=\left(1-\frac{z}{4.43\times10^4}\right)^{5.256} \tag{1-2}$$

式中，p_0 为海平面处大气压力，即 p_0 = 760mmHg = 1000hPa = 1atm；z 为海拔 (m)。譬如，若太行山的海拔以 1000m 计，则大气压力 p=0.88atm；若西藏的海拔以 5000m 计，则大气压力 p=0.53atm，也就是说，水烧到 85℃就开了；然而，若在 2400m 深的南极海底把水烧开，则需要加垫至 380℃。

1.2.2 同温层

同温层位于对流层之上，顶端离地面大约 50km。该层大气的特性为：

(1) 下层温度大致不变。平均保持在零下 56.5℃，但是随纬度的不同会产生变化，尤其在两极地区和赤道地区上空的气温差异明显。

(2) 几乎不存在水蒸气。所以没有云、雾、雨、雪等气象现象，这对飞机的飞行有利。

(3) 没有上下对流。只有水平方向的风，所以同温层又叫平流层。

(4) 臭氧量增加。在 20km 上下臭氧浓度达到最大值，称为臭氧层。臭氧层能吸收绝大部分太阳紫外线，阻挡强紫外线辐射到地面，使地表生物免受紫外线的伤害。

(5) 大气质量。同温层包含的大气质量约占整个大气层质量的 1/4。

在对流层与同温层之间有一个过渡层，叫做“变温休止层”，其厚度约为 1km。

著名奥地利极限运动员 Baumgartner 于 2012 年 10 月 14 日上午 9 点半左右，在美国新墨西哥州罗斯维尔地区乘坐氦气球携带的太空舱升至同温层，从距地面高度 39km 的太空舱跳下，并成功着陆。在打开降落伞之前，其自由落体的速度达到超声速，1342.8km/h。

1.2.3 中间层

中间层位于离地面 50~85km 范围内。其主要特征为：

(1) 气温随高度的增加而迅速降低，可降至零下 100℃。由于该层臭氧含量极少，不能大量吸收太阳紫外线，而氮、氧能吸收的短波辐射又大部分被上层大气所吸收，故气温随高度的增加而递减。

(2) 出现强烈的对流运动。这是由于该层大气上部冷、下部暖，空气产生垂向对流运动。中间层也存在水平向对流运动，并且风速相当大，如在 60km 高度处的风速约为 140m/s。由于该层空气稀薄，空气的对流运动不能与对流层相比。

中间层包含的大气质量已很少，只有整个大气层质量的 1/3000。

1.2.4 电离层

离地面 85~500km 的范围内为电离层。该层有如下特点：

(1) 含有大量的离子。在太阳紫外线和宇宙射线的作用下，氧分子和部分氮分子被分解，并处于高度电离状态。该层能吸收、反射或折射无线电波，对无线电通信很重要。

(2) 存在热层。从 100km 起，气温开始上升，一直升到很高的温度，如在 300km 高度处，气温可达 1000℃。所以，电离层又叫热层 (thermosphere)。电离层中空气温度之所以升高，是由于其中包含许多能吸收太阳热量的宇宙尘埃，并且空气电离时也能释放出很多的热量。然而，如此高的气温是否会使航天器的温度同样升高呢？不会，因为该层空气已非常稀薄，空气的热量传到航天器上很慢，同时航天器获得的热量又能及时地辐射到空中去，因此航天器仍保持很低的温度。

1.2.5　外逸层

外逸层位于离地面 500~3000km 范围内，是大气层的最外一层，也是大气层和星际空间的过渡层。此层空气已极其稀薄，以大气的密度接近星际气体的密度处为大气层的边缘。

气温随高度的增加而升高。由于气温很高，空气粒子运动速度很快，又因距地球遥远，受地球引力作用很小，故一些高速运动的空气质点不断散逸到星际空间，外逸层由此而得名。

由上述各层知，大气温度随高度的变化是比较复杂的，有升也有降。然而，大气的压强和密度却都随着高度的增加而很快降低。以中纬度地区为例，大气各层的主要特性如图 1-3 所示。

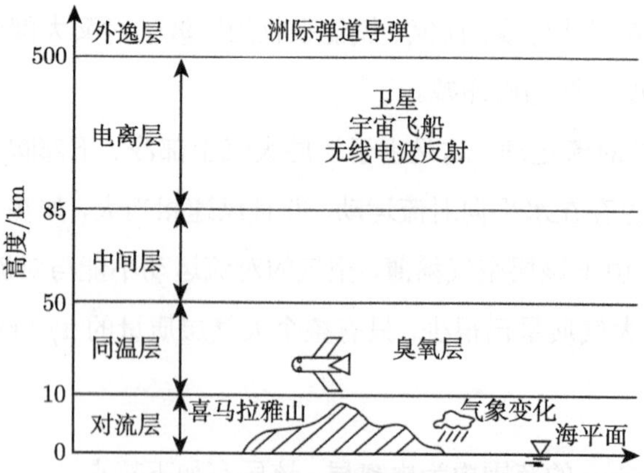

图 1-3　大气各层特性示意图

第2章　流体运动学

流体运动学 (fluid kinematics) 是从几何学的观点来研究流体的运动，而不考虑作用于流体上的力，即只研究流体运动的几何特征。

§2.1　描述流体运动的两种方法

本节介绍流体力学中用以描述流体质点的位置、速度及加速度的两种方法，即 Lagrange 法和 Euler 法，并介绍这两种方法之间如何相互转换。

2.1.1　Lagrange 法

Lagrange 法的基本思想是研究单个质点的运动规律。流体质点在空间运动时，在直角坐标系中的位置可表示成：

$$x = x\,(a,\ b,\ c,\ t) \tag{2-1a}$$

$$y = y(a,\ b,\ c,\ t) \tag{2-1b}$$

$$z = z(a,\ b,\ c,\ t) \tag{2-1c}$$

该式称为 Lagrange 位置表达式，其中自变量 a, b, c, t 表示质点的初始位置，称作 Lagrange 变数。设质点的矢径为

$$\vec{r} = x\,\vec{i} + y\,\vec{j} + z\,\vec{k} \tag{2-2}$$

速度矢量可表示成：

$$\vec{V} = \frac{\partial \vec{r}}{\partial t} \tag{2-3}$$

其速度矢量可分解为

$$\vec{V} = u\,\vec{i} + v\,\vec{j} + w\,\vec{k} \tag{2-4}$$

那么，在直角坐标系中可表示成：

$$u = \frac{\partial x}{\partial t}, \quad v = \frac{\partial y}{\partial t}, \quad w = \frac{\partial z}{\partial t} \tag{2-5}$$

质点加速度可表示成：

$$\vec{a} = \frac{\partial \vec{V}}{\partial t} \tag{2-6}$$

即

$$a_x = \frac{\partial u}{\partial t}, \quad a_y = \frac{\partial v}{\partial t}, \quad a_z = \frac{\partial w}{\partial t} \tag{2-7}$$

类似地，流体质点的其他物理量，如密度、压力、温度等可分别表示成：

$$\rho = \rho(a,\ b,\ c,\ t) \tag{2-8a}$$

$$p = p(a,\ b,\ c,\ t) \tag{2-8b}$$

$$T = T(a,\ b,\ c,\ t) \tag{2-8c}$$

2.1.2　Euler 法

Euler 法的基本思想为研究空间固定点上质点的运动情况，即从场论的角度研究流体质点的运动规律。设质点的物理量为 B，空间坐标为 q_1，q_2，q_3，时间为 t，则流体质点的物理量可表示成：

$$B(q_1,\ q_2,\ q_3,\ t) \tag{2-9}$$

例如，流体质点的速度、密度、压力可分别表示成：

$$\vec{V} = \vec{V}(q_1,\ q_2,\ q_3,\ t) \tag{2-10a}$$

$$\rho = \rho(q_1,\ q_2,\ q_3,\ t) \tag{2-10b}$$

$$p = p(q_1,\ q_2,\ q_3,\ t) \tag{2-10c}$$

式中，q_1，q_2，q_3，t 称为 Euler 变数。直角坐标系中的速度场可写成：

$$\vec{V} = \vec{V}(x,\ y,\ z,\ t) \tag{2-11}$$

2.1.3　质点导数

质点导数 (material derivative) 亦称随体导数，表示流体质点的物理量对时间的变化率，亦即跟随流体质点求导数。Lagrange 法本身就是跟随流体质点求导数，这里不作介绍。但是，在 Euler 法中，如何求某物理量的质点导数？如图 2-1 所示，设在 t 时刻位于 P 点的流体质点速度为 $\vec{V}(x,\ y,\ z,\ t)$，经过 Δt 时段到达 P' 点的流体质点移动一段距离 $\vec{V}\Delta t$ 后的速度为

$$\vec{V}(x+u\Delta t,\ y+v\Delta t,\ z+w\Delta t,\ t+\Delta t)$$

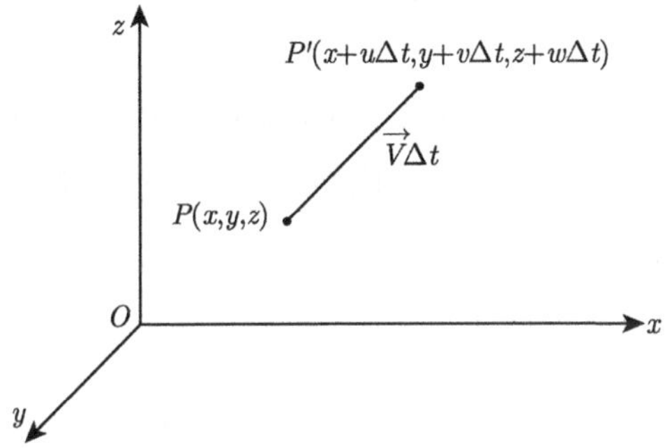

图 2-1　质点导数示意图

设两点的速度差为 $\Delta\vec{V}$，将 P' 点关于 P 点作 Taylor 级数 (Taylor series) 展开，有

$$\Delta\vec{V}=\frac{\partial\vec{V}}{\partial t}\Delta t+u\Delta t\frac{\partial\vec{V}}{\partial x}+v\Delta t\frac{\partial\vec{V}}{\partial y}+w\Delta t\frac{\partial\vec{V}}{\partial z}+O(\Delta t^2) \tag{2-12}$$

式中，右端项中

$$u\Delta t\frac{\partial\vec{V}}{\partial x}+v\Delta t\frac{\partial\vec{V}}{\partial y}+w\Delta t\frac{\partial\vec{V}}{\partial z}=(\vec{V}\cdot\nabla\vec{V})\Delta t \tag{2-13}$$

式中，$\vec{V}=u\vec{i}+v\vec{j}+w\vec{k}$；$\nabla=\frac{\partial}{\partial x}\vec{i}+\frac{\partial}{\partial y}\vec{j}+\frac{\partial}{\partial z}\vec{k}$，其中 ∇ 读作 “那布拉”(nabla)。这样式 (2-12) 可进一步写成：

$$\Delta\vec{V}=\left(\frac{\partial\vec{V}}{\partial t}+\vec{V}\cdot\nabla\vec{V}\right)\Delta t+O(\Delta t^2) \tag{2-14}$$

忽略式 (2-14) 中二阶以上项，方程两边同除以 Δt 得

$$\frac{\Delta\vec{V}}{\Delta t}=\frac{\partial\vec{V}}{\partial t}+\vec{V}\cdot\nabla\vec{V} \tag{2-15}$$

对上式取极限，并由质点加速度的定义，有

$$\lim_{\Delta t\to 0}\frac{\Delta\vec{V}}{\Delta t}=\vec{a}=\frac{\partial\vec{V}}{\partial t}+\vec{V}\cdot\nabla\vec{V} \tag{2-16}$$

由上式知，速度的质点导数就是质点加速度。质点导数通常用 $\frac{\mathrm{D}}{\mathrm{D}t}$ 表示，那么速度的质点导数可表示成：

$$\frac{\mathrm{D}\vec{V}}{\mathrm{D}t}=\vec{a}=\frac{\partial\vec{V}}{\partial t}+\vec{V}\cdot\nabla\vec{V}=\left(\frac{\partial}{\partial t}+\vec{V}\cdot\nabla\right)\vec{V} \tag{2-17}$$

式 (2-17) 中右端第一项为当地加速度 (local acceleration)，第二项为对流加速度 (convective acceleration)。同理，对于其他物理量的质点导数可写成：

$$\frac{\mathrm{D}\rho}{\mathrm{D}t}=\frac{\partial\rho}{\partial t}+\vec{V}\cdot\nabla\rho=\left(\frac{\partial}{\partial t}+\vec{V}\cdot\nabla\right)\rho \tag{2-18a}$$

$$\frac{\mathrm{D}p}{\mathrm{D}t}=\frac{\partial p}{\partial t}+\vec{V}\cdot\nabla p=\left(\frac{\partial}{\partial t}+\vec{V}\cdot\nabla\right)p \tag{2-18b}$$

任一物理量 B 的质点导数可写成：

$$\frac{\mathrm{D}B}{\mathrm{D}t}=\frac{\partial B}{\partial t}+\vec{V}\cdot\nabla B=\left(\frac{\partial}{\partial t}+\vec{V}\cdot\nabla\right)B \tag{2-19}$$

式中，$\frac{\mathrm{D}}{\mathrm{D}t}=\frac{\partial}{\partial t}+\vec{V}\cdot\nabla$ 称为质点导数算子 (operator)。在正交曲线坐标系中，质点导数算子可表示成：

$$\frac{\mathrm{D}}{\mathrm{D}t}=\frac{\partial}{\partial t}+V_1\frac{\partial}{h_1\partial q_1}+V_2\frac{\partial}{h_2\partial q_2}+V_3\frac{\partial}{h_3\partial q_3} \tag{2-20}$$

式中，h_1，h_2，h_3 为拉梅 (Lame) 系数，在正交曲线坐标系中的表示法如图 2-2 所示。在直角坐标系中，$h_1=1$，$h_2=1$，$h_3=1$，($q_1=x$，$q_2=y$，$q_3=z$，$V_1=u$，$V_2=v$，$V_3=w$)；在柱坐标系中，$h_1=1$，$h_2=r$，$h_3=1$，(1，2，3 的顺序为 r，θ，z)；在球坐标系中，$h_1=1$，$h_2=R$，$h_3=R\sin\varphi$，(1，2，3 的顺序为 R，φ，θ)。

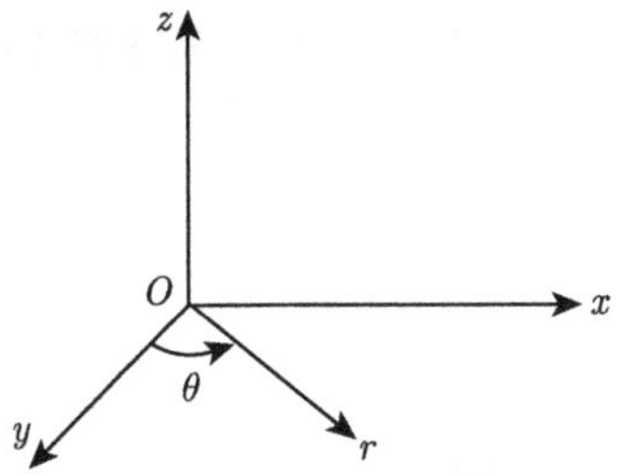

(a) 柱坐标系

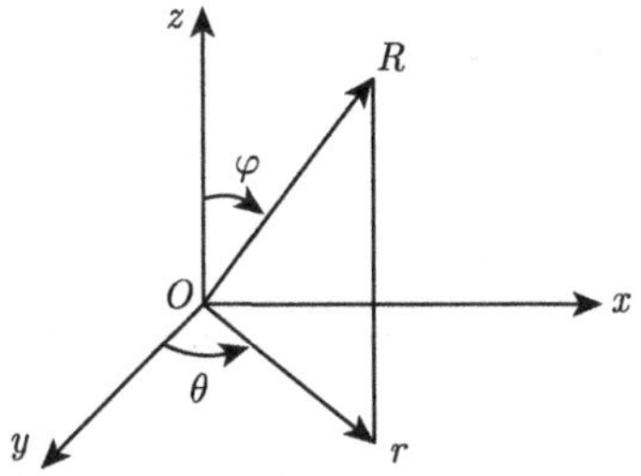

(b) 球坐标系

图 2-2 Lame 系数在柱坐标系和球坐标系中的表示法

2.1.4 Lagrange 变数与 Euler 变数的相互转换

1. Lagrange 变数转换为 Euler 变数

已知以 Lagrange 变数表示的物理量为：$B = B(a,\ b,\ c,\ t)$，欲转换成以 Euler 变数表示的物理量：$B = B(x,\ y,\ z,\ t)$。

可由 Lagrange 位置表达式 (2-1) 来实现，其条件为函数行列式

$$D = \begin{vmatrix} \dfrac{\partial x}{\partial a} & \dfrac{\partial y}{\partial a} & \dfrac{\partial z}{\partial a} \\ \dfrac{\partial x}{\partial b} & \dfrac{\partial y}{\partial b} & \dfrac{\partial z}{\partial b} \\ \dfrac{\partial x}{\partial c} & \dfrac{\partial y}{\partial c} & \dfrac{\partial z}{\partial c} \end{vmatrix} \neq 0 \tag{2-21}$$

Lagrange 变数 a, b, c 才可转换成 Euler 变数，即表示成：

$$a = a(x,\ y,\ z,\ t) \tag{2-22a}$$

$$b = b(x,\ y,\ z,\ t) \tag{2-22b}$$

$$c = c(x,\ y,\ z,\ t) \tag{2-22c}$$

将式 (2-22) 代入以 Lagrange 变数表示的物理量，即可得到以 Euler 变数表示的物理量。例如，将式 (2-22) 代入以 Lagrange 变数表示的速度函数，有

$$u\,(a,\ b,\ c,\ t) = u\,[a(x,\ y,\ z,\ t),\ b(x,\ y,\ z,\ t),\ c(x,\ y,\ z,\ t),\ t] \tag{2-23}$$

上式即为以 Euler 变数表示的速度函数。

例 2-1　已知 Lagrange 表达式：$x = ae^t$，$y = be^{-t}$，求其速度的 Euler 表达式。

解　由 $x = ae^t$，$y = be^{-t}$，解得 $a = xe^{-t}$，$b = ye^t$

以 Lagrange 变数表示的速度为

$$u = \frac{\partial x}{\partial t} = ae^t, \quad v = \frac{\partial y}{\partial t} = -be^{-t}$$

将 a, b 代入上式，则可得 Euler 变数的表达式：

$$u = x, \quad v = -y$$

2. Euler 变数转换为 Lagrange 变数

若将 Euler 变数表示的物理量 $B = B(x, y, z, t)$ 转换为以 Lagrange 变数表示的物理量 $B = B(a, b, c, t)$，可这样转换：

以 Euler 变数表示的速度表达式：

$$u = u(x, y, z, t) = \frac{\partial x}{\partial t} = \frac{\mathrm{d}x}{\mathrm{d}t} \tag{2-24a}$$

$$v = v(x, y, z, t) = \frac{\partial y}{\partial t} = \frac{\mathrm{d}y}{\mathrm{d}t} \tag{2-24b}$$

$$w = w(x, y, z, t) = \frac{\partial z}{\partial t} = \frac{\mathrm{d}z}{\mathrm{d}t} \tag{2-24c}$$

对上式积分得

$$x = x(C_1, C_2, C_3, t) \tag{2-25a}$$

$$y = y(C_1, C_2, C_3, t) \tag{2-25b}$$

$$z = z(C_1, C_2, C_3, t) \tag{2-25c}$$

式中，C_1，C_2，C_3 为积分常数，实际上即为 Lagrange 变数 a，b，c，将其代入以 Euler 变数表示的物理量中，即可得到以 Lagrange 变数表示的物理量。例如，将其代入以 Euler 变数表示的速度表达式：

$$u = u(x, y, z, t) = u\left[x(C_1, C_2, C_3, t), y(C_1, C_2, C_3, t), z(C_1, C_2, C_3, t), t\right] \tag{2-26}$$

这样就转换为以 Lagrange 变数表示的速度分布。若给定 $t = t_0$ 时刻的 x, y, z 值，可进一步确定积分常数 C_1, C_2, C_3。

§2.2 迹线、流线、脉线和流体线

2.2.1 迹线

流体质点的运动轨迹称为迹线 (path line)。下面分别讨论 Lagrange 法、Euler 法表示的迹线方程。

1. Lagrange 法表示的迹线方程

由 §2.1 知，Lagrange 位置表达式可表示成：

$$x = x(a,\ b,\ c,\ t) \tag{2-1a}$$

$$y = y(a,\ b,\ c,\ t) \tag{2-1b}$$

$$z = z(a,\ b,\ c,\ t) \tag{2-1c}$$

这就是质点迹线的参数方程。消去方程中的 t，并给定 a, b, c 值，便可得到某个流体质点的轨迹。

2. Euler 法表示的迹线方程

如图 2-3 所示，在质点迹线中取一微分长度矢量 $\mathrm{d}\vec{r}$，那么 $\mathrm{d}\vec{r}$ 应等于质点在 $\mathrm{d}t$ 时段内所移动的距离，即

$$\mathrm{d}\vec{r} = \vec{V}(q_1,\ q_2,\ q_3,\ t)\mathrm{d}t \tag{2-27}$$

这就是矢量形式的迹线方程。

在直角坐标系中，式 (2-27) 可表示为

$$\mathrm{d}x = u(x,\ y,\ z,\ t)\mathrm{d}t \tag{2-28a}$$

$$\mathrm{d}y = v(x,\ y,\ z,\ t)\mathrm{d}t \tag{2-28b}$$

$$\mathrm{d}z = w(x,\ y,\ z,\ t)\mathrm{d}t \tag{2-28c}$$

进而有

$$\frac{\mathrm{d}x}{u}=\frac{\mathrm{d}y}{v}=\frac{\mathrm{d}z}{w}=\mathrm{d}t \tag{2-29}$$

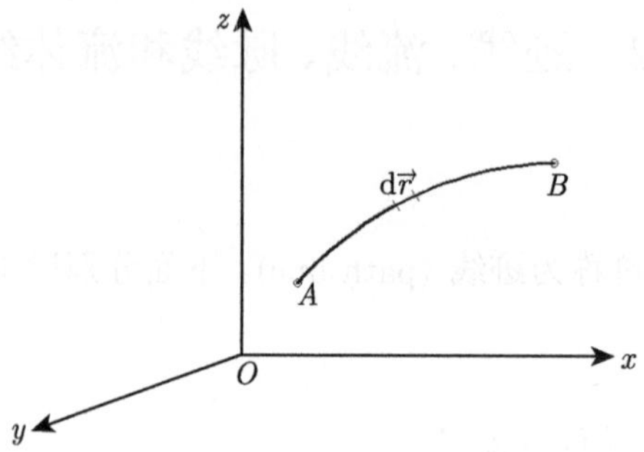

图 2-3　Euler 法迹线示意图

在正交曲线坐标系中，式 (2-27) 可写成：

$$h_1\frac{\mathrm{d}q_1}{\mathrm{d}t}=V_1(q_1,\ q_2,\ q_3,\ t) \tag{2-30a}$$

$$h_2\frac{\mathrm{d}q_2}{\mathrm{d}t}=V_2(q_1,\ q_2,\ q_3,\ t) \tag{2-30b}$$

$$h_3\frac{\mathrm{d}q_3}{\mathrm{d}t}=V_3(q_1,\ q_2,\ q_3,\ t) \tag{2-30c}$$

2.2.2　流线

流线 (stream line) 是这样一条曲线，此曲线上任一点的切线方向就是该点的流速方向，如图 2-4 所示。根据流线的定义，可得流线的微分方程，其矢量形式：

$$\vec{V}\times\mathrm{d}\vec{r}=0 \tag{2-31}$$

在直角坐标系中可表示成：

$$\frac{\mathrm{d}x}{u(x,\ y,\ z,\ t)}=\frac{\mathrm{d}y}{v(x,\ y,\ z,\ t)}=\frac{\mathrm{d}z}{w(x,\ y,\ z,\ t)} \tag{2-32}$$

在正交曲线坐标系中可写成：

$$\frac{h_1\mathrm{d}q_1}{V_1(q_1,\ q_2,\ q_3,\ t)}=\frac{h_2\mathrm{d}q_2}{V_2(q_1,\ q_2,\ q_3,\ t)}=\frac{h_3\mathrm{d}q_3}{V_3(q_1,\ q_2,\ q_3,\ t)} \tag{2-33}$$

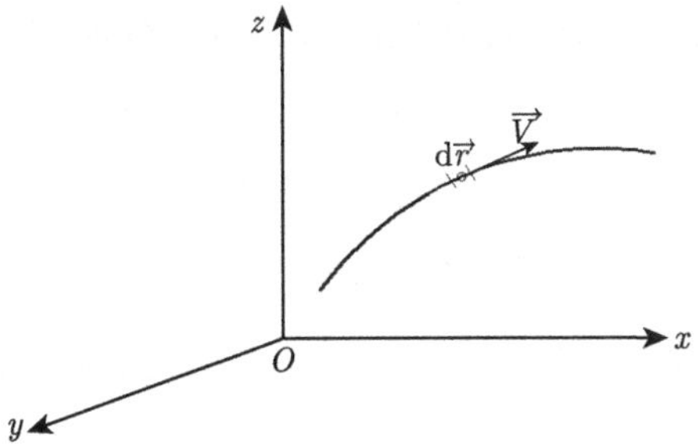

图 2-4 流线示意图

2.2.3 脉线

依照一定次序经过流场中某一固定点的各个质点的连线称为脉线 (streak line)，也叫序线。

脉线多用于试验研究，为便于观测，在流场某一固定点上对流经该点的质点染色，这些染色的质点在流场里形成一条脉线。在定常流中，流线、迹线和脉线三线合一。

2.2.4 流体线

在流场中任意指定的一段线，该线段在运动过程中始终保持由原来那些规定的质点所组成。流体线在旋涡运动分析中经常用到。

§2.3 流体微团运动分析

为了分析整个流场的运动，可先分析流场中任一流体微团 (lump) 的运动。流体微团与流体质点是两个不同的概念。流体微团系指由大量流体质点组成，并具有线性尺度效应的微小流体团；流体质点 (particle) 系指由大量分子组成，忽略线性尺度效应的最小流体单元。

2.3.1 Cauchy-Helmholtz 速度分解定理

由理论力学知，刚体的运动有两种基本形式，即平移 (translation) 和旋转 (rotation)。但对于流体来说，除平移、旋转外，还有变形 (deformation) 运动，因此流体的运动比刚体要复杂得多。

早在 1841 年，Cauchy 就对流体微团运动进行了分析，后来 Helmholtz 于 1858 年提出流体微团运动由三部分组成，即平移、旋转、变形。

Cauchy-Helmholtz 速度分解定理　流体微团运动由三部分组成：① 随微团重心的平移运动；② 围绕微团重心的旋转运动；③ 因微团变形引起的运动。

Cauchy-Helmholtz 速度分解定理对流体力学的发展具有深远的影响：

(1) 把旋转运动从流动中分离出来，这样可把流体运动分成：

$$\text{无旋流动 (irrotational flow)：} \nabla \times \vec{V} = 0$$

$$\text{有旋流动 (rotational flow)：} \nabla \times \vec{V} \neq 0$$

(2) 把变形运动从流动中分离出来，这样才可以建立黏性流体运动的本构方程，即应力与变形速率的关系。

下面分别讨论流体微团的平移、旋转和变形运动。

2.3.2　流体微团运动几何分析

从流场中任取一正六面体微团，由于流体微团上各点的速度不同，所以经过时段 dt 后，其形状和大小都会发生变化，如图 2-5 所示。

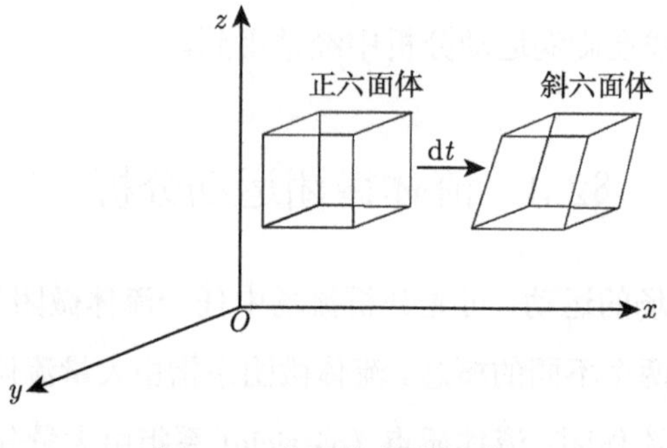

图 2-5　六面体变形运动

1. 平移运动

平移运动并不改变六面体的形状、大小，只是从一个位置移到另一个位置。

2. 变形运动

流体微团的变形可分为线变形和角变形。线变形指流体微团的伸长或缩短，以

线变形速率表示，即

$$x \text{ 方向：} \quad \varepsilon_{xx} = \frac{\partial u}{\partial x} \tag{2-34a}$$

$$y \text{ 方向：} \quad \varepsilon_{yy} = \frac{\partial v}{\partial y} \tag{2-34b}$$

$$z \text{ 方向：} \quad \varepsilon_{zz} = \frac{\partial w}{\partial z} \tag{2-34c}$$

流体微团的体积变化率应等于三个方向的线变形速率之和，即

$$\varepsilon_{xx} + \varepsilon_{yy} + \varepsilon_{zz} = \frac{\partial u}{\partial x} + \frac{\partial v}{\partial y} + \frac{\partial w}{\partial z} = \nabla \cdot \vec{V} \tag{2-35}$$

由此可知，流体微团的体积变化率等于流速的散度。

对于不可压缩流体，其体积不会变化，有

$$\nabla \cdot \vec{V} = 0 \tag{2-36}$$

上式可视为流体不可压缩条件，同时亦是不可压缩流体的连续性方程 (见 §3.1)。

角变形指单位时间内角度的变化，以角变形速率表示，即

$$\text{在垂直于 } x \text{ 轴的平面上：} \quad \varepsilon_{yz} = \varepsilon_{zy} = \frac{1}{2}\left(\frac{\partial w}{\partial y} + \frac{\partial v}{\partial z}\right) \tag{2-37a}$$

$$\text{在垂直于 } y \text{ 轴的平面上：} \quad \varepsilon_{xz} = \varepsilon_{zx} = \frac{1}{2}\left(\frac{\partial u}{\partial z} + \frac{\partial w}{\partial x}\right) \tag{2-37b}$$

$$\text{在垂直于 } z \text{ 轴的平面上：} \quad \varepsilon_{xy} = \varepsilon_{yx} = \frac{1}{2}\left(\frac{\partial v}{\partial x} + \frac{\partial u}{\partial y}\right) \tag{2-37c}$$

线变形速率和角变形速率合称为变形张量 (deformation tensor)。

3. 旋转角速度

流体的旋转角速度等于流速旋度的一半，即

$$\vec{\omega} = \frac{1}{2}(\nabla \times \vec{V}) \tag{2-38}$$

式中，$\vec{\omega} = \omega_x \vec{i} + \omega_y \vec{j} + \omega_z \vec{k}$。

$$\text{在垂直于 } x \text{ 轴的平面上：} \quad \omega_x = \frac{1}{2}\left(\frac{\partial w}{\partial y} - \frac{\partial v}{\partial z}\right) \tag{2-39a}$$

在垂直于 y 轴的平面上：$$\omega_y = \frac{1}{2}\left(\frac{\partial u}{\partial z} - \frac{\partial w}{\partial x}\right) \tag{2-39b}$$

在垂直于 z 轴的平面上：$$\omega_z = \frac{1}{2}\left(\frac{\partial v}{\partial x} - \frac{\partial u}{\partial y}\right) \tag{2-39c}$$

下面举两个例子以加深理解流体微团的概念。

例 2-2　平行平板间的流动。设有两块相互平行的无限长平板，如图 2-6 所示，一块固定不动，另一块在保持平行条件下做直线等速运动。在两块平板之间充满黏性流体，这种流动为剪切流，其流速分布为：$u = Cy$，$v = 0$，试分析该流动流体微团的运动。

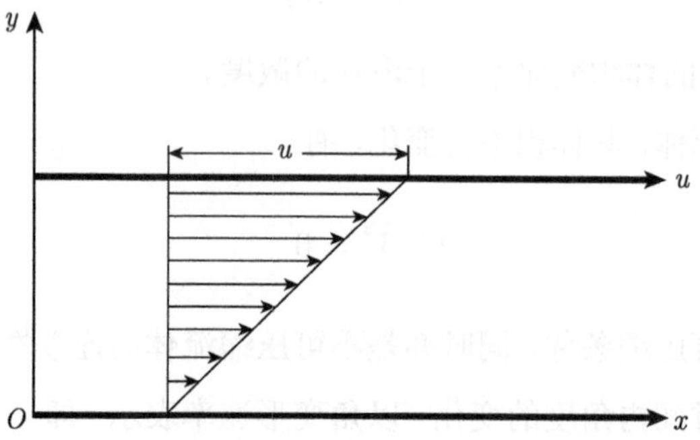

图 2-6　平行平板间的流动

解　从表观上看，微团在平行平板间做直线运动，流线为相互平行的直线。将流速分布代入旋转角速度公式，得

$$\omega_z = \frac{1}{2}\left(\frac{\partial v}{\partial x} - \frac{\partial u}{\partial y}\right) = -\frac{C}{2} \neq 0$$

表明这种流动的微团为有旋转运动。

下面再分析一下这种流动有无变形运动。将流速分布代入角变形速率公式，得

$$\varepsilon_{xy} = \varepsilon_{yx} = \frac{1}{2}\left(\frac{\partial v}{\partial x} + \frac{\partial u}{\partial y}\right) = \frac{C}{2} \neq 0$$

表明流体微团不仅有旋转，同时还有变形。虽然其运动轨迹为直线，却有旋转和变形运动。

例 2-3　自由涡 (点涡)：龙卷风、台风等旋涡可看作自由涡，如图 2-7 所示，其流速分布可表示成

$$u=-\frac{Cy}{x^2+y^2}, \quad v=\frac{Cx}{x^2+y^2}$$

试分析流体微团的运动。

解 将流速分布代入旋转角速度公式，得

$$\omega_z=\frac{1}{2}\left(\frac{\partial v}{\partial x}-\frac{\partial u}{\partial y}\right)=\frac{1}{2}\left[\frac{C(y^2-x^2)}{x^2+y^2}-\frac{C(y^2-x^2)}{x^2+y^2}\right]=0$$

由此可知，虽然其运动轨迹为圆周，但微团却不旋转。

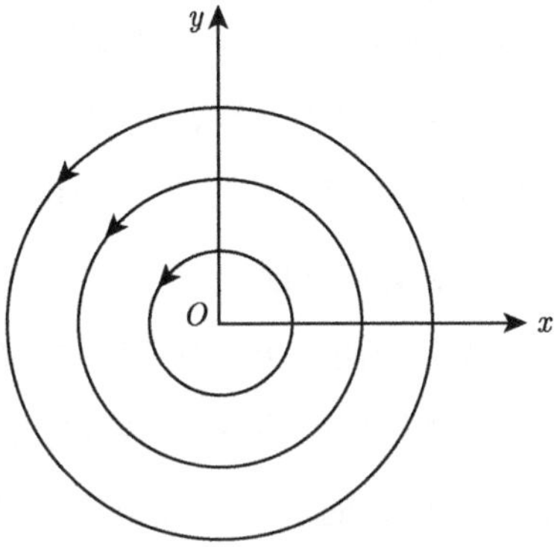

图 2-7 自由涡运动

第 3 章　流体动力学基本方程

第 2 章我们分析了流体是如何运动的，但没有进一步追问为什么会这样运动。要回答这个问题，就需要探讨作用于流体质点上的力，即流体动力学 (fluid dynamics) 问题。本章我们讨论流体动力学的基本原理。

流体作为物质的一种形态，必须遵循自然界中物质运动的普遍规律，如质量守恒原理、牛顿第二定律、能量守恒原理等。将这些普遍规律应用于流体运动所建立起来的关系式，就称为流体动力学基本方程。

流体动力学基本方程的形式分为两大类：积分形式、微分形式。积分形式的基本方程可给出流体动力学问题的总体特征关系，如流体作用于物体上的合力、有间断的流场 (水跃、激波) 等；微分形式的基本方程可给出流场的每个细节，各个质点物理量之间的关系，本章着重讨论这个问题。

§3.1　连续性方程

在流场中取一个六面体，如图 3-1 所示，我们称这个六面体为控制体 (control volume)。控制体固定在坐标系上，不随流体运动而移动。控制体是 Euler 法分析流动的一个工具。控制体的表面称为控制面 (control surface)。控制体的形状各式各样，可以是一个微分体，也可以是一个有限体，至于取何种形式随研究的问题而定。流体可以自由进出控制体，不受任何影响。

现在我们来考察控制体，如图 3-1 所示，所取的控制体是一个微分体，其边长都是一个微量，通过两个平面的质量差可只取 Taylor 级数的前两项。

在 $\mathrm{d}t$ 时段内，流入控制体的流体质量为

$$\rho\, u\mathrm{d}y\mathrm{d}z\mathrm{d}t + \rho\, v\mathrm{d}x\mathrm{d}z\mathrm{d}t + \rho\, w\mathrm{d}x\mathrm{d}y\mathrm{d}t$$

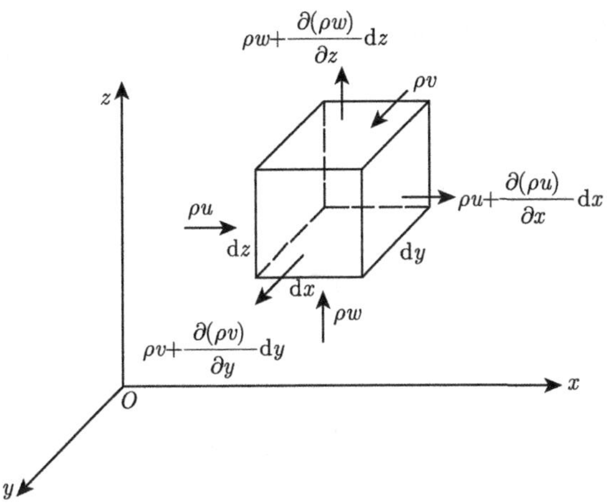

图 3-1 微分控制体

从另外三个面流出的流体质量为

$$\left[\rho u+\frac{\partial(\rho u)}{\partial x}\mathrm{d}x\right]\mathrm{d}y\mathrm{d}z\mathrm{d}t+\left[\rho v+\frac{\partial(\rho v)}{\partial y}\mathrm{d}y\right]\mathrm{d}x\mathrm{d}z\mathrm{d}t+\left[\rho w+\frac{\partial(\rho w)}{\partial z}\mathrm{d}z\right]\mathrm{d}x\mathrm{d}y\mathrm{d}t$$

流入与流出的质量差为

$$-\left[\frac{\partial(\rho u)}{\partial x}+\frac{\partial(\rho v)}{\partial y}+\frac{\partial(\rho w)}{\partial z}\right]\mathrm{d}x\mathrm{d}y\mathrm{d}z\mathrm{d}t$$

根据质量守恒原理，流入与流出的质量差必须等于控制体内质量的变化值，即

$$-\left[\frac{\partial(\rho u)}{\partial x}+\frac{\partial(\rho v)}{\partial y}+\frac{\partial(\rho w)}{\partial z}\right]\mathrm{d}x\mathrm{d}y\mathrm{d}z\mathrm{d}t=\frac{\partial\rho}{\partial t}\mathrm{d}x\mathrm{d}y\mathrm{d}z\mathrm{d}t$$

方程两边同除以 $\mathrm{d}x\mathrm{d}y\mathrm{d}z\mathrm{d}t$，得

$$\frac{\partial\rho}{\partial t}+\frac{\partial(\rho u)}{\partial x}+\frac{\partial(\rho v)}{\partial y}+\frac{\partial(\rho w)}{\partial z}=0 \tag{3-1}$$

这就是流体动力学微分形式的连续性方程 (equation of continuity)，由达朗贝尔 (d'Alembert) 于 1752 年提出。式 (3-1) 还可写作：

$$\frac{\mathrm{D}\rho}{\mathrm{D}t}+\rho\left(\frac{\partial u}{\partial x}+\frac{\partial v}{\partial y}+\frac{\partial w}{\partial z}\right)=0 \tag{3-2}$$

上式表明，流体密度随时间的变化应等于其体积的变化率。因此，对于不可压缩流体，有 $\frac{\mathrm{D}\rho}{\mathrm{D}t}=0$，注意 $\frac{\mathrm{D}\rho}{\mathrm{D}t}$ 与 $\frac{\partial\rho}{\partial t}$ 的含义是不同的。

连续性方程的矢量形式可写成：

$$\frac{\partial \rho}{\partial t}+\nabla\cdot(\rho\vec{V})=0 \tag{3-3}$$

对于不可压缩流体，上式可写成：

$$\frac{\mathrm{D}\rho}{\mathrm{D}t}+\rho\nabla\cdot\vec{V}=0 \tag{3-4}$$

连续性方程的张量形式：

$$\frac{\partial \rho}{\partial t}+\frac{\partial(\rho V_i)}{\partial x_i}=0 \tag{3-5}$$

对于不可压缩流体，上式可表示成：

$$\frac{\mathrm{D}\rho}{\mathrm{D}t}+\rho\frac{\partial V_i}{\partial x_i}=0 \tag{3-6}$$

式 (3-5)、式 (3-6) 中应用了张量分析中的爱因斯坦 (Einstein) 求和约定，即两个下标相同时，表示 3 项求和。

对于均质不可压缩流体，$\rho=\mathrm{const}$，则连续性方程简化为

$$\nabla\cdot\vec{V}=0 \tag{3-7}$$

或

$$\frac{\partial V_i}{\partial x_i}=0 \tag{3-8}$$

在正交曲线坐标系中，连续性方程的柱坐标形式 (图 2-2)：

$$\frac{\partial \rho}{\partial t}+\frac{1}{r}\frac{\partial(\rho rV_r)}{\partial r}+\frac{1}{r}\frac{\partial(\rho V_\theta)}{\partial \theta}+\frac{\partial(\rho V_z)}{\partial z}=0 \tag{3-9}$$

对于不可压缩流体，$\rho=\mathrm{const}$，上式可简化为

$$\frac{1}{r}\frac{\partial(rV_r)}{\partial r}+\frac{1}{r}\frac{\partial V_\theta}{\partial \theta}+\frac{\partial V_z}{\partial z}=0 \tag{3-10}$$

在正交曲线坐标系中，连续性方程的球坐标形式 (图 2-2)：

$$\frac{\partial \rho}{\partial t}+\frac{1}{R^2}\frac{\partial(\rho R^2V_R)}{\partial R}+\frac{1}{R\sin\theta}\frac{\partial(\rho V_\theta\sin\theta)}{\partial \theta}+\frac{1}{R\sin\theta}\frac{\partial(\rho V_\varphi)}{\partial \varphi}=0 \tag{3-11}$$

§3.2 牛顿流体的本构方程

3.2.1 流场中任一点的应力状态

流场中任一点的应力可由三个互相垂直的平面 (xOz, yOz, xOy) 来确定，在每一个平面上作用有一个正应力和两个切应力，如图 3-2 所示。

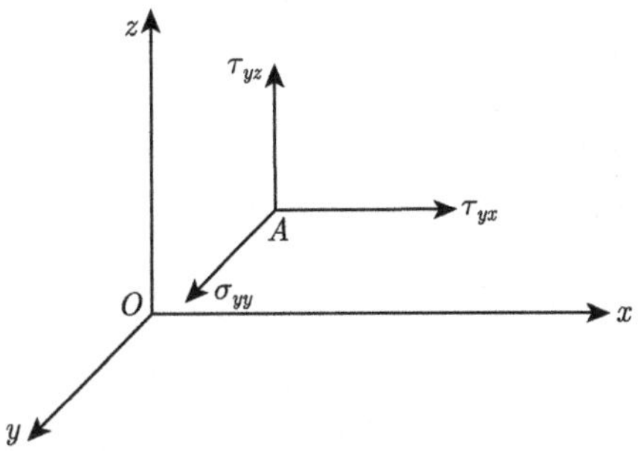

图 3-2 流场中任一点的应力状态

从图中不难看出，每一点处的应力由 9 个分量来确定，这 9 个分量可用下列形式表示：

在垂直于 x 轴的平面上： σ_{xx} τ_{xy} τ_{xz}

在垂直于 y 轴的平面上： τ_{yx} σ_{yy} τ_{yz}

在垂直于 z 轴的平面上： τ_{zx} τ_{zy} σ_{zz}

每个分量的第 1 个下标表示作用面的方向，以外法线方向为准，第 2 个下标表示应力的作用方向。在上述 9 个分量中，只有 6 个是独立变量。这 9 个应力分量组成一个应力张量 (stress tensor)，并且是对称张量 (symmetric tensor)。

三个互相垂直平面上的正应力之和是个不变量，即

$$\sigma_{xx} + \sigma_{yy} + \sigma_{zz} = \text{invariant} \tag{3-12}$$

取三个正应力平均值的负值定义为黏性流体一点的动压强 (Prandtl and Tietjens, 1934)，即

$$p = -\frac{1}{3}(\sigma_{xx} + \sigma_{yy} + \sigma_{zz}) \tag{3-13}$$

这样定义的压强 p 等价于一单位半径球面上正应力平均值的负值，其不随坐标轴的旋转而变化。当流体静止时，切应力等于零，任一点的正应力 (即压强) 之和也是个不变量，即静压强。

3.2.2　本构方程

流体中联系应力与应变 (变形速率) 的关系式称为本构方程 (constitutive equation)。牛顿流体的本构方程是由 Stokes 于 1845 年建立的，基于下列三个前提：

(1) 每个应力分量与变形速率呈线性关系；

(2) 流体是各向同性的；

(3) 流体静止时没有变形，各切应力分量均为零，正应力退化为平均压强。

由水力学中牛顿内摩擦定律知

$$\tau=\mu\frac{\mathrm{d}u}{\mathrm{d}y} \tag{3-14}$$

上式表明，流体做层流运动时，流体微团上的切应力与微团的剪切变形速率成正比，流体的黏性可视为流体抵抗剪切变形的特性。

将牛顿内摩擦定律推广应用于一般的平面剪切变形情况，如图 3-3 所示，有

$$\tau=\tau_{xy}=\tau_{yx}=\mu\frac{\mathrm{d}\theta}{\mathrm{d}t}=\mu\left(\frac{\mathrm{d}\theta_1}{\mathrm{d}t}+\frac{\mathrm{d}\theta_2}{\mathrm{d}t}\right)=\mu\left(\frac{\partial u}{\partial y}+\frac{\partial v}{\partial x}\right) \tag{3-15}$$

同理，对于 τ_{yz}，τ_{xz}，有

$$\tau_{yz}=\tau_{zy}=\mu\left(\frac{\partial v}{\partial z}+\frac{\partial w}{\partial y}\right) \tag{3-16}$$

$$\tau_{xz}=\tau_{zx}=\mu\left(\frac{\partial w}{\partial x}+\frac{\partial u}{\partial z}\right) \tag{3-17}$$

由上式可知，流体静止时，所有的切应力均等于零。

下面讨论正应力与变形速率的关系。若在图 3-3 所示的边长为 $\mathrm{d}x=\mathrm{d}y$ 方形微团中沿对角线 BD 方向切开，可得三角形微团 ABD 如图 3-4(a) 所示。由三角形微团的应力平衡条件，有

$$2\tau\mathrm{d}x\sin\frac{\pi}{4}=\sqrt{2}\sigma_1\mathrm{d}x \tag{3-18}$$

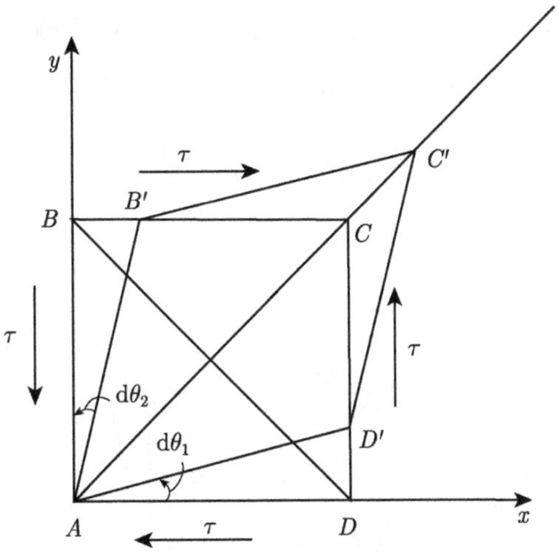

图 3-3 一般的平面剪切变形

所以，

$$\sigma_1 = \tau \tag{3-19}$$

同理，沿对角线 AC 切开可得三角形微团 ACD，如图 3-4(b) 所示，有

$$\sigma_2 = -\tau \tag{3-20}$$

式 (3-19)、式 (3-20) 表明，在三角形微团 BD 面、AC 面上只有正应力的作用，而没有切应力的作用，亦即沿方形微团对角线 BD、AC 方向只有压缩或拉伸的线变形。将式 (3-19) 与式 (3-20) 相减，得

$$\sigma_1 - \sigma_2 = 2\tau \tag{3-21}$$

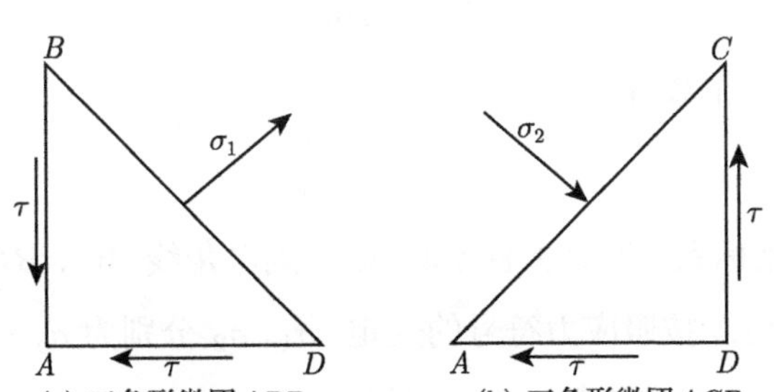

(a) 三角形微团 ABD (b) 三角形微团 ACD

图 3-4 方形微团切成三角形微团

下面来求两条对角线在 $\mathrm{d}t$ 时段内的线变形。为便于推导，不妨假定 $\mathrm{d}\theta_1 = \mathrm{d}\theta_2 = \mathrm{d}\theta/2$，由图 3-5 中的几何关系可得

$$\overline{BB'} = \overline{EM'} = \overline{DD'} = \frac{\mathrm{d}\theta}{2}\mathrm{d}x \tag{3-22}$$

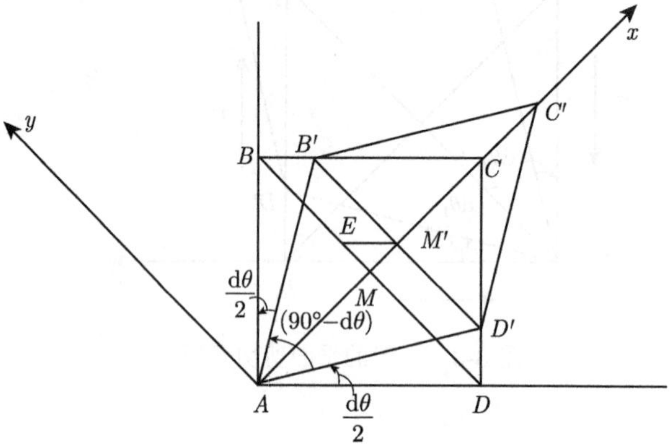

图 3-5　方形微团坐标系逆时针旋转 45°

因此，有

$$\overline{MM'} = \frac{\overline{EM'}}{\sqrt{2}} = \frac{\mathrm{d}\theta}{2\sqrt{2}}\mathrm{d}x \tag{3-23}$$

考虑到，$\overline{AM} = \dfrac{\sqrt{2}}{2}\mathrm{d}x$，故对角线 AC 的线变形速率可表示成：

$$\varepsilon_{11} = \frac{\overline{CC'}}{\overline{AC}\mathrm{d}t} = \frac{\overline{MM'}}{\overline{AM}\mathrm{d}t} = \frac{\mathrm{d}\theta}{2\mathrm{d}t} \tag{3-24}$$

同理，对角线 BD 的线变形速率为

$$\varepsilon_{22} = -\frac{\mathrm{d}\theta}{2\mathrm{d}t} \tag{3-25}$$

式 (3-24) 与式 (3-25) 相减得

$$\varepsilon_{11} - \varepsilon_{22} = \frac{\mathrm{d}\theta}{\mathrm{d}t} \tag{3-26}$$

若把方形微团坐标系逆时针方向旋转 45°，则对角线 AC、BD 分别为 x 轴、y 轴方向，如图 3-5 所示。按照应力符号的规定，σ_1、σ_2 分别为 σ_{xx}、σ_{yy}，ε_{11}、ε_{22} 分别为 ε_{xx}、ε_{yy}。由式 (3-21) 和式 (3-26) 可得

$$\sigma_{xx} - \sigma_{yy} = 2\tau = 2\mu\frac{\mathrm{d}\theta}{\mathrm{d}t} = 2\mu(\varepsilon_{xx} - \varepsilon_{yy}) \tag{3-27}$$

由流体微团运动分析，知

$$\varepsilon_{xx} = \frac{\partial u}{\partial x}, \quad \varepsilon_{yy} = \frac{\partial v}{\partial y} \tag{3-28}$$

因此，式 (3-27) 可进一步表示成：

$$\sigma_{xx} - \sigma_{yy} = 2\mu\left(\frac{\partial u}{\partial x} - \frac{\partial v}{\partial y}\right) \tag{3-29}$$

同理，可得

$$\sigma_{xx} - \sigma_{zz} = 2\mu\left(\frac{\partial u}{\partial x} - \frac{\partial w}{\partial z}\right) \tag{3-30}$$

将式 (3-29) 与式 (3-30) 相加，并注意到式 (3-13)，有

$$\sigma_{xx} = -p - \frac{2\mu}{3}\left(\frac{\partial u}{\partial x} + \frac{\partial v}{\partial y} + \frac{\partial w}{\partial z}\right) + 2\mu\frac{\partial u}{\partial x} \tag{3-31}$$

类似地，可求得

$$\sigma_{yy} = -p - \frac{2\mu}{3}\left(\frac{\partial u}{\partial x} + \frac{\partial v}{\partial y} + \frac{\partial w}{\partial z}\right) + 2\mu\frac{\partial v}{\partial y} \tag{3-32}$$

$$\sigma_{zz} = -p - \frac{2\mu}{3}\left(\frac{\partial u}{\partial x} + \frac{\partial v}{\partial y} + \frac{\partial w}{\partial z}\right) + 2\mu\frac{\partial w}{\partial z} \tag{3-33}$$

式 (3-31)~式 (3-33) 与式 (3-15)~式 (3-17) 一起构成牛顿流体的本构方程，利用该方程可求任一点处的应力分量。

对于不可压缩流体，利用不可压缩条件，正应力表达式 (3-31)~式 (3-33) 可以简化为

$$\sigma_{xx} = -p + 2\mu\frac{\partial u}{\partial x} \tag{3-34}$$

$$\sigma_{yy} = -p + 2\mu\frac{\partial v}{\partial y} \tag{3-35}$$

$$\sigma_{zz} = -p + 2\mu\frac{\partial w}{\partial z} \tag{3-36}$$

例 3-1 牛顿流体的流速场为

$$u = 4xyz, \quad v = z^2, \quad w = -2yz^2$$

式中，u, v, w 的单位为 m/s；x，y，z 的单位为 m；流体的黏性系数为 $\mu=10^{-3}\text{Pa}\cdot\text{s}$；求坐标 $(x,\ y,\ z)=(2,\ 1,\ 1)$ 处的正应力和切应力分量，已知该处平均压强 $p=10300\text{N/m}^2$。

解　根据本构方程，对流速场求导后代入正应力和切应力的表达式，有

$$\sigma_{xx}=-p-\frac{2\mu}{3}\left(\frac{\partial u}{\partial x}+\frac{\partial v}{\partial y}+\frac{\partial w}{\partial z}\right)+2\mu\frac{\partial u}{\partial x}=-p+8\mu yz$$

$$\sigma_{yy}=-p-\frac{2\mu}{3}\left(\frac{\partial u}{\partial x}+\frac{\partial v}{\partial y}+\frac{\partial w}{\partial z}\right)+2\mu\frac{\partial v}{\partial y}=-p$$

$$\sigma_{zz}=-p-\frac{2\mu}{3}\left(\frac{\partial u}{\partial x}+\frac{\partial v}{\partial y}+\frac{\partial w}{\partial z}\right)+2\mu\frac{\partial w}{\partial z}=-p-8\mu yz$$

$$\tau_{xy}=\tau_{yx}=\mu\left(\frac{\partial u}{\partial y}+\frac{\partial v}{\partial x}\right)=4\mu xz$$

$$\tau_{xz}=\tau_{zx}=\mu\left(\frac{\partial u}{\partial z}+\frac{\partial w}{\partial x}\right)=4\mu xy$$

$$\tau_{yz}=\tau_{zy}=\mu\left(\frac{\partial v}{\partial z}+\frac{\partial w}{\partial y}\right)=\mu(-2z^2+2z)$$

将黏性系数、压强、坐标值代入上式可得该点处确切的应力值。

§3.3　Navier-Stokes 方程与 Euler 方程

3.3.1　应力形式的运动方程

在运动流体中 A 点附近取出一块形状为正六面体的流体微团 (控制体)，边长分别为 $\mathrm{d}x$, $\mathrm{d}y$, $\mathrm{d}z$。由 §3.2 知，在每一个平面上作用有一个正应力和两个切应力，已知三个面上的应力，作 Taylor 级数展开可求出另外三个面上的应力，现把作用于控制体上的各应力分量绘于图 3-6 中。

作用于控制体上 x 方向的表面力为

$$\begin{aligned}&\sigma_{xx}\mathrm{d}y\mathrm{d}z-\left(\sigma_{xx}+\frac{\partial\sigma_{xx}}{\partial x}\mathrm{d}x\right)\mathrm{d}y\mathrm{d}z+\tau_{xy}\mathrm{d}x\mathrm{d}z-\left(\tau_{xy}+\frac{\partial\tau_{xy}}{\partial y}\mathrm{d}y\right)\mathrm{d}x\mathrm{d}z+\tau_{xz}\mathrm{d}x\mathrm{d}y\\&-\left(\tau_{xz}+\frac{\partial\tau_{xz}}{\partial z}\mathrm{d}z\right)\mathrm{d}x\mathrm{d}y=-\left(\frac{\partial\sigma_{xx}}{\partial x}+\frac{\partial\tau_{xy}}{\partial y}+\frac{\partial\tau_{xz}}{\partial z}\right)\mathrm{d}x\mathrm{d}y\mathrm{d}z\end{aligned}\tag{3-37}$$

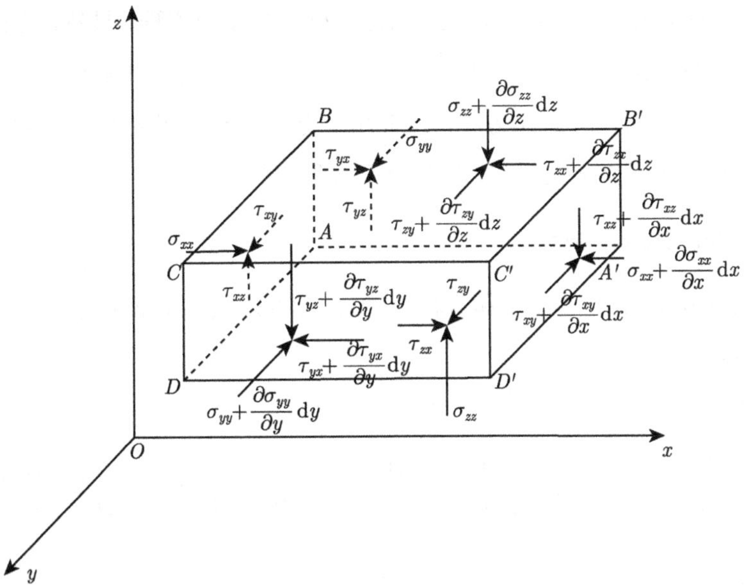

图 3-6 微分六面体上的应力分量

在 x 方向应用牛顿第二定律，$\vec{F}=m\vec{a}$，其单位质量力 $\vec{f}=\vec{F}/m$，又 $\vec{f}=f_x\vec{i}+f_y\vec{j}+f_z\vec{k}$，得

$$f_x\rho\mathrm{d}x\mathrm{d}y\mathrm{d}z-\left(\frac{\partial \sigma_{xx}}{\partial x}+\frac{\partial \tau_{xy}}{\partial y}+\frac{\partial \tau_{xz}}{\partial z}\right)\mathrm{d}x\mathrm{d}y\mathrm{d}z=\rho\mathrm{d}x\mathrm{d}y\mathrm{d}z\left(\frac{\partial u}{\partial t}+u\frac{\partial u}{\partial x}+v\frac{\partial u}{\partial y}+w\frac{\partial u}{\partial z}\right) \tag{3-38}$$

式 (3-38) 两边同除以 $\rho\mathrm{d}x\mathrm{d}y\mathrm{d}z$，得

$$f_x-\frac{1}{\rho}\left(\frac{\partial \sigma_{xx}}{\partial x}+\frac{\partial \tau_{xy}}{\partial y}+\frac{\partial \tau_{xz}}{\partial z}\right)=\frac{\partial u}{\partial t}+u\frac{\partial u}{\partial x}+v\frac{\partial u}{\partial y}+w\frac{\partial u}{\partial z} \tag{3-39a}$$

对于 y，z 方向，同理得

$$f_y-\frac{1}{\rho}\left(\frac{\partial \tau_{yx}}{\partial x}+\frac{\partial \sigma_{yy}}{\partial y}+\frac{\partial \tau_{yz}}{\partial z}\right)=\frac{\partial v}{\partial t}+u\frac{\partial v}{\partial x}+v\frac{\partial v}{\partial y}+w\frac{\partial v}{\partial z} \tag{3-39b}$$

$$f_z-\frac{1}{\rho}\left(\frac{\partial \tau_{zx}}{\partial x}+\frac{\partial \tau_{zy}}{\partial y}+\frac{\partial \sigma_{zz}}{\partial z}\right)=\frac{\partial w}{\partial t}+u\frac{\partial w}{\partial x}+v\frac{\partial w}{\partial y}+w\frac{\partial w}{\partial z} \tag{3-39c}$$

上列三式称为应力形式的运动方程。

现在来分析一下这个方程组的已知量和未知量：对于不可压缩流体，通常方程中的质量力、密度是已知的，3 个正应力、3 个切应力及 3 个速度分量，共有 9 个

未知量，而方程只有 3 个，加上连续性方程，也只有 4 个方程。显然，方程组不封闭，必须寻找补充关系式。对于可压缩流体，密度不是常数，通常是未知的，可增加 1 个状态方程，这样有 5 个方程，但未知量为 10 个，方程组仍然不封闭。本构方程的建立正是为了补充关系式，以使这个方程组封闭。

3.3.2 Navier-Stokes 方程

将本构方程 (3-15)~(3-17) 和方程 (3-31)~(3-33) 代入上面应力形式的运动方程 (3-39)，得

x 方向：

$$\frac{\partial u}{\partial t}+u\frac{\partial u}{\partial x}+v\frac{\partial u}{\partial y}+w\frac{\partial u}{\partial z}=f_x-\frac{1}{\rho}\frac{\partial p}{\partial x}+\frac{\nu}{3}\frac{\partial}{\partial x}\left(\frac{\partial u}{\partial x}+\frac{\partial v}{\partial y}+\frac{\partial w}{\partial z}\right)+\nu\left(\frac{\partial^2 u}{\partial x^2}+\frac{\partial^2 u}{\partial y^2}+\frac{\partial^2 u}{\partial z^2}\right) \tag{3-40a}$$

y 方向：

$$\frac{\partial v}{\partial t}+u\frac{\partial v}{\partial x}+v\frac{\partial v}{\partial y}+w\frac{\partial v}{\partial z}=f_y-\frac{1}{\rho}\frac{\partial p}{\partial y}+\frac{\nu}{3}\frac{\partial}{\partial y}\left(\frac{\partial u}{\partial x}+\frac{\partial v}{\partial y}+\frac{\partial w}{\partial z}\right)+\nu\left(\frac{\partial^2 v}{\partial x^2}+\frac{\partial^2 v}{\partial y^2}+\frac{\partial^2 v}{\partial z^2}\right) \tag{3-40b}$$

z 方向：

$$\frac{\partial w}{\partial t}+u\frac{\partial w}{\partial x}+v\frac{\partial w}{\partial y}+w\frac{\partial w}{\partial z}=f_z-\frac{1}{\rho}\frac{\partial p}{\partial z}+\frac{\nu}{3}\frac{\partial}{\partial z}\left(\frac{\partial u}{\partial x}+\frac{\partial v}{\partial y}+\frac{\partial w}{\partial z}\right)+\nu\left(\frac{\partial^2 w}{\partial x^2}+\frac{\partial^2 w}{\partial y^2}+\frac{\partial^2 w}{\partial z^2}\right) \tag{3-40c}$$

这就是可压缩流体的 Navier-Stokes 方程，也叫做可压缩黏性流体的运动方程。直角坐标形式的方程 (3-40) 写起来太繁复，可写成矢量形式：

$$\frac{\partial \vec{V}}{\partial t}+(\vec{V}\cdot\nabla)\vec{V}=\vec{f}-\frac{1}{\rho}\nabla p+\frac{\nu}{3}\nabla(\nabla\cdot\vec{V})+\nu\,\nabla^2\vec{V} \tag{3-41}$$

式中，$\nabla=\frac{\partial}{\partial x}\vec{i}+\frac{\partial}{\partial y}\vec{j}+\frac{\partial}{\partial z}\vec{k}$，读作 "那布拉"(nabla)；$\nabla^2=\frac{\partial^2}{\partial x^2}+\frac{\partial^2}{\partial y^2}+\frac{\partial^2}{\partial z^2}$，称作 Laplace 算子。

对于不可压缩流体，由于 $\nabla\cdot\vec{V}=0$，式 (3-41) 简化为

$$\frac{\partial \vec{V}}{\partial t}+(\vec{V}\cdot\nabla)\vec{V}=\vec{f}-\frac{1}{\rho}\nabla p+\nu\,\nabla^2\vec{V} \tag{3-42}$$

写成张量形式：

$$\frac{\partial V_i}{\partial t}+V_j\frac{\partial V_i}{\partial x_j}=f_i-\frac{1}{\rho}\frac{\partial p}{\partial x_i}+\nu\frac{\partial^2 V_i}{\partial x_j\partial x_j} \tag{3-43}$$

这就是不可压缩流体的 Navier-Stokes 方程，也叫做不可压缩黏性流体的运动方程。式中，等号左端第一项、第二项分别为变化率项、对流项，等号右端第一项、第二项、第三项分别为质量力项、压强梯度项、黏性项。Navier-Stokes 方程不是指仅由 Navier 和 Stokes 两位学者建立，而是指从 Navier 到 Stokes 为该方程做出贡献的所有学者，其中包括 Cauchy、Poisson、St. Venant 等，现在统称为 Navier-Stokes 方程，简称 N-S 方程，这是流体运动的基本方程。

3.3.3 Euler 方程

对于理想流体，即不考虑黏性的作用，上面的 Navier-Stokes 方程退化为 Euler 方程：

$$\frac{\partial V_i}{\partial t}+V_j\frac{\partial V_i}{\partial x_j}=f_i-\frac{1}{\rho}\frac{\partial p}{\partial x_i} \tag{3-44}$$

Euler 方程既适用于可压缩流体，也适用于不可压缩流体。

第4章 紊流力学

§4.1 基本概念

紊流 (turbulence) 是黏性流体在一定条件下的一种运动方式，也称为湍流，日语称为 “乱流”(らんりゅう)。按照雷诺数的不同，黏性流体的运动型态可分为层流 (laminar flow)、过渡区 (transition region) 和紊流 (turbulent flow)，如图 4-1 所示。形象地讲，层流好像队列排列整齐的士兵在街上行走，紊流则像一群醉汉在街上歪歪扭扭地乱走。Reynolds (雷诺) 在 1883 年提出不同流态时，他称紊流为蜿蜒曲折 (sinuous) 的流动，没有用 turbulent 这个词，该词是由英国格拉斯哥大学的 Kelvin 勋爵于 1887 年首先提出的。

下面介绍紊流力学中几个重要的概念：

剪切紊流 (shear turbulence)：指流速分布不均匀，存在切应力的紊流，如自由紊流、壁面紊流等。

自由紊流 (free turbulence)：指不受边壁影响的紊流，如射流 (jet)、尾流 (wake)、混合层 (mixing layer)。

壁面紊流 (wall turbulence)：指受边壁影响的紊流，如管道紊流 (pipe flow)、明渠紊流 (open-channel flow) 等。

各向同性紊流 (isotropic turbulence) 和**各向异性紊流** (anisotropic turbulence)：各向同性紊流指紊流的统计平均值不随坐标轴的旋转或坐标平面的映射而变化。反之为各向异性紊流。如大尺度紊流和旋涡具有各向异性的特征。

均匀紊流 (homogeneous turbulence)：在讨论各向同性紊流的同时，常假定紊流是均匀的，即紊流的统计平均值不随位置不同而变化。

应当指出，各向同性紊流和均匀紊流是 Taylor(1935) 提出的一种最简单的、理想化的紊流流动模型，是研究实际流动的基础，便于作理论分析，也易于用试验来验证。如小尺度紊流具有局部各向同性的特征，因此可采用各向同性紊流的研究成果。

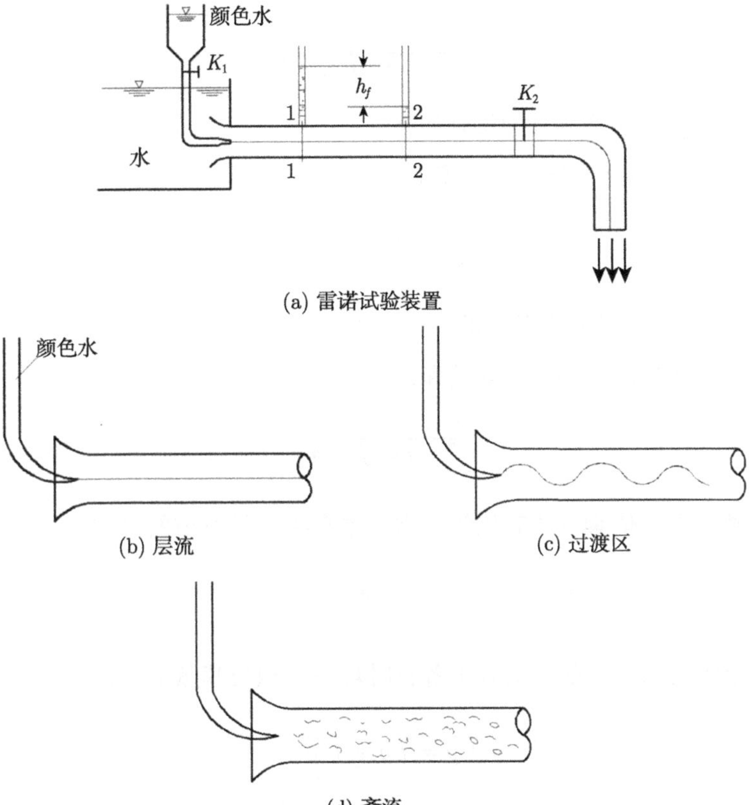

(a) 雷诺试验装置

(b) 层流

(c) 过渡区

(d) 紊流

图 4-1 雷诺试验装置和流动型态

拟序结构 (coherent structures)：亦称相干结构，指在剪切紊流里存在着一种有组织的涡旋结构。如射流的卷吸和扩展过程就是一种拟序结构，涡旋随流向下游运动时出现成对合并的现象，即涡旋配对 (vortex pairing)。在涡旋配对过程中，周围流体被卷吸到射流里，涡旋合并以后，射流断面随之扩大。

§4.2 雷诺方程

4.2.1 雷诺时均运算法则

紊流运动是一种随机过程，其最简单并且最重要的统计特征是数学期望，即平均值。求平均值的方法有多种，最常用的是对时间取平均的方法，简称时均法。

时间平均的定义：以压力 p 为例

$$\overline{p}=\frac{1}{t_2-t_1}\int_{t_1}^{t_2}p\mathrm{d}t \tag{4-1}$$

雷诺于 1895 年提出时均运算的法则如下：

设 f, g 为任意两个随机变量，则有

$$f=\overline{f}+f',\ g=\overline{g}+g' \tag{4-2}$$

即瞬时值等于时均值与脉动值之和。

(1) 瞬时值和的时均等于时均的和：

$$\overline{f+g}=\overline{f}+\overline{g} \tag{4-3}$$

(2) 常数与瞬时值乘积的时均等于常数本身乘以瞬时值的时均：

$$\overline{Cf}=C\overline{f} \tag{4-4}$$

(3) 两个瞬时值乘积的平均等于各自时均值的积与其脉动值积的时均之和：

$$\overline{f\,g}=\overline{f}\,\overline{g}+\overline{f'\,g'} \tag{4-5}$$

(4) 时均值的平均等于其本身：

$$\overline{\overline{f}}=\overline{f} \tag{4-6}$$

(5) 脉动值的平均等于零：

$$\overline{f'}=0 \tag{4-7}$$

(6) 脉动值与时均值乘积的平均等于零：

$$\overline{f'\overline{g}}=0 \tag{4-8}$$

(7) 各阶导数的平均等于其平均的各阶导数：

$$\overline{\frac{\partial f}{\partial t}}=\frac{\partial\overline{f}}{\partial t},\quad \overline{\frac{\partial^{m+n}f}{\partial t^m\partial x^n}}=\frac{\partial^{m+n}\overline{f}}{\partial t^m\partial x^n} \tag{4-9}$$

4.2.2 紊流基本方程

紊流是黏性流体在一定条件下所产生的一种运动状态，因而描述黏性流体的运动方程同样适用于紊流。紊流是一种随机过程，最简单的统计特征是平均值。下面我们运用雷诺时均运算法则，建立紊流运动的基本方程，即把黏性流体的连续性方程和运动方程中的各个变量看作随机变量，即由时均值与脉动值组成，然后取时间平均，即可得到紊流时均运动的基本方程。

不可压缩黏性流体的连续性方程为

$$\frac{\partial V_i}{\partial x_i}=0 \tag{4-10}$$

以 $V_i=\overline{V}_i+V_i'$ 代入上式，并取时间平均得

$$\frac{\partial \overline{V}_i}{\partial x_i}=0 \tag{4-11}$$

因 $\dfrac{\partial V_i}{\partial x_i}=\dfrac{\partial \overline{V}_i}{\partial x_i}+\dfrac{\partial V_i'}{\partial x_i}=0$，并考虑到式 (4-11)，则有

$$\frac{\partial V_i'}{\partial x_i}=0 \tag{4-12}$$

上式表明脉动流速也满足连续性方程。

不可压缩黏性流体的运动方程可写作：

$$\frac{\partial V_i}{\partial t}+V_j\frac{\partial V_i}{\partial x_j}=f_i-\frac{1}{\rho}\frac{\partial p}{\partial x_i}+\nu\frac{\partial^2 V_i}{\partial x_j\partial x_j} \tag{4-13}$$

以 $V_i=\overline{V}_i+V_i'$，$p=\overline{p}+p'$ 代入上式，并取时间平均得

$$\frac{\partial \overline{V}_i}{\partial t}+\overline{V}_j\frac{\partial \overline{V}_i}{\partial x_j}+\overline{V_j'\frac{\partial V_i'}{\partial x_j}}=f_i-\frac{1}{\rho}\frac{\partial \overline{p}}{\partial x_i}+\nu\frac{\partial^2 \overline{V}_i}{\partial x_j\partial x_j} \tag{4-14}$$

式中，等号左边第三项可改写如下：

$$\overline{V_j'\frac{\partial V_i'}{\partial x_j}}=\frac{\partial}{\partial x_j}\left(\overline{V_i'V_j'}\right)-\overline{V_i'\frac{\partial V_j'}{\partial x_j}}$$

据式 (4-12)，上式等号右边第二项为零，故

$$\overline{V_j' \frac{\partial V_i'}{\partial x_j}} = \frac{\partial}{\partial x_j}\left(\overline{V_i' V_j'}\right)$$

将这个关系式代入式 (4-14)，则得

$$\frac{\partial \overline{V}_i}{\partial t} + \overline{V}_j \frac{\partial \overline{V}_i}{\partial x_j} = f_i - \frac{1}{\rho}\frac{\partial \overline{p}}{\partial x_i} + \frac{1}{\rho}\frac{\partial}{\partial x_j}\left(\mu \frac{\partial \overline{V}_i}{\partial x_j} - \rho \overline{V_i' V_j'}\right) \tag{4-15}$$

此式即为紊流时均运动方程，常称为雷诺方程。式 (4-15) 中，$-\rho \overline{V_i' V_j'}$ 称为雷诺应力，它表示脉动对时均流动的影响，这是雷诺方程不同于 N-S 方程而特有的一项。雷诺方程 (4-15) 与连续性方程 (4-11) 一起构成紊流时均运动的基本方程组，其未知量共 10 个，但方程只有 4 个，方程组不封闭。为使方程组封闭，必须寻求其他途径来解决这个问题，见 §4.3、§4.8。

§4.3　紊流半经验理论

由 §4.2 知，由于雷诺应力的出现使得描述紊流运动的基本方程组不封闭，人们无法通过雷诺方程求解紊流问题。虽然紊流理论和试验研究已取得很大进展，但迄今为止，紊流的机理还未彻底搞清，没有一种紊流理论能普遍而有效地应用于工程实际问题。然而，工程中有大量的紊流问题需要解决，不能束手等待理论的发展。于是，一些根据经验或实验数据等建立起来的半经验理论 (semi-empirical theory) 方法得到了发展和应用。本节我们主要介绍常用的 Prandtl 混合长度 (mixing length) 理论和 Prandtl 自由紊流 (free turbulence) 理论。

4.3.1　Prandtl 混合长度理论

Prandtl 于 1925 年提出了混合长度理论，其基本思想是把紊流脉动比拟于分子运动。由分子动量输运而引起的黏性切应力可表示成：

$$\tau_l = \mu \frac{\mathrm{d}u}{\mathrm{d}y} \tag{4-16}$$

与此相应，认为紊动引起的紊动切应力 (雷诺应力) 亦可表示成上述形式，即

$$\tau_t = -\rho \overline{u'v'} = \mu_t \frac{\mathrm{d}\overline{u}}{\mathrm{d}y} \tag{4-17}$$

式中，μ_t 为紊动黏性系数 (turbulence viscosity)，亦称涡黏性系数 (eddy viscosity)。

下面以明渠水流为例研究简单的平行流动，如图 4-2 所示。Ox 轴取在壁面上，Oy 轴垂直向上，时均流速为 $\overline{u}$，它仅是 y 的函数，即 $\overline{u}=\overline{u}(y)$。

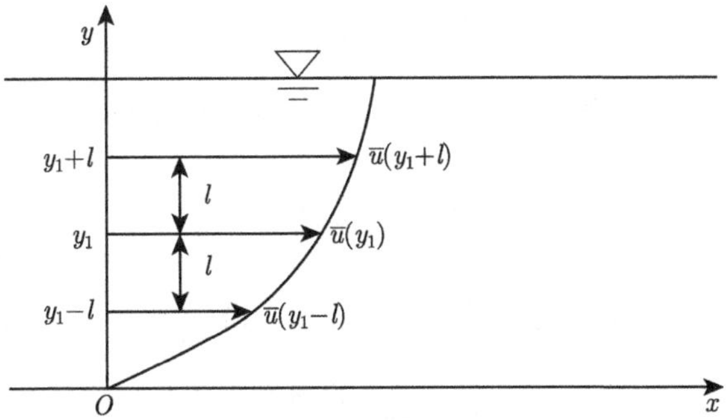

图 4-2 混合长度理论示意图

现考察 $y=y_1$ 处的紊动切应力。设在 y_1-l 处具有速度为 $\overline{u}(y_1-l)$ 的流体微团 (lump) 向上移动一段距离 l，这个距离 l 称为混合长度。若该流体微团保持原有的动量，则当它到达新的流层 y_1 处，此微团的速度比 y_1 处流体的速度小。这个速度差可展开为 Taylor 级数，略去高阶小量，则有

$$\Delta u_1=\overline{u}(y_1)-\overline{u}(y_1-l)\approx l\left(\frac{\mathrm{d}\overline{u}}{\mathrm{d}y}\right)_{y_1} \tag{4-18}$$

由于流体微团是从下向上运动的，故 y 方向的脉动速度为正，即 $v'>0$。同样，自 y_1+l 处具有速度 $\overline{u}(y_1+l)$ 的流体微团向 y_1 流层处运动，将具有比 y_1 处流体高的速度，其速度差为

$$\Delta u_2=\overline{u}(y_1+l)-\overline{u}(y_1)\approx l\left(\frac{\mathrm{d}\overline{u}}{\mathrm{d}y}\right)_{y_1} \tag{4-19}$$

由于流体微团是从上向下运动，因此，$v'<0$。混合长度理论把上面所说的任一速度差假定为 $y=y_1$ 流层处由流体微团垂向运动所引起的 x 方向的纵向脉动速度 u'，即

$$|u'|=\frac{1}{2}(|\Delta u_1|+|\Delta u_2|)=l\left|\frac{\mathrm{d}\overline{u}}{\mathrm{d}y}\right| \tag{4-20}$$

y 方向的垂向脉动速度 v' 的量级可由下面假设得出：流体微团从上侧或下侧

进入所讨论的那一层，它们以相对速度 $l\dfrac{\mathrm{d}\overline{u}}{\mathrm{d}y}$ 互相接近或离开，于是由此而引起同样量级的垂向速度，因此 v' 必定亦是 u' 的量级，故

$$|v'| \sim l\left|\frac{\mathrm{d}\overline{u}}{\mathrm{d}y}\right| \tag{4-21}$$

而垂向脉动速度 v' 与纵向脉动速度 u' 的符号相反，即

$$\overline{u'v'} = -k\overline{|u'|\,|v'|} \tag{4-22}$$

式中，k 为常数。将 $|u'|$, $|v'|$ 的表达式代入上式，得

$$\overline{u'v'} = -cl^2\left(\frac{\mathrm{d}\overline{u}}{\mathrm{d}y}\right)^2 \tag{4-23}$$

应当注意，式 (4-23) 中的常数 c 与式 (4-22) 中的常数 k 并不相同，若将上式中的常数归并到前面引入的但尚未确定的混合长度 l 中去，则上式可写成：

$$\overline{u'v'} = -l^2\left(\frac{\mathrm{d}\overline{u}}{\mathrm{d}y}\right)^2 \tag{4-24}$$

将上式代入紊动切应力表达式，得

$$\tau_t = \rho\, l^2\left(\frac{\mathrm{d}\overline{u}}{\mathrm{d}y}\right)^2 \tag{4-25}$$

考虑到 τ_t 的符号必须随 $\dfrac{\mathrm{d}\overline{u}}{\mathrm{d}y}$ 的符号而改变，所以更准确的写法为

$$\tau_t = \rho\, l^2\left|\frac{\mathrm{d}\overline{u}}{\mathrm{d}y}\right|\frac{\mathrm{d}\overline{u}}{\mathrm{d}y} \tag{4-26}$$

这就是 Prandtl 混合长度理论。上式还可写成

$$\tau_t = \mu_t\frac{\mathrm{d}\overline{u}}{\mathrm{d}y},\ \mu_t = \rho\, l^2\left|\frac{\mathrm{d}\overline{u}}{\mathrm{d}y}\right| \tag{4-27}$$

通常取 $l = \kappa y$，κ 为 Karman 常数，取值为 0.41。

此外，Prandtl 还提出了另一种形式的紊动切应力表达式：

$$\tau_t = \rho\, l^2\frac{\mathrm{d}\overline{u}}{\mathrm{d}y}\sqrt{\left(\frac{\mathrm{d}\overline{u}}{\mathrm{d}y}\right)^2 + l_1^2\left(\frac{\mathrm{d}^2\overline{u}}{\mathrm{d}y^2}\right)^2} \tag{4-28}$$

若写成标准形式，则相当于 $\mu_t=\rho l^2\sqrt{\left(\frac{\mathrm{d}\overline{u}}{\mathrm{d}y}\right)^2+l_1^2\left(\frac{\mathrm{d}^2\overline{u}}{\mathrm{d}y^2}\right)^2}$，其中 l_1 称为第二混合长度。若令 $l_1=0$，即为式 (4-27)。

值得指出，层流黏性系数 μ 是分子的运动特性，与宏观运动无关；而紊动黏性系数不仅与紊流脉动有关，而且与平均流场有关。所以这种比拟的混合长度理论在本质上是有缺陷的。然而，实验表明，这种理论对于某些流动，如壁面紊流，的确与实验符合得很好。

4.3.2 Prandtl 自由紊流理论

顾名思义，Prandtl 自由紊流理论适用于自由紊流 (混合层、射流及尾流)。Prandtl 混合长度理论在 $\mathrm{d}\overline{u}/\mathrm{d}y=0$ 的那些点上，即在速度有最大值和最小值的那些点上，涡黏性系数等于零。事实上，在最大速度点 (如自由表面) 上，紊动掺混并未消失，这一点已被许多试验所证实。为了克服这些困难，Prandtl (1942) 基于 Reichardt(1942) 对自由紊流的大量试验数据，对自由紊流 (混合层、射流及尾流) 情形建立了一个相当简单的涡黏性系数表达式。在建立这个理论时，Prandtl 假定紊流混合中沿垂向运动的流体微团尺度与混合区的宽度有相同的量级。由 4.3.1 节我们知道，混合长度理论中流体微团与流动区域的垂向尺度相比是小量。现在涡黏性系数由时均速度的最大差值与正比于混合区宽度 b 的长度的积组成，即

$$\mu_t=\rho kb\left(\overline{u}_{\max}-\overline{u}_{\min}\right) \tag{4-29}$$

或

$$\nu_t=kb\left(\overline{u}_{\max}-\overline{u}_{\min}\right) \tag{4-30}$$

式中，k 为常数，由实验确定；$\overline{u}_{\max}$，$\overline{u}_{\min}$ 分别为轴向最大、最小时均速度。由式 (4-29) 知，在每个横截面的整个宽度上 μ_t 保持常数，而根据混合长度理论，即使假定混合长度 l 不变，μ_t 亦是变化的。紊动切应力可由下式给出：

$$\tau_t=\rho kb\left(\overline{u}_{\max}-\overline{u}_{\min}\right)\frac{\mathrm{d}\overline{u}}{\mathrm{d}y} \tag{4-31}$$

上述半经验理论在早期很令人满意，因为当时只量测了时均流速分布，而这个分布对于半经验理论中的假定又不太敏感，尤其是有些系数需由实测资料加以确

定，理论结果与实测资料甚为一致。但当更精细的实测资料积累以后，不难看出这些理论在原理上的缺陷和应用上的局限性。为了弥补这些缺陷，人们从雷诺应力方程出发来建立紊流模型。从紊流模型的角度来看，紊流半经验理论属于零方程模型。

§4.4　紊流统计理论

紊流的物理量是随机变量，随时间做不规则脉动，宜采用统计方法研究流动的统计规律。最早应用统计方法研究紊流现象的是英国剑桥大学的 Taylor(1922)，并于 1935 年正式提出紊流统计理论 (statistical theory of turbulence)。迄今，紊流的统计理论已取得了很大的进展，除 Taylor 做出了较大贡献以外，还应该提到俄罗斯莫斯科国立大学Колмогоров (1941) 在这方面的卓越贡献以及美国加州理工学院 (CalTech) 的 von Karman 和 Howarth (1938), 德国 Gottingen 大学的 Heisenberg(1948), 英国 Cambridge 大学的 Townsend(1947)，美国麻省理工学院 (MIT) 的林家翘 (Lin，1949) 和英国学者 Batchelor(1953) 等的工作。目前，紊流统计理论的内容已极为丰富，本章主要讨论统计理论的基本概念和基本理论。

紊流统计理论是把紊流场看作由各种不同尺度的涡或涡旋做随机运动所组成的。

4.4.1　平稳随机过程与各态遍历性定理

平稳随机过程 (stationary random process)：随机过程的统计特性不随时间的推移而变化。如恒定紊流就是一种平稳随机过程。

要使时间平均等于统计平均的条件是要满足遍历定理 (ergodic theorem)。

遍历定理　一个随机变量在多次重复的试验中出现的所有可能状态，能够在一次相当长时间的试验内以相同的概率出现。

Birkhoff (1931) 和 Neumann (1932) 证明了各态遍历是适用于统计力学的，所以可用时间平均代替统计平均。对于紊流理论，可以用遍历定理证明用时间平均代替统计平均的合理性。

4.4.2 相关关系

自然界的事件存在着两种关系，一种是函数关系，另一种是相关关系。相关关系可以反映紊流中涡旋的大小和空间结构。

方差 (variance)：$\mathrm{D}\xi = \mathrm{E}(\xi - \mathrm{E}\xi)^2$ ，如流速的方差为

$$\mathrm{D}V = \mathrm{E}(V - \mathrm{E}V)^2 = \mathrm{E}(V - \overline{V})^2 = \overline{V'^2} \tag{4-32}$$

标准差 (standard deviation)：即方差的平方根值，可表示成

$$\sigma = \sqrt{\mathrm{D}\xi} = \sqrt{\overline{V'^2}} \tag{4-33}$$

也称均方根值 RMS(root-mean-square) 或均方差。

紊动强度 (turbulence intensity)：

$$T_V = \frac{\sqrt{\overline{V'^2_i}}}{U} \tag{4-34}$$

协方差 (covariance)：随机变量 ξ, η 的协方差为 $\mathrm{cov}(\xi,\ \eta) = \mathrm{E}\left[(\xi - \mathrm{E}\xi)(\eta - \mathrm{E}\eta)\right]$，如流速 V_i, V_j 的协方差为

$$\mathrm{cov}(V_i,\ V_j) = \mathrm{E}\left[(V_i - \mathrm{E}V_i)(V_j - \mathrm{E}V_j)\right] = \overline{V_i' V_j'} \tag{4-35}$$

由此可知，雷诺应力实质上为流速的协方差。当 $\xi = \eta$ 时，协方差变为方差。协方差也称相关函数。

相关系数 (correlation coefficient)：$R_{\xi\eta} = \dfrac{\mathrm{cov}(\xi,\ \eta)}{\sqrt{\mathrm{D}\xi}\sqrt{\mathrm{D}\eta}}$，即协方差与各自的标准差之比。相关系数分为自相关系数和互相关系数。

自相关系数 (auto-correlation coefficient)：同一点处不同时刻之间的相关，如流速的自相关系数为

$$R_\tau(V) = \frac{\overline{V'(t)\, V'(t+\tau)}}{\sqrt{\overline{V'^2(t)}} \cdot \sqrt{\overline{V'^2(t+\tau)}}} \tag{4-36}$$

又如压力的自相关系数为

$$R_\tau(p) = \frac{\overline{p'(t)\, p'(t+\tau)}}{\sqrt{\overline{p'^2(t)}} \cdot \sqrt{\overline{p'^2(t+\tau)}}} \tag{4-37}$$

互相关系数 (cross-correlation coefficient)：同一时刻两点之间的相关，如流速的互相关系数为

$$R_{ij}(V)=\frac{\overline{V_i'(t)\,V_j'(t)}}{\sqrt{\overline{V'^2_i(t)}}\cdot\sqrt{\overline{V'^2_j(t)}}} \tag{4-38}$$

又如压力的互相关系数为

$$R_{ij}(p)=\frac{\overline{p_i'(t)\,p'_j(t)}}{\sqrt{\overline{p'^2_i(t)}}\cdot\sqrt{\overline{p'^2_j(t)}}} \tag{4-39}$$

4.4.3　紊动尺度

紊动尺度用于描述紊流的紊动结构，度量涡旋的大小，分为两种尺度，即微尺度和积分尺度。

相关系数中最重要的是速度分量的纵向相关和横向相关。设两点的连线方向为 x 轴，r 为两点的间距，则纵向相关和横向相关可表示成：

$$\text{纵向相关:}\quad f(r)=\frac{\overline{u'(x)\,u'(x+r)}}{\sigma_u(x)\,\sigma_u(x+r)} \tag{4-40}$$

$$\text{横向相关:}\quad g(r)=\frac{\overline{v'(x)\,v'(x+r)}}{\sigma_v(x)\,\sigma_v(x+r)} \tag{4-41}$$

微尺度 (microscale)：表征小尺度涡旋的大小，即在 r=0 处与相关曲线 $f(r)$ 有相同曲率的抛物线在横轴上的截距，如图 4-3 所示，其数学表达式为

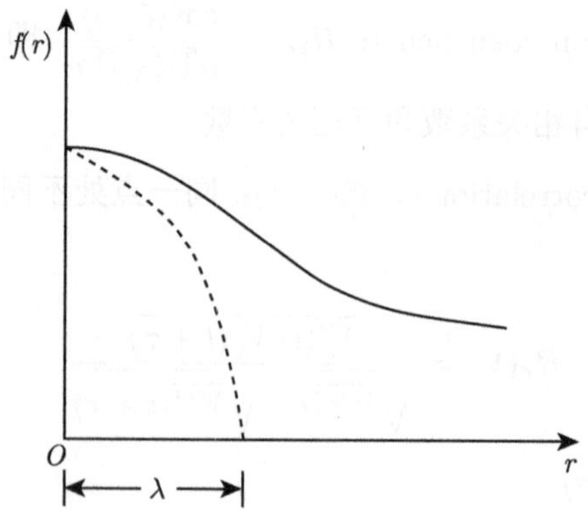

图 4-3　微尺度

$$\frac{1}{\lambda^2}=-\frac{1}{2}\left(\frac{\partial^2 f}{\partial r^2}\right)_{r=0} \tag{4-42}$$

积分尺度 (integral scale)：

$$\Lambda=\int_0^{\infty} f(r)\mathrm{d}r \tag{4-43}$$

4.4.4 Karman-Howarth 方程与 Лойцянский 不变量

应用 N-S 方程可导出 Karman-Howarth 方程：

$$\frac{\partial}{\partial t}(\overline{u'^2}f)-(\overline{u'^2})^{3/2}\frac{1}{r^4}\frac{\partial}{\partial r}(r^4 k)=2\nu\overline{u'^2}\frac{1}{r^4}\frac{\partial}{\partial r}\left(r^4\frac{\partial f}{\partial r}\right) \tag{4-44}$$

该方程由 von Karman 和 Howarth 于 1938 年提出。从这个方程可以得出一个重要的结论，对分析大尺度涡旋特性有重要作用。如果把 Karman-Howarth 方程乘以 r^4，再对 r 在 0 到 ∞ 的范围里积分，则可得 Лойцянский 不变量 (1939)，即

$$\overline{u'^2}\int_0^{\infty} r^4 f(r)\mathrm{d}r = \text{invariant} \tag{4-45}$$

其物理意义为紊动系统中的扰动总量不随时间而变化。

应当指出，Karman-Howarth 方程有两个未知数 $f(r, t)$，$k(r, t)$，无法求解。但在极限情形下，如当雷诺数很低时 (黏性起主要作用)，方程等号左边第二项可忽略不计，此时只有一个未知数，方程可以求解。

4.4.5 紊流能谱分析

从紊流结构来看，紊动是由许多大小不等的涡旋产生不同频率或不同波长的脉动。

频谱 (frequency spectrum)：把脉动按其出现次数的多少，即按频率分解的谱。

波谱 (wave spectrum)：按脉动的大小，即按波长进行分解的谱。波数指一定长度里有几个波长。

频谱和波谱合称为能谱 (energy spectrum)。

总之，我们把脉动现象看作是由各种频率或波长的波动叠加而成，因此可用 Fourier 变换对紊流脉动进行能谱分析。

能谱分析可以揭示能量在各种波动中的分布和传递。最早用能谱分析紊动的是 Taylor(1935)，他提出了一维能谱。

通过 Fourier 变换可把能谱分析和相关分析联系起来。如时间相关函数通过 Fourier 变换变为频谱函数，空间相关函数通过 Fourier 变换变为波谱函数。

Fourier 变换的定义为

$$F\left[f\left(t\right)\right]=\int_{-\infty}^{+\infty}f\left(t\right)\mathrm{e}^{-\mathrm{i}\omega t}\mathrm{d}t=F(\omega) \tag{4-46}$$

Fourier 逆变换的定义为

$$F^{-1}\left[F(\omega)\right]=\frac{1}{2\pi}\int_{-\infty}^{+\infty}F\left(\omega\right)\mathrm{e}^{\mathrm{i}\omega t}\mathrm{d}\omega=f\left(t\right) \tag{4-47}$$

式中，ω 为圆频率，即 $\omega=2\pi n$。

定义紊流的脉动能量为

$$\overline{u'^2}=\int_0^{\infty}E(n)\mathrm{d}n=\frac{1}{2}\int_{-\infty}^{\infty}E(n)\mathrm{d}n \tag{4-48}$$

对于时间的相关函数，有

$$\overline{u'(t)u'(t+\tau)}=\overline{u'^2}\,R_\tau=\frac{1}{2}\int_{-\infty}^{\infty}E(n)\,\mathrm{e}^{\mathrm{i}2\pi n\tau}\mathrm{d}n \tag{4-49}$$

即频谱函数的 Fourier 逆变换为时间相关函数。另外，时间相关函数的 Fourier 变换为频谱函数，即

$$E(n)=2\overline{u'^2}\int_{-\infty}^{\infty}R_\tau\,\mathrm{e}^{-\mathrm{i}2\pi n\tau}\mathrm{d}\tau \tag{4-50}$$

对于空间相关函数，波数 $k=\dfrac{\omega}{U}=\dfrac{2\pi n}{U}$，如纵向二阶空间相关函数 $f(r)$，有

$$f(r)=\frac{1}{2}\int_{-\infty}^{\infty}F(n)\mathrm{e}^{\mathrm{i}kr}\,\mathrm{d}n \tag{4-51}$$

即波谱的 Fourier 逆变换为空间相关函数，而空间相关函数的 Fourier 变换为波谱函数

$$F(n)=\frac{2}{U}\int_{-\infty}^{\infty}f(r)\mathrm{e}^{-\mathrm{i}kr}\mathrm{d}r \tag{4-52}$$

4.4.6 能量串级

能量串级 (energy cascade) 原理：如图 4-4 所示能谱曲线，紊流能量可分为三个区：大涡区 (a 区)、含能区 (b 区) 及平衡区 (c 区)。较大的涡向较小的涡输运能量，再输运给更小的涡，最后耗散成热。这种能量输运方式称为能量串级原理。

大涡区：该区的紊流是各向异性的，大涡从主流中得到能量；

含能区：大尺度涡分裂成许多较小尺度的涡，把从低波数区获得的能量传递给高波数区；

平衡区：由小尺度的涡组成，该区获得的紊流能量与黏性耗散相平衡。

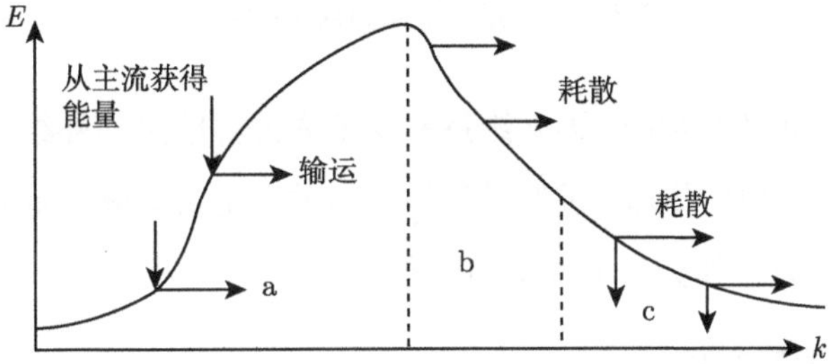

图 4-4 能量串级示意图 (能谱曲线)

Колмогоров认为小尺度紊流是局部各向同性的，并通过量纲分析提出两个相似性假说：

第一个相似性假说：在平衡区，当 $Re \gg 1$ 时，小尺度涡的统计特性只与能量耗散率 ε 和运动黏性系数 ν 两个特征量有关，其能谱函数可写成：

$$E = f_1(k,\ \varepsilon,\ \nu) \tag{4-53}$$

由量纲分析得

$$\frac{E}{\varepsilon^{1/4}\nu^{5/4}} = \frac{E}{U^2\lambda} = f_2(k\lambda) \tag{4-54}$$

式中，$\lambda = \left(\dfrac{\nu^3}{\varepsilon}\right)^{1/4}$，称为Колмогоров微尺度；$U = (\nu\varepsilon)^{1/4}$ 为平衡区的特征流速。

第二个相似性假说：在含能区，当 $Re \gg 1$ 时，紊流运动与黏性无关。其能谱函数可写成：

$$E = f_3(k,\ \varepsilon,\ \Lambda) \tag{4-55}$$

由量纲分析得

$$\frac{E}{\varepsilon^{2/3}\Lambda^{5/3}} = f_4(k\Lambda) \tag{4-56}$$

联立式 (4-43)、式 (4-44)，得

$$E = A\varepsilon^{2/3}k^{-5/3} \quad (A \text{ 为常数}) \tag{4-57}$$

这就是著名的Колмогоров能谱定律。上式表明，在具有 $-5/3$ 次方的波数段，黏性不起作用，能量输运中没有耗散。

§4.5　紊流能量方程

由于紊动会引起能量耗散，因此维持紊动要靠外界能量的补给。为研究紊动是如何吸取外界能量，如何传递、扩散及耗散能量的，建立了瞬时能量方程、时均能量方程及紊动能量方程作为研究紊动机理的基础。

4.5.1　瞬时流的能量方程

紊流瞬时流动可由 N-S 方程描述：

$$\frac{\partial V_i}{\partial t} + V_j\frac{\partial V_i}{\partial x_j} = f_i - \frac{1}{\rho}\frac{\partial p}{\partial x_i} + \nu\frac{\partial^2 V_i}{\partial x_j \partial x_j}$$

其中黏性项可写成：

$$\nu\frac{\partial^2 V_i}{\partial x_j \partial x_j} = \frac{\mu}{\rho}\frac{\partial}{\partial x_j}\left(\frac{\partial V_i}{\partial x_j} + \frac{\partial V_j}{\partial x_i}\right) \tag{4-58}$$

由流体微团运动分析知，张量形式的角变形速率，即应变张量 (strain tensor) 为

$$S_{ij} = \frac{1}{2}\left(\frac{\partial V_i}{\partial x_j} + \frac{\partial V_j}{\partial x_i}\right) \tag{4-59}$$

则黏性项可表示成：

$$\frac{\mu}{\rho}\frac{\partial}{\partial x_j}\left(\frac{\partial V_i}{\partial x_j} + \frac{\partial V_j}{\partial x_i}\right) = \frac{1}{\rho}\frac{\partial}{\partial x_j}(2\mu S_{ij}) \tag{4-60}$$

如果把黏性应力和法向应力合在一起，可组成一个应力张量 (stress tensor)：

$$T_{ij} = -p\delta_{ij} + 2\mu S_{ij} \tag{4-61}$$

式中，δ_{ij} 称为 Kronecker 函数，$\delta_{ij}=\begin{cases}1, & i=j\\0, & i\neq j\end{cases}$ 。

利用上述关系式，忽略质量力的作用，则 N-S 方程可写成：

$$\frac{\partial V_i}{\partial t}+V_j\frac{\partial V_i}{\partial x_j}=-\frac{1}{\rho}\frac{\partial}{\partial x_i}(-p\delta_{ij}+2\mu S_{ij}) \tag{4-62}$$

将上式各项乘以 V_i，得

$$V_i\frac{\partial V_i}{\partial t}+V_iV_j\frac{\partial V_i}{\partial x_j}=-\frac{V_i}{\rho}\frac{\partial}{\partial x_i}(-p\delta_{ij}+2\mu S_{ij}) \tag{4-63}$$

上式可改写为

$$\frac{\partial}{\partial t}\left(\frac{V_i^2}{2}\right)+\frac{\partial}{\partial x_j}\left[V_j\left(\frac{p}{\rho}+\frac{V_i^2}{2}\right)\right]=\nu\frac{\partial}{\partial x_j}\left[V_i\left(\frac{\partial V_i}{\partial x_j}+\frac{\partial V_j}{\partial x_i}\right)\right]-\nu\left(\frac{\partial V_i}{\partial x_j}+\frac{\partial V_j}{\partial x_i}\right)\frac{\partial V_i}{\partial x_j} \tag{4-64}$$

这就是不可压缩流体紊流瞬时流动的能量方程，亦即紊流的总能量方程。上式中各项的意义为以 $\dfrac{V_i^2}{2}$ 为单位质量流体的瞬时动能，方程等号左端第一项为动能变化率，左端第二项为对流对动能和压能的传递，等号右端第一项为黏性应力对动能的传递，等号右端第二项为动能耗散。

4.5.2 时均流的能量方程

雷诺方程为

$$\frac{\partial\overline{V}_i}{\partial t}+\overline{V}_j\frac{\partial\overline{V}_i}{\partial x_j}=f_i-\frac{1}{\rho}\frac{\partial\overline{p}}{\partial x_i}+\frac{1}{\rho}\frac{\partial}{\partial x_j}\left(\mu\frac{\partial\overline{V}_i}{\partial x_j}-\rho\overline{V_i'V_j'}\right) \tag{4-65}$$

将上式各项乘以 $\overline{V}_i$ 可得时均流的动能方程。如果不考虑质量力，则方程具有下列形式：

$$\begin{aligned}&\frac{\partial}{\partial t}\left(\frac{\overline{V}_i^2}{2}\right)+\frac{\partial}{\partial x_j}\left[\overline{V}_j\left(\frac{\overline{p}}{\rho}+\frac{\overline{V}_i^2}{2}\right)\right]\\&=\overline{V_i'V_j'}\frac{\partial\overline{V}_i}{\partial x_j}-\frac{\partial}{\partial x_j}(\overline{V_i'V_j'}\,\overline{V}_i)+\nu\frac{\partial}{\partial x_j}\left[\overline{V}_i\left(\frac{\partial\overline{V}_i}{\partial x_j}+\frac{\partial\overline{V}_j}{\partial x_i}\right)\right]\\&\quad-\nu\left(\frac{\partial\overline{V}_i}{\partial x_j}+\frac{\partial\overline{V}_j}{\partial x_i}\right)\frac{\partial\overline{V}_i}{\partial x_j}\end{aligned} \tag{4-66}$$

方程等号左端第二项为压力和动能所做的功，等号右端第一、二项为雷诺应力所做的功，第三、四项为黏性应力所做的功。

4.5.3　紊动流的能量方程

瞬时流的动能 = 时均流的动能 + 紊动流的动能，即

$$\frac{V_i^2}{2} = \frac{\overline{V}_i^2}{2} + \frac{V_i'^2}{2}$$

由瞬时流的能量方程减去时均流的能量方程可得紊动流的能量方程：

$$\begin{aligned}&\frac{\partial}{\partial t}\left(\frac{V_i'^2}{2}\right) + \overline{V}_j\frac{\partial}{\partial x_j}\left(\frac{V_i'^2}{2}\right)\\ &= -\overline{V_i' V_j'}\frac{\partial \overline{V}_i}{\partial x_j} - \frac{\partial}{\partial x_j}\overline{V_j'\left(\frac{p'}{\rho} + \frac{V_i'^2}{2}\right)}\\ &\quad + \nu\frac{\partial}{\partial x_j}\overline{\left[V'_i\left(\frac{\partial V_i'}{\partial x_j} + \frac{\partial V_j'}{\partial x_i}\right)\right]} - \nu\overline{\left(\frac{\partial V_i'}{\partial x_j} + \frac{\partial V_j'}{\partial x_i}\right)\frac{\partial V_i'}{\partial x_j}}\end{aligned} \tag{4-67}$$

方程等号右端第一项为紊动产生，等号右端第二、第三项为紊动能扩散，等号右端第四项为紊动能耗散。紊动能量的耗散集中于小尺度的涡旋运动，这种涡旋具有各向同性的特征。

§4.6　自 由 紊 流

4.6.1　自由紊流的类型

顾名思义，自由紊流指紊流不受壁面限制的流动。自由紊流主要包括自由射流 (free jet)、尾流 (wake) 及混合层 (mixing layer)，如图 4-5 所示。自由紊流的共同特征为：

(1) 自由紊流与周围流体之间存在明显的间断面；

(2) 横向流速远比主流方向的流速小；

(3) 物理量沿主流方向的变化远比沿横向的变化小。

自由射流是指流体从各种形式的孔口或喷嘴射入同一种或另一种流体的流动，如图 4-5(a) 所示。除射流速度很低之外，射流离开孔口一小段距离后即完全变为紊流。这种紊动射流与周围静止流体发生掺混，卷吸周围流体使其质量流量沿程不断增加。同时，射流断面不断扩展，流速不断下降，但是其总动量仍保持不变；尾流发

生在物体绕流之后，如图 4-5(b) 所示，其流速比主流速度小，此速度亏损 (velocity deficit) 相当于由作用在物体上的阻力引起的动量损失。尾流的宽度随其离开物体的距离而增加，而尾流中速度与外流速度之差则越来越小；混合层发生在速度大小不同但方向相同的两股流动之间，此速度间断面是不稳定的，在两股流动汇合点下游会出现一个紊流混合区，此混合区的宽度沿程不断增大，如图 4-5(c) 所示。

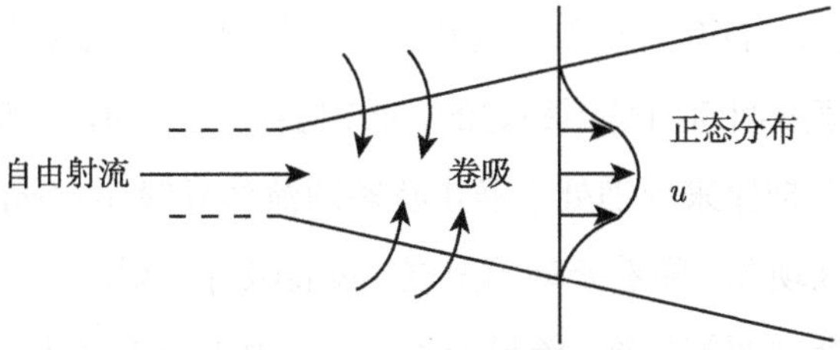

(a) 自由射流

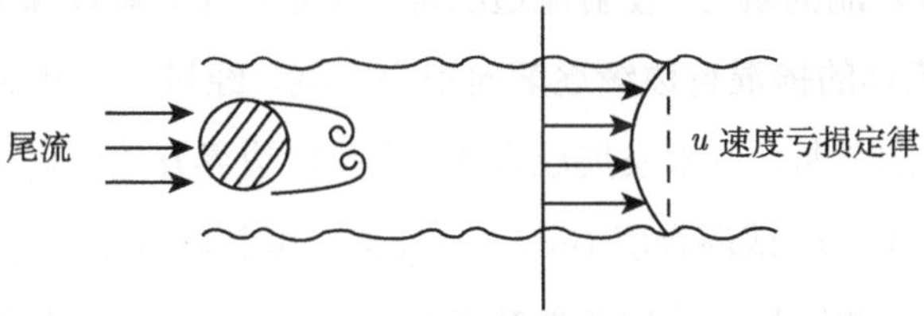

(b) 尾流

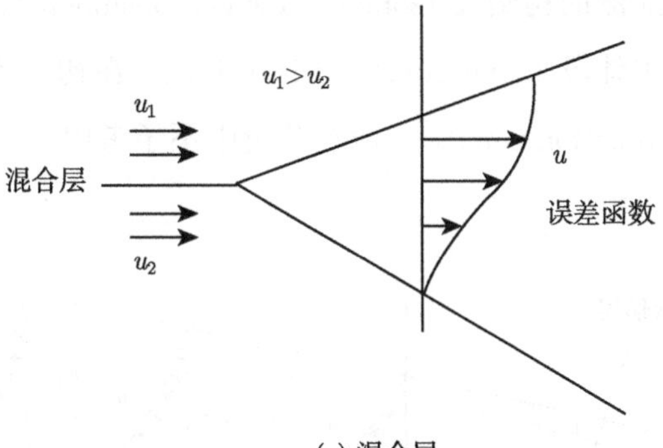

(c) 混合层

图 4-5 自由射流、尾流及混合层

4.6.2 自由紊动射流

在水利水电工程、给排水工程、土木工程、化学工程、机械工程、环境工程以及航空航天、冶金、能源、食品等许多领域，都会遇到大量的射流问题。

通常，射流可分为层流射流、紊动射流、自由射流、冲击射流、单股射流、多股射流、等密度射流、变密度射流 (浮射流、羽流)、旋转射流、平面射流、轴对称射流、三维射流、壁面射流等，其详细内容可参阅《射流力学》(董志勇，2005)。射流问题较为复杂，在此着重讨论自由紊动射流的一些基本特性，以使我们对射流有初步的认识。

射流以初始流速 u_0 自孔口出射后与周围静止流体间形成速度不连续的间断面，如图 4-6 所示。速度间断面是不稳定的，必定会产生波动，并发展成涡旋，从而引起紊动。这样就会把原来周围处于静止状态的流体卷吸 (entrainment) 到射流中，这就是射流的卷吸现象。随着紊动的发展，被卷吸并与射流一起运动的流体不断增多，射流边界逐渐向两侧扩展，流量沿程增大。由于周围静止流体与射流的掺混，相应产生了对射流的阻力，使射流边缘部分流速降低，难以保持原来的初始流速。射流与周围流体的掺混自边缘逐渐向中心发展，经过一定距离发展到射流中心，自此以后射流的全断面上都发展成紊流。由孔口边界开始向内外扩展的掺混区称为剪切层 (shear layer) 或混合层 (mixing layer)。其中心部分未受掺混的影响，仍保持原出口流速 u_0 的区域称为射流的势流核 (potential core)。从孔口至势流核末端之间的这一段称为射流的初始段 (zone of flow establishment)。紊流充分发展以后的射流称为射流的主体段 (zone of established flow)。在初始段与主体段之间有一个很短的过渡段 (transition zone)，一般在分析中不予考虑。

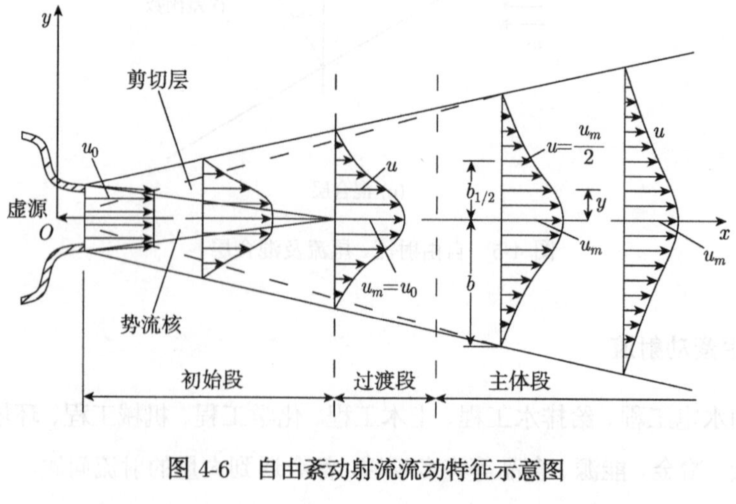

图 4-6 自由紊动射流流动特征示意图

据 Albertson 等 (1950)、Абрамович (1960) 的试验研究和理论分析表明，自由紊动射流具有以下重要特性。

1. 断面流速分布的相似性

图 4-7(a) 为平面紊动自由射流不同断面的流速分布图，各个断面流速分布显示出相似性 (similarity)，轴线上流速最大，距轴越远流速越小。若将流速 u 和断面上横向坐标 y 分别以无量纲坐标 u/u_m 和 $y/b_{1/2}$ 来表示，则各断面上无量纲流速分布均落在同一条曲线上，如图 4-7(b) 所示。u 表示任意断面上距轴线 y 处流速，u_m 为该断面轴线流速 (axis velocity)，$b_{1/2}$ 为半值宽 (half-value width)，即 $u = 0.5u_m$ 处的 y 值。其无量纲流速分布符合正态分布 (normal distribution) 或称高斯分布 (Gaussian distribution)：

$$\frac{u}{u_m} = \exp\left[-\left(\frac{y}{b_{1/2}}\right)^2\right] \tag{4-68}$$

2. 射流边界的线性扩展

实测结果与理论分析表明，紊动射流的剪切层厚度随距离发展呈线性增加。若将主体段射流的上下边界线延长，则交汇于 O 点，该点称为射流的"虚源"(virtual origin)。根据厚度线性增长的规律，则有

$$b/x = \tan\theta = \text{const} \tag{4-69}$$

式中，θ 为射流边界线与轴线的夹角。初始段边界的发展也为直线，但扩散角与主体段不同。

应当指出，射流的边界为线性扩展，这仅仅是宏观的概念，由于紊动作用在边界面附近表现得很剧烈，从试验观察到的边界线并不是一条光滑笔直的直线，而是锯齿形线。

3. 动量通量守恒

自由射流中的压强可认为等于周围流体的压强。根据这一特性，射流中的压强沿 x 方向没有变化，即

$$\frac{\partial p}{\partial x} = 0 \tag{4-70}$$

既然在 x 方向没有压差存在，则在 x 方向必定保持动量通量守恒 (conservation of momentum flux)，即

$$\int_A \rho u^2 \mathrm{d}A = \mathrm{const} \tag{4-71}$$

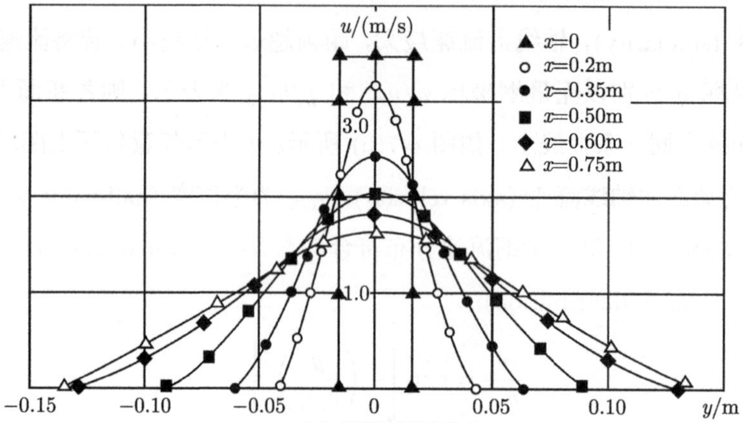

(a) 各断面流速分布

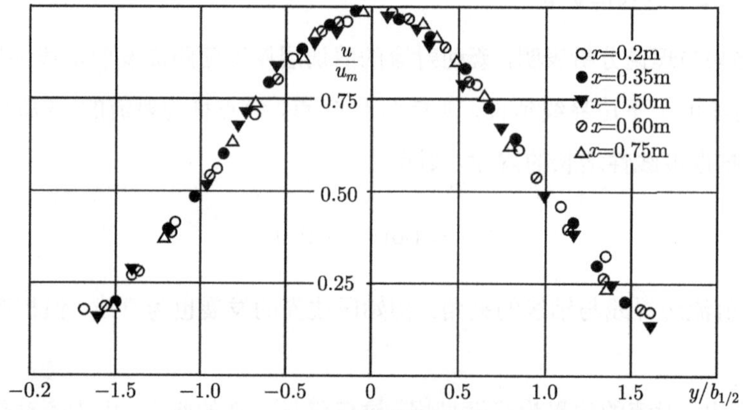

(b) 无量纲流速分布

图 4-7　射流横断面流速分布

4.6.3　尾流

1. 尾流形态

尾流形态主要取决于来流雷诺数、绕流柱体形状等因素，现以圆柱绕流为例来分析。若圆柱的轴与来流方向垂直，则雷诺数可定义为

$$Re = \frac{V_\infty d}{\nu} \tag{4-72}$$

式中，V_∞ 为来流速度；d 为圆柱直径。

当 $Re < 0.5$ 时，惯性力与黏性力相比可以忽略，则流线在圆柱的下游面重新会合，如图 4-8(a) 所示；当雷诺数增加到 2~30 时，则边界层在上下两个 S 点处对称地自柱体分离，并形成两个旋转方向相反的旋涡，如图 4-8(b) 所示。这两个旋涡的位置固定，其旋转所消耗的能量是由分离的边界层流动提供的。在旋涡的下游，主流的流线仍然汇合到一起，尾流区只有一定的长度；当雷诺数再增加，旋涡拉长，如图 4-8(c) 所示；当雷诺数达到 40~70 时，尾流发生周期性摆动，如图 4-8(d) 所示；当雷诺数达到 90 时，旋涡交替从上下两侧发生，并带向下游，形成尾流中的两列旋涡。一列中某一旋涡的中心恰好对着另一列中两个旋涡间距的中点，如图 4-9 所示，尾流中这样的两列旋涡称为“卡门涡街”(Karman vortex street)，是由 von Karman (1911) 最早发现的。旋涡的能量由于流体的黏性而被逐渐消耗掉，因此在柱体后面一个相当长距离后，旋涡就逐渐衰减而消失。von Karman 把涡街看作是在理想流体中一系列单独的旋涡，推导出只有在两列旋涡之间的距离 h 与两个旋涡之间的距离 l 之比，即 h/l=0.281 时，这种现象对于小扰动才是稳定的。

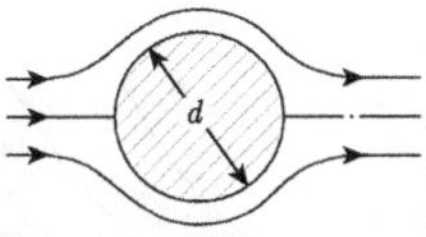

(a) $Re < 0.5$

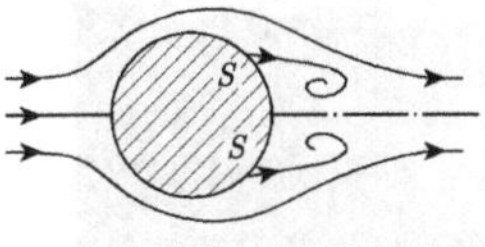

(b) $Re = 2\sim30$

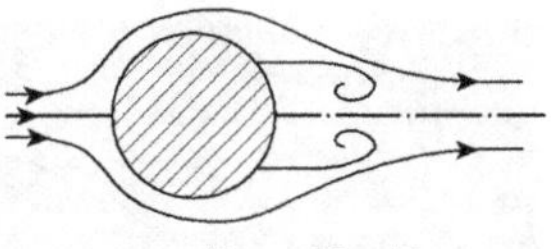

(c) $Re = 30\sim40$

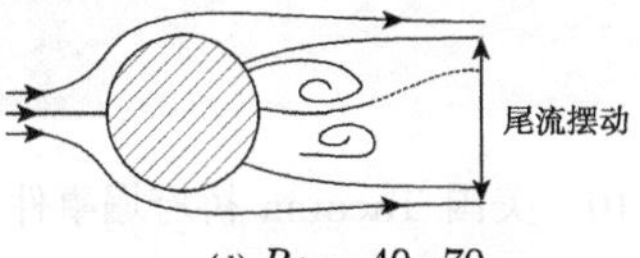

(d) $Re = 40\sim70$

图 4-8 尾流形态

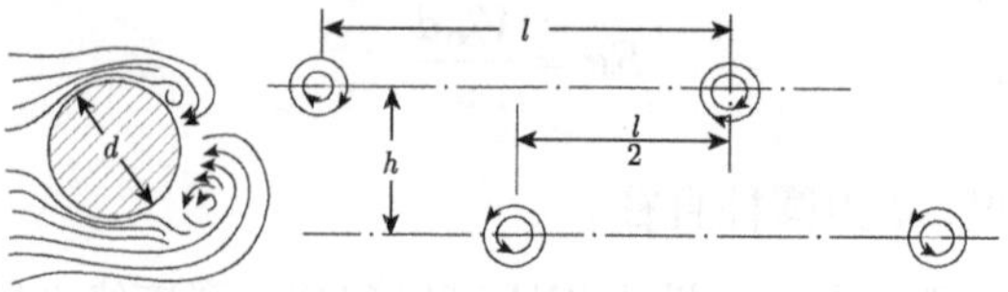

图 4-9　卡门涡街

由 Kelvin-Thomson 环量守恒定理 (见 §7.1) 知，每当一个旋涡脱离柱体时，必然在柱体上产生一个与旋涡所具有的环量大小相等、方向相反的环量。由于这个环量，在柱体绕流中就产生了横向力，即升力。注意到在柱体上下两侧交替地产生方向相反的旋涡，因此柱体上的环量符号也交替变化，横向力的方向也是交替变化的，这样就使柱体产生了一定频率的振动。例如，在大风中电线发出的风鸣声就是由于振动频率接近电线的自振频率，产生共振现象所致。对于烟囱、高层建筑、悬索桥、潜艇潜望镜等，在设计中应考虑卡门涡街的破坏性。例如，1940 年，美国华盛顿州花费 640 万美元在 Tacoma 峡谷上建造了一座主跨度 853.4m、全长 1810.56m，桥宽 11.9m 的悬索桥。建成 4 个月后，于同年 11 月 7 日遇到一场风速为 19m/s 的大风。虽然风力不算太大，但桥却发生了剧烈的振动，且振幅越来越大 (接近 9m)，直到桥面倾斜到 45° 左右，吊杆逐根拉断导致桥面钢梁折断而塌毁，坠落到峡谷之中，如图 4-10 所示。

图 4-10　美国 Tacoma 桥垮塌事件

从柱体上产生旋涡的频率 f 可用 Strouhal 公式计算：

$$St = 0.198\left(1 - \frac{19.7}{Re}\right) \tag{4-73}$$

式中，St 为 Strouhal 数，即

$$St = \frac{fd}{V_\infty} \tag{4-74}$$

Strouhal 数是由捷克流体力学家 Strouhal 于 1878 年首次研究电线风鸣声时提出的。应当指出，Strouhal 公式在 $250 < Re < 2 \times 10^5$ 时适用。

当柱体振动后，旋涡在柱体位移最大时脱离柱体，因此两排涡列之间的距离 h 可比原来增大两倍柱体的振幅。h 的增加使得尾流的宽度增加，自然会使阻力也增加。当柱体绕流雷诺数很高 ($Re = 2000 \sim 5000$) 时，每个旋涡的角速度增加了，切应力也增大了，最终使旋涡分解为随机的紊动水流，卡门涡街现象也就消失了。绕流柱体的振动可以通过改变柱体下游的形状而减小，甚至可以消除。显然，尾流的宽度依赖于分离点 S 在柱体上的位置，由边界层理论 (见第 5 章) 知，紊流边界层比层流边界层能更好地克服逆压梯度，因而可使分离点 S 向下游推移，从而减小尾流区宽度以减小阻力。这就是为何一个表面粗糙的球体在一定的 Re 数时，其阻力系数较光滑球体反而更小的原因所在。

2. 单个物体后尾流

对于单个物体后自由紊动尾流，如图 4-11 所示。1930 年 Schlichting 采用 Prandtl 混合长度理论，提出尾流的解法；1942 年 Görtler 则用 Prandtl 自由紊流理论提出另一种解法，在此介绍 Görtler 解法。

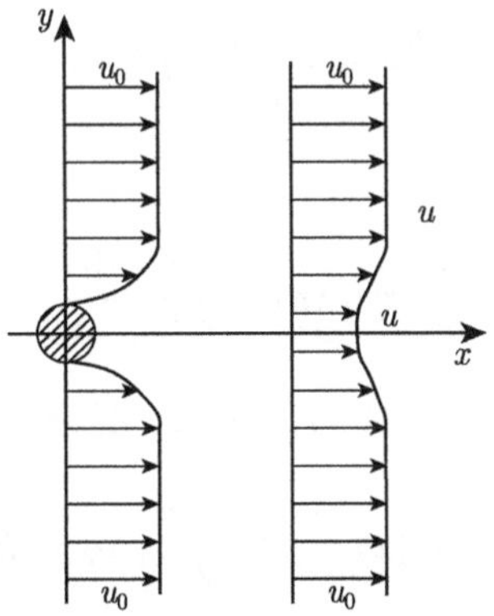

图 4-11 单个物体后尾流

设尾流中速度亏损 $u_d = u_0 - u$，其中 u_0 为主流速度。由 Prandtl 自由紊流理

论知，$\nu_t = kbu_{d\max}$，考虑到自由紊流的特征，将此关系式代入雷诺方程，对于平面问题，有

$$\frac{\partial u_d}{\partial x} = \frac{\nu_t}{u_0}\frac{\partial^2 u_d}{\partial y^2} \tag{4-75}$$

其边界条件为

$$y = \pm\infty,\quad u_d = 0;\quad y = 0,\quad \frac{\partial u_d}{\partial y} = 0 \tag{4-76}$$

假定远离物体的尾流中流速分布存在相似性，引入新自变量

$$\eta = \left(\frac{u_0}{\nu_t x}\right)^{1/2} y \tag{4-77}$$

并令

$$u_d = U(x)f'(\eta) \tag{4-78}$$

式中，$U(x)$ 为待定函数。于是有流函数

$$\psi = \int \frac{\partial \psi}{\partial y} = \int u_d \mathrm{d}y = U(x)\left(\frac{\nu_t x}{u_0}\right)^{1/2} f(\eta) \tag{4-79}$$

并有

$$\frac{\partial u_d}{\partial x} = \frac{\mathrm{d}U(x)}{\mathrm{d}x}f'(\eta) - \frac{U(x)}{2\nu_t}\frac{\mathrm{d}\nu_t}{\mathrm{d}x}\eta f''(\eta) \tag{4-80}$$

$$\frac{\partial u_d}{\partial y} = \left(\frac{u_0}{\nu_t x}\right)^{1/2} U(x)f''(\eta) \tag{4-81}$$

$$\frac{\partial^2 u_d}{\partial y^2} = \frac{u_0 U(x)}{\nu_t x} f'''(\eta) \tag{4-82}$$

将上述关系代入式 (4-75) 得

$$f'''(\eta) + \frac{1}{2\nu_t}\frac{\mathrm{d}\nu_t x}{\mathrm{d}x}\eta f''(\eta) - \frac{x}{U(x)}\frac{\mathrm{d}U(x)}{\mathrm{d}x}f'(\eta) = 0 \tag{4-83}$$

若流速分布存在相似性，则式 (4-83) 与 x 无关，必须

$$\frac{x}{U(x)}\frac{\mathrm{d}U(x)}{\mathrm{d}x} = m = \text{const},\ U(x) = c\left(\frac{x}{d}\right)^m,\ \nu_t = kbu_{d\max} = \text{const} \tag{4-84}$$

亦即应按式 (4-84) 选定待定函数 $U(x)$，于是式 (4-83) 可表示成

$$f'''(\eta) + \frac{1}{2}\eta f''(\eta) - mf'(\eta) = 0 \tag{4-85}$$

式中，常量 m 可由动量守恒原理求得。相应的边界条件变为

$$\eta=\pm\infty,\quad f'(\eta)=0;\quad \eta=0,\quad f''(\eta)=0 \tag{4-86}$$

在远离绕流物体的尾流中，速度剖面存在相似性，尾流中静压与主流中静压几乎相同。设绕流物体的高度为 H，沿流动方向的投影宽度为 d(圆柱为直径)，今围绕物体取控制面，应用动量守恒原理，有

$$F_d=H\rho\int_{-\infty}^{+\infty}u(u_0-u)\mathrm{d}y=H\rho\int_{-\infty}^{+\infty}u_d(u_0-u_d)\mathrm{d}y \tag{4-87}$$

略去 u_d^2 项，可得

$$F_d=H\rho u_0\int_{-\infty}^{+\infty}u_d\mathrm{d}y \tag{4-88}$$

由动量守恒原理，有

$$F_d=H\rho u_0\int_{-\infty}^{+\infty}u_d\mathrm{d}y=C_dH\mathrm{d}\frac{\rho u_0^2}{2} \tag{4-89}$$

从而有

$$\int_{-\infty}^{+\infty}u_d\mathrm{d}y=C_d\mathrm{d}\frac{u_0}{2} \tag{4-90}$$

另外，由式 (4-77)、式 (4-78) 可得

$$\int_{-\infty}^{+\infty}u_d\mathrm{d}y=U(x)\left(\frac{\nu_t x}{u_0}\right)^{1/2}\int_{-\infty}^{+\infty}f'(\eta)\mathrm{d}\eta=U(x)\left(\frac{\nu_t x}{u_0}\right)^{1/2}f(\eta)|_{-\infty}^{+\infty} \tag{4-91}$$

联立式 (4-90)、式 (4-91)，并考虑到式 (4-84) 得 $m=-1/2$，将其代入式 (4-85) 可解出

$$f'(\eta)=\exp\left(-\frac{\eta^2}{4}\right),\ f(\eta)=\int_0^{\eta}\exp\left(-\frac{\eta^2}{4}\right)\mathrm{d}\eta \tag{4-92}$$

并且 $f(\eta)|_{-\infty}^{+\infty}=2\int_0^{\infty}\exp\left(-\frac{\eta^2}{4}\right)=2\sqrt{\pi}$，于是可得速度亏损

$$u_d=U(x)f'(\eta)=U(x)\exp\left(-\frac{\eta^2}{4}\right) \tag{4-93}$$

在 $\eta=0$ 处，可得 $u_{d\max}$

$$u_{d\max}=U(x)=\frac{C_d}{4\sqrt{\pi}}u_0\left(\frac{u_0 d}{\nu_t}\right)^{1/2}\left(\frac{d}{x}\right)^{1/2} \tag{4-94}$$

由此可见，所选的 $U(x)$ 即为 $y=0$ 处的速度亏损。因此，尾流的流速分布可表示成

$$u=u_0-u_d=u_0\left[1-\frac{C_d}{4\sqrt{\pi}}\left(\frac{u_0 d}{\nu_t}\right)^{1/2}\left(\frac{d}{x}\right)^{1/2}\exp\left(-\frac{\eta^2}{4}\right)\right] \tag{4-95}$$

$$\frac{u_d}{u_{d\max}}=\exp\left(-\frac{\eta^2}{4}\right) \tag{4-96}$$

对于圆柱绕流，Görtler 解与 Schlichting 解的比较如图 4-12 所示，同时图中给出 Schlichting 基于 Prandtl 混合长度理论的解。由图可见，理论解与实测值吻合得相当好，并且 Görtler 解与 Schlichting 解相差甚微。

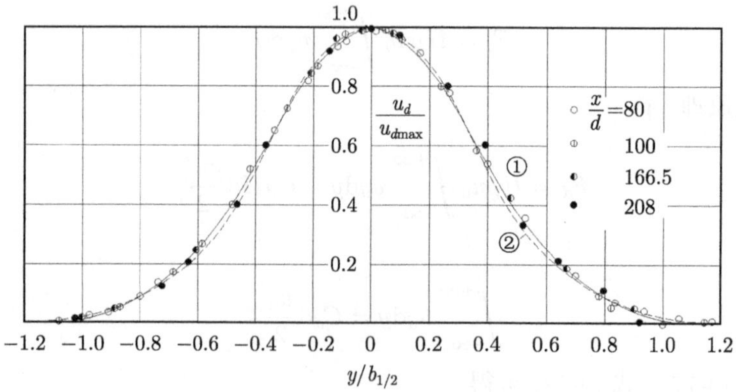

图 4-12　尾流理论与实验结果比较

① Schlichting 解；② Görtler 解

3. 一排物体后尾流

一排物体后尾流如图 4-13 所示，Olsson (1936) 对此作了理论分析和试验研究。在距这排物体一定距离处，单个物体形成的尾流宽度等于其间距 B，即 $b=B$，其速度亏损 $u_d=u_0-u$ 相对于 u_0 为小量，于是平面问题的雷诺方程可以简化为

$$-u_0\frac{\partial u}{\partial x}=\frac{1}{\rho}\frac{\partial \tau_t}{\partial y} \tag{4-97}$$

若采用 Prandtl 混合长度理论的另一形式，即

$$\tau_t=\rho\, l^2\frac{\partial u}{\partial y}\sqrt{\left(\frac{\partial u}{\partial y}\right)^2+l_1^2\left(\frac{\partial^2 u}{\partial y^2}\right)^2} \tag{4-98}$$

在充分发展的尾流中，流速分布存在相似性，并且为 y 的周期函数，其周期为 T，因此可假定

$$u_d = Au_0\frac{T}{x}\cos\frac{2\pi y}{T} \tag{4-99}$$

由此得

$$\frac{\partial u_d}{\partial x} = -\frac{A}{B}u_0\left(\frac{T}{x}\right)^2\cos\frac{2\pi y}{T} \tag{4-100}$$

$$\frac{\partial u_d}{\partial y} = -Au_0\left(\frac{2\pi}{T}\right)\left(\frac{T}{x}\right)\sin\frac{2\pi y}{T} \tag{4-101}$$

$$\frac{\partial^2 u_d}{\partial y^2} = -Au_0\left(\frac{2\pi}{T}\right)^2\left(\frac{T}{x}\right)\cos\frac{2\pi y}{T} \tag{4-102}$$

将上述关系代入式 (4-97)，并假定混合长度 $l = \text{const}$，$l_1 = T/2\pi$，可求出 $A = (T/l)^2/8\pi^3$，于是得到尾流速度分布

$$u_d = \frac{u_0}{8\pi^3}\left(\frac{T}{l}\right)^2\left(\frac{T}{x}\right)\cos\frac{2\pi y}{T} \tag{4-103}$$

$$\frac{u_d}{u_0} = \frac{1}{8\pi^3}\left(\frac{T}{l}\right)^2\left(\frac{T}{x}\right)\cos\frac{2\pi y}{T} \tag{4-104}$$

$$\frac{u}{u_0} = 1 - \frac{1}{8\pi^3}\left(\frac{T}{l}\right)^2\left(\frac{T}{x}\right)\cos\frac{2\pi y}{T} \tag{4-105}$$

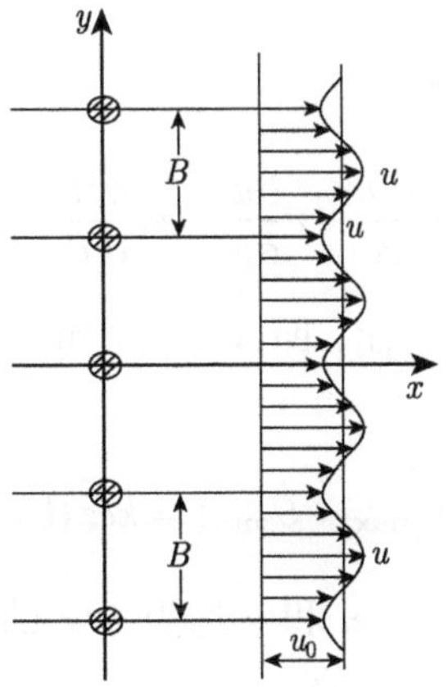

图 4-13 一排物体后尾流

根据 Olsson 的实验，上列各式适用于 $x/T > 4$ 情形。对于 $T/d = 8$ 的一排圆柱后尾流，混合长度的大小可由下式计算：

$$\frac{l}{T} = 0.103 \tag{4-106}$$

Görtler (1942) 采用 Prandtl 自由紊流理论给出同样的解。

4.6.4　混合层

设在 $x = 0$ 处有常速度分别为 U_1 和 U_2 的两层流动汇合，且 $U_1 > U_2$，在两层流动汇合点下游形成混合层，如图 4-14 所示。Tollmien(1926) 首先研究了这类问题，采用 Prandtl 混合长度理论对混合层问题进行了求解。Görtler(1942) 则采用 Prandtl 自由紊流理论得出数学上更为简单的解。

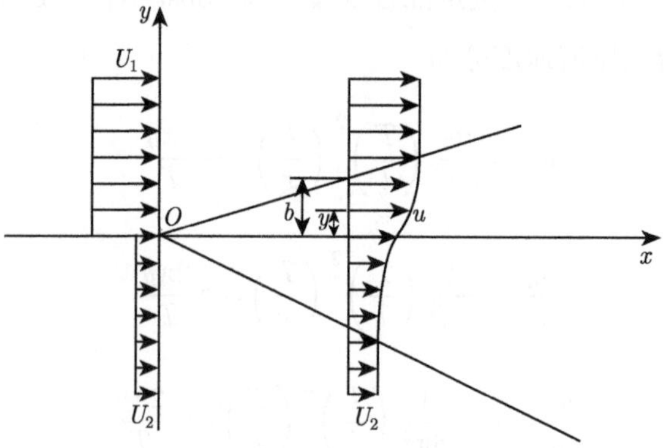

图 4-14　混合层

平面问题的雷诺方程可写作：

$$u\frac{\partial u}{\partial x} + v\frac{\partial u}{\partial y} = \nu_t\frac{\partial^2 u}{\partial y^2} \tag{4-107}$$

假定混合层宽度的增长与 x 成正比，即 $b = cx$，可得适用于混合层的紊流运动黏性系数：

$$\nu_t = kb\,(U_{\max} - U_{\min}) = kcx(U_1 - U_2) \tag{4-108}$$

假定速度剖面存在相似性，可认为 u 和 v 均为 y/x 的函数，引入新自变量：

$$\xi = \sigma\frac{y}{x} \tag{4-109}$$

为便于积分连续性方程，可引入流函数：

$$\psi = xUF(\xi) \tag{4-110}$$

式中，$U=(U_1+U_2)/2$，于是有

$$u=\frac{\partial\psi}{\partial y}=\sigma UF'(\xi),\ v=-\frac{\partial\psi}{\partial x}=U\xi F'(\xi)-UF(\xi) \tag{4-111}$$

将上述关系式代入偏微分雷诺方程 (4-107) 后可将其化为常微分方程：

$$F'''+2\sigma^2FF''=0 \tag{4-112}$$

式中，$\sigma=\dfrac{1}{2\sqrt{kc\lambda}}$ 为经验常数，可由实验确定；$\lambda=\dfrac{U_1-U_2}{U_1+U_2}$。方程 (4-112) 的边界条件为

$$当\ \xi\to+\infty\ 时,\quad u=U_1,\quad 即\ F'=\frac{U_1}{U}=1+\lambda$$

$$当\ \xi\to-\infty\ 时,\quad u=U_2,\quad 即\ F'=\frac{U_2}{U}=1-\lambda$$

常微分方程 (4-112) 及其边界条件可通过幂级数展开来求解：

$$\sigma F(\xi)=F_0(\xi)+\lambda F_1(\xi)+\lambda^2F_2(\xi)+\cdots=\sum_{n=0}^{\infty}\lambda^nF_n(\xi) \tag{4-113}$$

式中，$F_0(\xi)=\xi$，将式 (4-113) 代入方程 (4-112)，并按 λ 的升幂排列，可得一组微分方程：

$$\left.\begin{aligned}
&\lambda^1:\ F_1'''+2\xi F_1''=0\\
&\lambda^2:\ F_2'''+2\xi F_2''=-2F_1F_1''\\
&\lambda^3:\ F_3'''+2\xi F_3''=-2(F_1F_2''+F_1''F_2)\\
&\cdots\cdots\\
&\lambda^n:\ F_n'''+2\xi F_n''=-2(F_1F_{n-1}''+F_1''F_{n-1})
\end{aligned}\right\} \tag{4-114}$$

可用递推法来求解。对于微分方程组中的第一个方程，其边界条件为当 $\xi\to\pm\infty$ 时，$F_1'(\xi)=\pm1$，其解可由误差函数给出：

$$F_1'(\xi)=\mathrm{erf}(\xi)=\frac{2}{\sqrt{\pi}}\int_0^{\xi}\exp(-z^2)\mathrm{d}z \tag{4-115}$$

Görtler 认为取幂级数式 (4-113) 中前两项已有足够的精度，因此可得混合层内流速分布：

$$u = \frac{U_1 + U_2}{2}\left[1 + \frac{U_1 - U_2}{U_1 + U_2}\mathrm{erf}(\xi)\right] \tag{4-116}$$

图 4-15 中展示出 Görtler 理论解与 Reichardt(1942) 在 $U_2 = 0$ 情形实验结果的比较，可以看出两者吻合得相当好，其中经验常数 $\sigma = 13.5$。

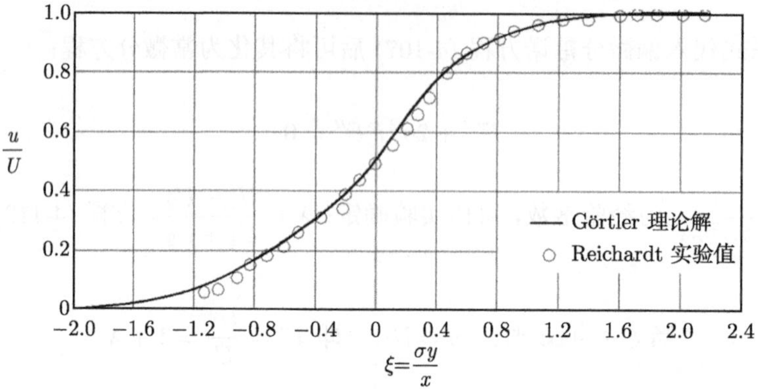

图 4-15　混合层理论解与实验结果比较

§4.7　壁 面 紊 流

壁面紊流的共同特征为多流层、多尺度的结构。

4.7.1　管道紊流

1. 管流切应力方程

考察矩形管道中的流动，如图 4-16 所示，设管道高度为 $2b$，水流时均流速为 $\overline{u}$，那么在直角坐标系中的雷诺方程退化为

$$-\frac{1}{\rho}\frac{\partial \overline{p}}{\partial x} - \frac{\mathrm{d}\overline{u'v'}}{\mathrm{d}y} + v\frac{\mathrm{d}^2\overline{u}}{\mathrm{d}y^2} = 0 \tag{4-117a}$$

$$-\frac{1}{\rho}\frac{\partial \overline{p}}{\partial y} - \frac{\mathrm{d}\overline{v'^2}}{\mathrm{d}y} = 0 \tag{4-117b}$$

$$-\frac{1}{\rho}\frac{\partial \overline{p}}{\partial z} = 0 \tag{4-117c}$$

对式 (4-117a) 积分得

$$-\frac{y}{\rho}\frac{\mathrm{d}p_0}{\mathrm{d}x}-\overline{u'v'}+\nu\frac{\mathrm{d}\overline{u}}{\mathrm{d}y}-\frac{\tau_0}{\rho}=0 \tag{4-118}$$

式中，p_0 为壁面压力; τ_0 为 y=0(壁面) 处的切应力；在壁面处，$\overline{u'v'}=0$。

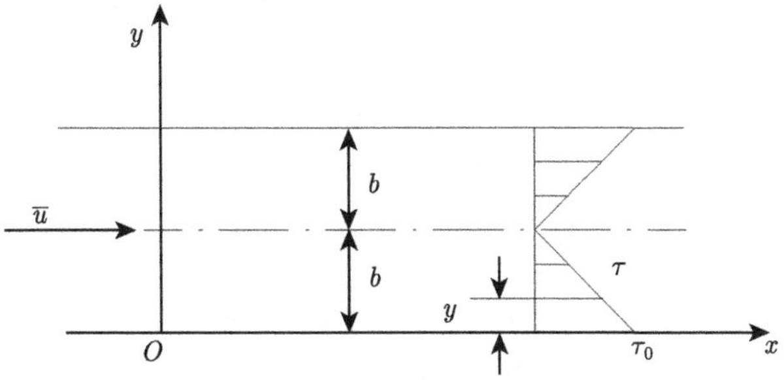

图 4-16 管流切应力

摩阻流速 (friction velocity)u_*，亦称剪切流速 (shear velocity)，可表示成:

$$u_*=\sqrt{\frac{\tau_0}{\rho}} \tag{4-119}$$

代入式 (4-118) 得

$$-\frac{y}{\rho}\frac{\mathrm{d}p_0}{\mathrm{d}x}-\overline{u'v'}+\nu\frac{\mathrm{d}\overline{u}}{\mathrm{d}y}-u_*^2=0 \tag{4-120}$$

在 $y=b$ 处，即管道轴线上，其切应力为

$$\tau=\mu\frac{\mathrm{d}\overline{u}}{\mathrm{d}y}-\rho\overline{u'v'}=0 \tag{4-121}$$

于是，式 (4-120) 可写成:

$$u_*^2=-\frac{b}{\rho}\frac{\mathrm{d}p_0}{\mathrm{d}x} \tag{4-122}$$

将此关系式代入式 (4-120) 得

$$-\overline{u'v'}+\nu\frac{\mathrm{d}\overline{u}}{\mathrm{d}y}=u_*^2\left(1-\frac{y}{b}\right) \tag{4-123}$$

上式即为管流切应力方程。该方程还可写成:

$$\frac{\tau}{\tau_0}=\frac{b-y}{b} \tag{4-124}$$

由管流切应力方程，通过选取不同的无量纲尺度，可分别得到壁面层方程和主流核心区方程。

2. 壁面层方程

壁面层 (wall layer)，即位于壁面附近的流层。考虑到壁面层很薄，可选用量级较小的无量纲尺度。我们知道，ν/u_* 的量纲为长度，并且是量级较小的一个尺度，因此可以选取 ν/u_* 作为长度的无量纲尺度。无量纲化后的管流切应力方程 (4-123) 变为

$$-\frac{\overline{u'v'}}{u_*^2}+\frac{\mathrm{d}}{\mathrm{d}y^+}\left(\frac{\overline{u}}{u_*}\right)=1-\frac{y^+}{Re_*} \tag{4-125}$$

上式即为壁面层方程。式中，$y^+=\dfrac{yu_*}{\nu}$，具有雷诺数的特征；$Re_*=\dfrac{u_*b}{\nu}$，称之为摩阻雷诺数。当 $Re_*\to\infty$ 时，壁面层方程 (4-125) 变为

$$-\frac{\overline{u'v'}}{u_*^2}+\frac{\mathrm{d}}{\mathrm{d}y^+}\left(\frac{\overline{u}}{u_*}\right)=1 \tag{4-126}$$

表明两种切应力之和为一常数，缩小了切应力总量随 y 的变化。

3. 主流核心区方程

主流核心区 (core region)，即远离壁面的流区。若选用摩阻流速 u_* 作为速度的无量纲尺度，把管道高度的一半 b 作为长度的无量纲尺度，则无量纲化后的管流切应力方程 (4-123) 可写作：

$$-\frac{\overline{u'v'}}{u_*^2}+\frac{1}{Re_*}\frac{\mathrm{d}}{\mathrm{d}\eta}\left(\frac{\overline{u}}{u_*}\right)=1-\eta \tag{4-127}$$

上式称为主流核心区方程，式中，$\eta=\dfrac{y}{b}$。

当 $Re_*\to\infty$ 时，主流核心区方程 (4-126) 变为

$$-\frac{\overline{u'v'}}{u_*^2}=1-\eta \tag{4-128}$$

4. 壁面定律

对于光滑壁面，壁面层方程的解为

$$\frac{\overline{u}}{u_*}=f(y^+) \tag{4-129}$$

式中，$f(y^+)$ 为待定函数。上式称为壁面定律 (law of the wall)，适用于管道、明渠、边界层、壁面射流等光滑壁面附近的壁面层流动。

5. **速度亏损定律**

借助于紊动能量方程，经数量级比较可得主流核心区流速梯度的一般表达式：

$$\frac{\mathrm{d}\overline{u}}{\mathrm{d}y}=\frac{u_*}{b}\frac{\mathrm{d}F}{\mathrm{d}\eta} \tag{4-130}$$

式中，$F(\eta)$ 为待定函数。对上式积分得

$$\frac{\overline{u}-\overline{u}_m}{u_*}=F(\eta) \tag{4-131}$$

上式称为速度亏损定律 (velocity-defect law)，式中，$\overline{u}_m$ 为管道轴线处时均流速。

6. **待定函数 $f(y^+)$ 和 $F(\eta)$ 的确定**

应用渐近匹配法 (asymptotic match)，由壁面定律得流速梯度：

$$\frac{\mathrm{d}\overline{u}}{\mathrm{d}y}=\frac{u_*^2}{\nu}\frac{\mathrm{d}f}{\mathrm{d}y^+} \tag{4-132a}$$

又由速度亏损定律得流速梯度为

$$\frac{\mathrm{d}\overline{u}}{\mathrm{d}y}=\frac{u_*}{b}\frac{\mathrm{d}F}{\mathrm{d}\eta} \tag{4-132b}$$

当 $y^+\to\infty$ 和 $\eta\to 0$ 时，其流速梯度应相等，即

$$\frac{u_*^2}{\nu}\frac{\mathrm{d}f}{\mathrm{d}y^+}=\frac{u_*}{b}\frac{\mathrm{d}F}{\mathrm{d}\eta} \tag{4-133}$$

方程两边同乘以 $\dfrac{y}{u_*}$，得

$$y^+\frac{\mathrm{d}f}{\mathrm{d}y^+}=\eta\frac{\mathrm{d}F}{\mathrm{d}\eta} \tag{4-134}$$

上式左边为 y^+ 的函数，右边为 η 的函数，而 y^+ 与 η 是两个独立的变量，欲使二者相等，只能同等于一个常数，设为 $\dfrac{1}{\kappa}$，即

$$y^+\frac{\mathrm{d}f}{\mathrm{d}y^+}=\eta\frac{\mathrm{d}F}{\mathrm{d}\eta}=\frac{1}{\kappa} \tag{4-135}$$

对上式积分后得

$$f(y^+)=\frac{1}{\kappa}\ln y^+ +\text{const} \tag{4-136}$$

$$F(\eta) = \frac{1}{\kappa}\ln\eta + \text{const} \tag{4-137}$$

这就是著名的对数流速分布公式，其中 κ 称为 Karman 常数 ($\kappa = 0.41$)，由 von Karman 于 1930 年从其相似理论首先推导出对数流速分布公式。

7. **壁面层结构**

壁面层由三个流层组成，如图 4-17 所示。黏性底层 (viscous sublayer)：最靠近壁面的一层，即 $y^+ < 5$，该层雷诺应力很小，黏性应力起主导作用。对数层 (logarithmic layer)：$y^+ > 40$，该层雷诺应力起主导作用，黏性应力可以忽略。缓冲层 (buffer layer)：介于上述两层之间，即 $5 \leqslant y^+ \leqslant 40$，该层雷诺应力和黏性应力的作用均很强。

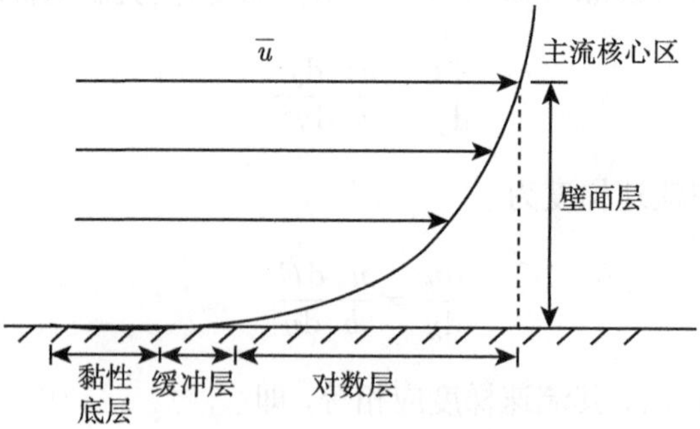

图 4-17　壁面层示意图

壁面层厚度在管流中只占 10%～20%。紊动的各向异性主要来自壁面的约束，而在管道轴线附近的紊动则具有各向同性的特征。

8. **主流核心区的流动**

主流核心区的流动应服从速度亏损定律。但是当 y/r_0 大于某一值后，试验点据开始偏离原来的规律，为此，Coles(1956) 建议用一个尾流函数 (wake function) 来弥补速度亏损定律中对数分布规律的不足，即

$$W = f\left(\Pi,\ \frac{y}{r_0}\right) \tag{4-138}$$

式中，Π 为尾流参数。

9. 管道紊流的紊动能量平衡

Laufer(1954) 曾对圆管紊动能量进行了系统的量测。壁面层的能量平衡如图 4-18 所示，主流核心区的能量平衡如图 4-19 所示。

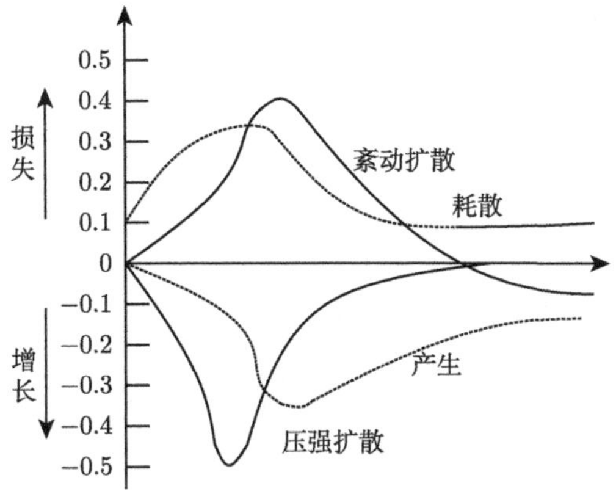

图 4-18 壁面层的能量平衡

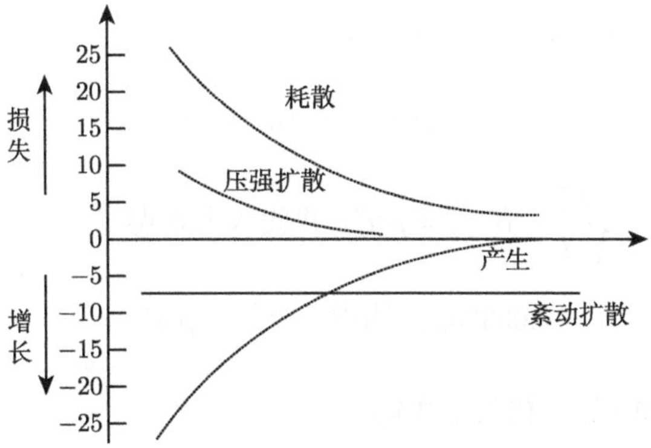

图 4-19 主流核心区的能量平衡

10. 管道紊流的阻力

管道紊流的阻力，即能量损失，是工程中关心的重要问题之一。对于光滑管道紊流的阻力系数，Blasius(1913) 给出：

$$\lambda = \frac{791}{2500} Re^{-1/4} \tag{4-139}$$

上式称为 Blasius 阻力公式，表明光滑管的阻力系数仅为 Re 的函数。

管流的能量损失可用管道两端的压差 Δp 来表征。管流的切应力可表示成：

$$T=\Delta p\cdot r^2\pi \tag{4-140}$$

长度为 L 的管道面积为

$$A=2\pi rL \tag{4-141}$$

壁面切应力为

$$\tau_0=\frac{T}{A}=\frac{\Delta p}{L}\frac{r}{2} \tag{4-142}$$

在阻力平方区，由 Darcy-Weisbach 公式得

$$\frac{\Delta p}{L}=\frac{\lambda}{2r}\frac{\rho}{2}\overline{u}^2 \tag{4-143}$$

将上式代入式 (4-142)，得

$$\tau_0=\frac{1}{8}\lambda\rho\,\overline{u}^2 \tag{4-144}$$

将 Blasius 阻力公式 (4-139) 代入上式，得

$$\tau_0=0.03325\rho\,\overline{u}^{7/4}\nu^{1/4}r^{-1/4} \tag{4-145}$$

考虑到摩阻流速 $u_*=\sqrt{\dfrac{\tau_0}{\rho}}$，有 $\tau_0=\rho\,u_*^2$，并代入上式得

$$0.03325\rho\,\overline{u}^{7/4}\nu^{1/4}r^{-1/4}=\rho\,u_*^2 \tag{4-146}$$

将 u_*^2 分解为 $u_*^{7/4}$ 和 $u_*^{1/4}$，代入上式得

$$\frac{\overline{u}}{u_*}=6.99\left(\frac{u_*r}{\nu}\right)^{1/7} \tag{4-147}$$

这就是 Blasius 1/7 次方定律。

4.7.2 明渠紊流

明渠有其独有的特征，如存在自由表面、断面形状复杂等。Keulegan(1938) 提出明渠紊流的流速服从对数分布：

$$\text{对于光滑壁面，}\quad \frac{\overline{u}}{u_*}=5.75\lg(9.05y^+) \tag{4-148}$$

$$对于粗糙壁面，\quad \frac{\overline{u}}{u_*} = 5.75\lg\left(30.2\frac{y}{k_s}\right) \tag{4-149}$$

小爱因斯坦 (Hans Albert Einstein) 把光滑壁面和粗糙壁面两种流速分布合并成一个表达式：

$$\frac{\overline{u}}{u_*} = 5.75\lg\left[30.2\frac{y}{k_s}f\left(\frac{k_s}{\delta}\right)\right] \tag{4-150}$$

式中，函数 $f(k_s/\delta)$ 的关系曲线见图 4-20，其中 k_s 为壁面粗糙凸起高度；δ 为黏性底层厚度，即

$$\delta = 11.6\frac{\nu}{u_*} \tag{4-151}$$

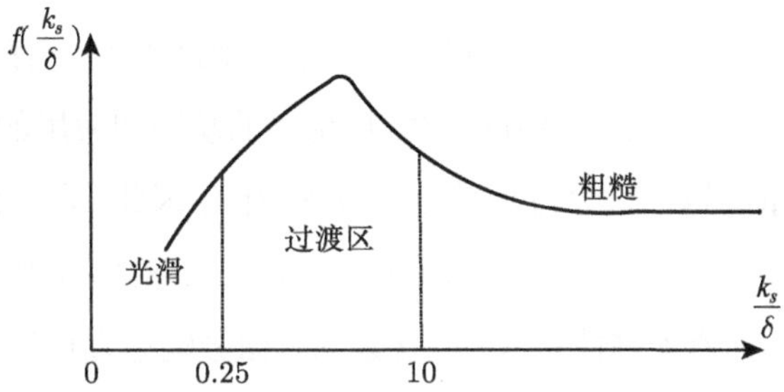

图 4-20 函数 $f(k_s/\delta)$ 关系曲线

Keulegan 公式曾得到广泛的应用，在 20 世纪 30~40 年代，他认为在明渠紊流和管道紊流的整个断面上的流速分布可用对数形式表示。在 50 年代，他提出主流核心区的流速分布需在对数分布的基础上添加一个尾流函数，即

$$W = f\left(\Pi,\ \frac{y^+}{h^+}\right) \tag{4-152}$$

式中，$h^+ = \dfrac{hu_*}{\nu}$。

应当指出，明渠紊流的主流核心区比管道紊流复杂，如存在自由表面。

南京水利科学研究院窦国仁 (1987) 从紊流随机理论得到光滑、过渡及粗糙壁面的统一流速分布公式如下：

$$\frac{\overline{u}}{u_*} = \frac{1}{\kappa}\ln\left(1+\frac{1}{5}y^+\right) + f(y^+, k_s) \tag{4-153}$$

日本京都大学 Nezu 和德国 Karlsruhe 大学 Rodi(1986) 对明渠水流的紊流结构做了精细的量测。

§4.8　紊 流 模 型

4.8.1　紊流模型分类

由 §4.2 知，雷诺方程 (4-15) 与连续性方程 (4-11) 一起构成紊流时均运动的基本方程组，然而，由于雷诺应力 $-\rho\overline{V_i'V_j'}$ 的出现，方程组有 10 个未知量，但方程只有 4 个，方程组不封闭。在 §4.3 中曾讨论了紊流的半经验理论，其基本思想都是建立雷诺应力的模型，以使紊流基本方程组封闭。由于此类模型没有增加新的微分方程，故称零方程模型。为了克服零方程模型理论上的缺陷和应用的局限性，许多学者致力于通过紊动量的输运微分方程使雷诺方程封闭。因此，紊流模型 (turbulence model) 应运而生 (Launder and Spalding, 1972; Rodi, 1984)。通常，按涡黏性系数 (eddy viscosity)ν_t(或称紊动黏性系数) 包含紊动量微分输运方程的个数来划分紊流模型，可分为零方程模型、单方程模型、双方程模型及多方程模型。简要介绍如下：

(1) **零方程模型** (zero-equation model)：即紊流的半经验理论，如 Prandtl 混合长度理论、Prandtl 自由紊流理论等。

(2) **单方程模型** (one-equation model)：主要为紊动能 k 方程。

(3) **双方程模型** (two-equation model)：主要为标准 k-ε 模型、代数应力模型等。

(4) **多方程模型** (multi-equation model)：最早由周培源 (Chou，1945) 提出了 17 方程紊流模型，其后有 Rotta(1951) 提出的 7 方程紊流模型、Davidov(1961) 提出的 23 方程紊流模型、Hanjalic(1970) 提出的 3 方程紊流模型等。

4.8.2　准确的雷诺应力方程、k 方程和 ε 方程

1. 准确的雷诺应力方程

周培源 (Chou，1945) 最早提出准确的雷诺应力方程。由 N-S 方程减去雷诺方程，可得脉动值的动量方程：

$$\frac{\partial V_i'}{\partial t}+\overline{V}_j\frac{\partial V_i'}{\partial x_j}+V_j'\frac{\partial \overline{V}_i}{\partial x_j}-V_j'\frac{\partial V_i'}{\partial x_j}-\frac{\partial \overline{V_i'V_j'}}{\partial x_j}=-\frac{1}{\rho}\frac{\partial p'}{\partial x_i}+\nu\frac{\partial^2 V_i'}{\partial x_j\partial x_j} \tag{4-154}$$

将 i 方向脉动值动量方程乘以 V_j' 得一方程，将 j 方向脉动值动量方程乘以 V_i' 得另一方程，把两者相加再取时间平均，即可得雷诺应力方程：

$$\begin{aligned}&\underbrace{\frac{\partial}{\partial t}\left(\overline{V_i'V_j'}\right)}_{\text{变化率}}+\underbrace{\overline{V}_l\frac{\partial \overline{V_i'V_j'}}{\partial x_l}}_{\text{对流}C_{ij}}=\underbrace{\frac{\partial}{\partial x_l}\left[-\overline{V_i'V_j'V_l'}-\overline{\frac{p'}{\rho}\left(\delta_{jl}V_i'+\delta_{il}V_j'\right)}+\nu\frac{\partial\overline{V_i'V_j'}}{\partial x_l}\right]}_{\text{扩散}D_{ij}}\\&\underbrace{-\left(\overline{V_i'V_l'}\frac{\partial \overline{V}_j}{\partial x_l}+\overline{V_j'V_l'}\frac{\partial \overline{V}_i}{\partial x_l}\right)}_{\text{产生}P_{ij}}\underbrace{-2\nu\overline{\frac{\partial V_i'}{\partial x_l}\frac{\partial V_j'}{\partial x_l}}}_{\text{耗散}\varepsilon_{ij}}+\underbrace{\overline{\frac{p'}{\rho}\left(\frac{\partial V_i'}{\partial x_j}+\frac{\partial V_j'}{\partial x_i}\right)}}_{\text{压力应变}}\end{aligned} \tag{4-155}$$

式中，δ_{jl}、δ_{il} 为 Kronecker 函数，即

$$\begin{cases}\delta_{ij}=1,\ i=j\\ \delta_{ij}=0,\ i\neq j\end{cases} \tag{4-156}$$

2. 准确的紊动能 k 方程

定义紊动能，对式 (4-155) 进行张量缩并运算，即可得紊动能 k 的输运方程：

$$\frac{\partial k}{\partial t}+\underbrace{\overline{V}_l\frac{\partial k}{\partial x_l}}_{\text{对流}C_k}=\underbrace{\frac{\partial}{\partial x_l}\left[-\overline{V_l'\left(\frac{V_i'V_i'}{2}\right)}-\overline{V_l'\frac{p'}{\rho}}+\nu\frac{\partial k}{\partial x_l}\right]}_{\text{扩散}D_k}\underbrace{-\overline{V_i'V_l'}\frac{\partial \overline{V}_i}{\partial x_l}}_{\text{产生}P_k}-\underbrace{\varepsilon}_{\text{耗散}} \tag{4-157}$$

式中，ε 为紊动能耗散率，即 $\varepsilon=\nu\overline{\dfrac{\partial V_i'}{\partial x_l}\dfrac{\partial V_j'}{\partial x_l}}$。

3. 准确的紊动能耗散率 ε 方程

在方程 (4-154) 的 i 方向对坐标 x_l 求导，然后乘以 $2\nu\dfrac{\partial V_j'}{\partial x_l}$，再取时间平均便得到 ε 的输运方程：

$$\begin{aligned}\frac{\partial \varepsilon}{\partial t}+\overline{V}_l\frac{\partial \varepsilon}{\partial x_l}=&\underbrace{\frac{\partial}{\partial x_l}\left[-\left(\overline{V_l'\varepsilon'}+\frac{2\nu}{\rho}\overline{\frac{\partial V_l'}{\partial x_j}\frac{\partial p'}{\partial x_j}}\right)+\nu\frac{\partial \varepsilon}{\partial x_l}\right]}_{\text{扩散}}\\&\underbrace{-2\nu\frac{\partial \overline{V}_i}{\partial x_j}\left(\overline{\frac{\partial V_l'}{\partial x_i}\frac{\partial V_l'}{\partial x_j}}+\overline{\frac{\partial V_i'}{\partial x_l}\frac{\partial V_j'}{\partial x_l}}\right)-2\nu\overline{V_l'\frac{\partial V_i'}{\partial x_j}}\frac{\partial^2 \overline{V}_i}{\partial x_l\partial x_j}}_{\text{源}}\end{aligned}$$

$$
\underbrace{-2\nu\overline{\frac{\partial V_i'}{\partial x_j}\frac{\partial V_i'}{\partial x_l}\frac{\partial V_j'}{\partial x_l}}-2\overline{\left(\nu\frac{\partial^2 V_i'}{\partial x_l\partial x_j}\right)^2}}_{\text{汇}} \tag{4-158}
$$

以上分别导出了准确的雷诺应力方程、紊动能 k 方程及紊动耗散率 ε 方程。这些方程加上雷诺方程和连续性方程共有 12 个方程，虽然基本未知量刚好亦是 12 个，但上述方程仍不能封闭求解，其原因是新导出的方程中出现了未知的二阶及三阶相关项。下面分别对方程中的各项进行模拟。

4.8.3　单方程模型

模拟雷诺应力 $-\rho\overline{V_i'V_j'}$ 最古老的建议是 Boussinesq 于 1877 年提出的涡黏性概念，比拟于牛顿内摩擦定律，即雷诺应力与平均速度梯度成比例。对于一般流动情形，这个概念可表示成：

$$
-\overline{V_i'V_j'}=\nu_t\left(\frac{\partial\overline{V}_i}{\partial x_j}+\frac{\partial\overline{V}_j}{\partial x_i}\right)-\frac{2}{3}k\delta_{ij} \tag{4-159}
$$

式中，ν_t 为涡黏性系数，与表征大比尺紊流运动的速度比尺 V 和长度比尺 L 成比例 (Rodi，1984)，即

$$
\nu_t\propto VL \tag{4-160}
$$

若速度脉动可由某一比尺来表征，则物理上最有意义的比尺为 $\sqrt{k}$，其直接度量了三个方向紊流脉动的强度。由于紊动能 k 主要包含在大比尺脉动中，所以 $\sqrt{k}$ 是大比尺紊流运动的速度比尺，把这个比尺用于涡黏性概念，得到

$$
\nu_t=C_\mu'\sqrt{k}L \tag{4-161}
$$

式中，C_μ' 为经验常数。上式即为著名的Колмогоров-Prandtl 表达式，分别由 Колмогоров (1942) 和 Prandtl(1945) 独自得到。他们建议通过求解 k 的输运方程来确定其分布。

在准确的 k 方程 (4-157) 中，其扩散项和耗散项中又出现了新的未知相关量。为使方程组封闭，必须对这些项引入模型假定。通常，假定 k 的扩散通量与 k 的梯度成比例，即

$$
-\overline{V_l'\left(\frac{V_i'V_i'}{2}\right)}-\overline{V_l'\frac{p'}{\rho}}=\frac{\nu_t}{\sigma_k}\frac{\partial k}{\partial x_i} \tag{4-162}
$$

式中，σ_k 为经验扩散常数。把式 (4-159)、式 (4-162) 代入准确的 k 方程 (4-157) 中，可得到模拟后的 k 方程：

$$\frac{\partial k}{\partial t}+\overline{V}_i\frac{\partial k}{\partial x_i}=\frac{\partial}{\partial x_i}\left(\nu+\frac{\nu_t}{\sigma_k}\frac{\partial k}{\partial x_i}\right)+\nu_t\left(\frac{\partial\overline{V}_i}{\partial x_j}+\frac{\partial\overline{V}_j}{\partial x_i}\right)\frac{\partial\overline{V}_i}{\partial x_j}-\varepsilon \tag{4-163}$$

耗散项 ε 通常由下式来模拟：

$$\varepsilon=C_D\frac{k^{3/2}}{L} \tag{4-164}$$

式中，C_D 为经验常数。

由于紊动能 k 方程考虑了紊动能的输运扩散以及速度比尺的历史效应，因此比只考虑局部平衡的紊流半经验理论优越。应用单方程模型的困难在于确定未知的长度比尺 L，需根据经验或 Prandtl 混合长度方法来估算。Wolfshtein (1970) 用单方程紊流模型计算了冲击射流流场，取得了满意的结果，见《射流力学》(董志勇，2005)。

4.8.4 标准 k-ε 模型

随着紊流模型的进一步发展，人们自然想到确定长度比尺 L 的方程，以弥补单方程模型的不足。长度比尺方程的种类很多，其中最流行的首推紊动能耗散 ε 方程。

与前述类似，准确的 ε 方程 (4-158) 中亦出现了未知的更高阶相关项，下面我们对方程中的各项进行模拟。

对于扩散项：

$$-\overline{V_l'\varepsilon'}-\frac{2\nu}{\rho}\overline{\frac{\partial V_l'}{\partial x_j}\frac{\partial p'}{\partial x_j}}=C_\mu\frac{k^2}{\varepsilon}\frac{\partial\varepsilon}{\partial x_l} \tag{4-165}$$

对于源项，利用各向同性性质，可以证明：

$$-2\nu\frac{\partial\overline{V}_i}{\partial x_j}\left(\overline{\frac{\partial V_l'}{\partial x_i}\frac{\partial V_l'}{\partial x_j}}+\overline{\frac{\partial V_i'}{\partial x_l}\frac{\partial V_j'}{\partial x_l}}\right)-2\nu\overline{V_l'\frac{\partial V_i'}{\partial x_j}}\frac{\partial^2\overline{V}_i}{\partial x_l\partial x_j}=0 \tag{4-166}$$

对于汇项，重要的是把两项合起来模拟，广泛采用的形式为

$$-2\nu\overline{\frac{\partial V_i'}{\partial x_j}\frac{\partial V_i'}{\partial x_l}\frac{\partial V_j'}{\partial x_l}}-2\overline{\left(\nu\frac{\partial^2 V_i'}{\partial x_l\partial x_l}\right)^2}=-C_{\varepsilon1}\frac{\varepsilon}{k}\nu_t\left(\frac{\partial\overline{V}_i}{\partial x_l}+\frac{\partial\overline{V}_l}{\partial x_i}\right)\frac{\partial\overline{V}_i}{\partial x_l}-C_{\varepsilon2}\frac{\varepsilon^2}{k} \tag{4-167}$$

将上列模拟项代入准确的 ε 方程 (4-158)，可得模拟后的 ε 方程：

$$\frac{\partial \varepsilon}{\partial t}+\overline{V}_l\frac{\partial \varepsilon}{\partial x_l}=\frac{\partial}{\partial x_l}\left[\left(\nu+\frac{\nu_t}{\sigma_\varepsilon}\right)\frac{\partial \varepsilon}{\partial x_l}\right]-C_{\varepsilon 1}\frac{\varepsilon}{k}\nu_t\left(\frac{\partial \overline{V}_i}{\partial x_l}+\frac{\partial \overline{V}_l}{\partial x_i}\right)\frac{\partial \overline{V}_i}{\partial x_l}-C_{\varepsilon 2}\frac{\varepsilon^2}{k} \quad (4\text{-}168)$$

将式 (4-164) 以 L 代入式 (4-161) 得

$$\nu_t=C_\mu\frac{k^2}{\varepsilon} \quad (4\text{-}169)$$

上式与 ε 方程 (4-168) 和 k 方程 (4-163) 一起构成了标准 k-ε 模型。方程组中各经验常数可按表 4-1 取值。

表 4-1　标准 k-ε 模型中经验常数表

C_μ	$C_{\varepsilon 1}$	$C_{\varepsilon 2}$	σ_k	σ_ε
0.09	1.44	1.92	1.00	1.30

应当注意，标准 k-ε 模型只适用于高雷诺数、各向同性紊流。在高雷诺数情形，紊流各向同性占优；另外，k^2/ε 是一与方向无关的标量，即一个各向同性系数；目前，ε 方程中各项的模拟还不太令人满意。

4.8.5　代数应力模型

为了克服 k-ε 模型各向同性的缺陷，人们自然想到直接由雷诺应力方程来求解。对于方程中的高阶相关项，可作如下模拟。

对于扩散项，根据梯度型假定，可写成：

$$-\overline{V_i'V_j'V_l'}-\overline{\frac{p'}{\rho}\left(\delta_{jl}V_i'+\delta_{il}V_j'\right)}=C_k\frac{k}{\varepsilon}\overline{V_i'V_l'}\frac{\partial\overline{V_i'V_j'}}{\partial x_l} \quad (4\text{-}170)$$

在高雷诺数情形，耗散项 ε_{ij} 取决于小尺度涡旋，而小尺度涡旋可认为是各向同性的，故可假定 ε_{ij} 与其标量 ε 成比例，即

$$\varepsilon_{ij}=\frac{2}{3}\varepsilon\delta_{ij} \quad (4\text{-}171)$$

压力应变项的模拟最为困难，主要因为其中包含了压力脉动项，Launder(1975) 利用周培源 (Chou，1945) 提出的压力脉动 Poisson 方程来消去压力应变项中的脉动压力，压力脉动 Poisson 方程可表示成

$$\nabla^2\frac{p'}{\rho}=-\left[\frac{\partial^2\left(V_l'V_m'-\overline{V_l'V_m'}\right)}{\partial x_l\partial x_m}+2\frac{\partial V_l'}{\partial x_m}\frac{\partial V_m'}{\partial x_l}\right] \quad (4\text{-}172)$$

Poisson 方程的解可表示成一个在很大的流场区域上的积分：

$$\frac{p'}{\rho}=\frac{1}{4\pi}\int_{\forall}\left[\frac{\partial^2\left(V_l'V_m'-\overline{V_l'V_m'}\right)}{\partial x_l\partial x_m}+2\frac{\partial V_l'}{\partial x_m}\frac{\partial V_m'}{\partial x_l}\right]\frac{\mathrm{d}\forall}{r} \tag{4-173}$$

式中，r 为从计算压力的点到积分区域上任一点之间的距离。上式两边同乘以 $\left(\frac{\partial V_i'}{\partial x_j}+\frac{\partial V_j'}{\partial x_i}\right)$，再取平均可得压力应变项的表达式：

$$\begin{aligned}&\overline{\frac{p'}{\rho}\left(\frac{\partial V_i'}{\partial x_j}+\frac{\partial V_j'}{\partial x_i}\right)}\\&=\frac{1}{4\pi}\int_{\forall}\left[\overline{\left(\frac{\partial^2 V_l'V_m'}{\partial x_l\partial x_m}\right)^*\left(\frac{\partial V_i'}{\partial x_j}+\frac{\partial V_j'}{\partial x_i}\right)}+2\overline{\frac{\partial V_l^*}{\partial x_m}\frac{\partial V_m'^*}{\partial x_l}\left(\frac{\partial V_i'}{\partial x_j}+\frac{\partial V_j'}{\partial x_i}\right)}\right]\frac{\mathrm{d}\forall^*}{r^*}\end{aligned} \tag{4-174}$$

式中，带 * 的项表示与积分区域上的点有关的量，不带 * 的项则属于压力应变项所在的点。被积函数由两部分组成，其中第一部分记为

$$\varphi_{ij,1}=\frac{1}{4\pi}\int_{\forall}\overline{\left(\frac{\partial^2 V_l'V_m'}{\partial x_l\partial x_m}\right)^*\left(\frac{\partial V_i'}{\partial x_j}+\frac{\partial V_j'}{\partial x_i}\right)}\frac{\mathrm{d}\forall^*}{r^*} \tag{4-175}$$

第二部分记作

$$\varphi_{ij,2}=\frac{1}{4\pi}\int_{\forall}\overline{2\frac{\partial V_l^*}{\partial x_m}\frac{\partial V_m'^*}{\partial x_l}\left(\frac{\partial V_i'}{\partial x_j}+\frac{\partial V_j'}{\partial x_i}\right)}\frac{\mathrm{d}\forall^*}{r^*} \tag{4-176}$$

对于第一部分，可模拟成：

$$\varphi_{ij,1}=-C_1\frac{\varepsilon}{k}(\overline{V_i'V_j'}-\frac{2}{3}\delta_{ij}k) \tag{4-177a}$$

对于第二部分，Launder 等 (1975) 给出：

$$\begin{aligned}\varphi_{ij,2}=&-\frac{C_2+8}{11}\left(P_{ij}-\frac{2}{3}\delta_{ij}P_k\right)-\frac{30C_2-2}{55}k\left(\frac{\partial\overline{V}_i}{\partial x_j}+\frac{\partial\overline{V}_j}{\partial x_i}\right)\\&-\frac{8C_2-2}{11}\left(D_{ij}-\frac{2}{3}\delta_{ij}P_k\right)\end{aligned} \tag{4-177b}$$

式中，P_{ij}、P_k 分别为雷诺应力方程 (4-155)、紊动能 k 方程 (4-157) 中的产生项。后来 Launder 等 (1975) 发现式 (4-177b) 中起重要作用的是第一项，故可近似取：

$$\varphi_{ij,2}=-C_2\left(P_{ij}-\frac{2}{3}\delta_{ij}P_k\right) \tag{4-178}$$

上述表达式未考虑壁面效应，Shir(1973) 建议用下式对 $\varphi_{ij,1}$ 进行修正：

$$\varphi_{ij,1w} = C_{1w}\frac{\varepsilon}{k}\left(\overline{V'_m V'_q}n_m n_q\delta_{ij} - \frac{3}{2}\overline{V'_i V'_q}n_j n_q - \frac{3}{2}\overline{V'_j V'_q}n_i n_q\right)\cdot f\left(\frac{L}{y}\right) \tag{4-179}$$

对于 $\varphi_{ij,2}$，Gibson 和 Launder(1978) 建议的修正式为

$$\varphi_{ij,2w} = C_{2w}\left(\varphi_{mq,2}n_m n_q\delta_{ij} - \frac{3}{2}\varphi_{iq,2}n_j n_q - \frac{3}{2}\varphi_{jq,2}n_i n_q\right)\cdot f\left(\frac{L}{y}\right) \tag{4-180}$$

式中，n_i, n_j, n_q, n_m 等为壁面法向单位矢量；y 为距壁面的垂直距离；函数 $f(L/y) = k^{3/2}/(y\varepsilon)$；当 y 很大时，这些修正项均趋于零。

将式 (4-170)～式 (4-180) 代入式 (4-155)，可得模拟后的雷诺应力方程：

$$\begin{aligned}\frac{\partial\overline{V'_i V'_j}}{\partial t} + \underbrace{\overline{V}_l\frac{\partial\overline{V'_i V'_j}}{\partial x_l}}_{\text{对流}C_{ij}} =& \underbrace{\frac{\partial}{\partial x_l}\left(C_k\frac{k}{\varepsilon}\overline{V'_i V'_l}\frac{\partial\overline{V'_i V'_j}}{\partial x_l} + \nu\frac{\partial\overline{V'_i V'_j}}{\partial x_l}\right)}_{\text{扩散}D_{ij}} \\ &+ P_{ij} - \frac{2}{3}\delta_{ij}\varepsilon - C_1\frac{\varepsilon}{k}\left(\overline{V'_i V'_j} - \frac{2}{3}\delta_{ij}k\right) \\ &- C_2\left(P_{ij} - \frac{2}{3}\delta_{ij}P_k\right) + \varphi_{ij,1w} + \varphi_{ij,2w}\end{aligned} \tag{4-181}$$

由上式可以看出，仅对流项 C_{ij} 和扩散项 D_{ij} 中含有 $\overline{V'_i V'_j}$ 的导数，若适当处理 C_{ij} 和 D_{ij}，便可将上式化成代数方程。采用 Rodi (1972) 的建议：

$$C_{ij} - D_{ij} = \frac{\overline{V'_i V'_j}}{k}(C_k - D_k) \tag{4-182}$$

式中，C_k 和 D_k 分别为 k 方程中的对流项和扩散项，对于定常流，有

$$C_k - D_k = P_k - \varepsilon \tag{4-183}$$

将式 (4-182)、式 (4-183) 代入式 (4-181)，便可得到雷诺应力方程的代数方程：

$$\begin{aligned}\frac{\overline{V'_i V'_j}}{k}(P_k - \varepsilon) =& P_{ij} - \frac{2}{3}\delta_{ij}\varepsilon - C_1\frac{\varepsilon}{k}\left(\overline{V'_i V'_j} - \frac{2}{3}\delta_{ij}k\right) \\ &- C_2\left(P_{ij} - \frac{2}{3}\delta_{ij}P_k\right)\end{aligned} \tag{4-184}$$

上式中涉及 k, ε，对准确的 k 方程、ε 方程中二阶以上的相关量模拟为 $\overline{V'_i V'_l}$ 的表达式。对 k 方程中的扩散项模拟如下：

$$-\overline{V'_l\left(\frac{V'_i V'_i}{2}\right)} - \overline{V'_l\frac{p'}{\rho}} = C_k\frac{k}{\varepsilon}\overline{V'_i V'_l}\frac{\partial k}{\partial x_i} \tag{4-185}$$

则模拟后的 k 方程为

$$\frac{\partial k}{\partial t}+\overline{V}_l\frac{\partial k}{\partial x_l}=\frac{\partial}{\partial x_l}\left(C_k\frac{k}{\varepsilon}\overline{V_i'V_l'}\frac{\partial k}{\partial x_i}+\nu\frac{\partial k}{\partial x_l}\right)-\overline{V_i'V_l'}\frac{\partial\overline{V}_i}{\partial x_l}-\varepsilon \tag{4-186}$$

对 ε 方程中的扩散项模拟后，有

$$-\overline{V_l'\varepsilon'}-\frac{2\nu}{\rho}\overline{\frac{\partial V_l'}{\partial x_j}\frac{\partial p'}{\partial x_j}}=C_\varepsilon\frac{k}{\varepsilon}\overline{V_i'V_l'}\frac{\partial\varepsilon}{\partial x_i} \tag{4-187}$$

ε 方程中的源汇项可模拟成：

$$-2\nu\overline{\frac{\partial V_i'}{\partial x_j}\frac{\partial V_i'}{\partial x_l}\frac{\partial V_j'}{\partial x_l}}-2\overline{\left(\nu\frac{\partial^2V_j'}{\partial x_l\partial x_j}\right)^2}=-\overline{V_i'V_l'}\frac{\partial\overline{V}_i}{\partial x_l}C_{\varepsilon1}\frac{\varepsilon}{k}-C_{\varepsilon2}\frac{\varepsilon^2}{k} \tag{4-188}$$

模拟后的 ε 方程可写成：

$$\begin{aligned}\frac{\partial\varepsilon}{\partial t}+\overline{V}_l\frac{\partial\varepsilon}{\partial x_l}=&\frac{\partial}{\partial x_l}\left(C_\varepsilon\frac{k}{\varepsilon}\overline{V_i'V_l'}\frac{\partial\varepsilon}{\partial x_i}+\nu\frac{\partial\varepsilon}{\partial x_l}\right)\\&-C_{\varepsilon1}\frac{\varepsilon}{k}\overline{V_i'V_l'}\frac{\partial\overline{V}_i}{\partial x_l}-C_{\varepsilon2}\frac{\varepsilon^2}{k}\end{aligned} \tag{4-189}$$

雷诺应力方程的代数方程 (4-184) 与 k 方程 (4-186)、ε 方程 (4-189)、时均运动的连续性方程和雷诺方程一起，构成了代数应力模型 (algebraic stress models) 封闭的方程组。模型中的经验常数列于表 4-2 中。

表 4-2 代数应力模型中的经验常数表

C_k	C_ε	$C_{\varepsilon1}$	$C_{\varepsilon2}$	C_1	C_2	C_{1w}	C_{2w}
0.22	0.17	1.44	1.92	1.80	0.60	0.50	0.30

比较上述各方程可以看出，尽管这些方程中的因变量各不相同，若用一个通用变量 Φ 来表示，则上述方程可写成通用微分方程 (versatile differential equation) 形式：

$$\underbrace{\frac{\partial}{\partial t}(\rho\Phi)}_{\text{变化率项}}+\underbrace{\frac{\partial}{\partial x_j}(\rho V_j\Phi)}_{\text{对流项}}=\underbrace{\frac{\partial}{\partial x_j}\left(\Gamma\frac{\partial\Phi}{\partial x_j}\right)}_{\text{扩散项}}+\underbrace{S}_{\text{源汇项}} \tag{4-190}$$

式中，Γ 为广义扩散系数；S 为源汇项。Γ 和 S 因 Φ 而异。通用微分方程的概念是由 Patankar(1980) 提出的，便于建立一般化的数值计算方法，编写通用的计算机程序。

§4.9 紊流拟序结构及其数学描述

基于统计理论的紊流模型虽然在具体的问题上取得不同程度的成功，但迄今未能找到普遍适用的紊流模型。理论上遇到的挫折加之实验研究的结果，使人们质疑过去对紊流的传统认识。正确认识紊流的物理本质和建立描述紊流的数学模型，是解决紊流问题的关键。由于紊流运动的复杂性，人们对紊流的认识有一发展过程。在 20 世纪二三十年代，人们认为紊流本质上是随机的，是由完全确定的、可重复得到的平均值叠加一个随机脉动值。这种认识导致了 Prandtl 和 Taylor 等半经验理论的提出，这些理论将雷诺应力完全与当地平均速度梯度联系起来，解决了一些紊流实际问题 (如时均流速等)，但这些理论所采用的假设缺少物理基础，没有解决对紊流物理特性的认识问题；到 20 世纪 40 年代，Колмогоров的统计理论风行一时，该理论有助于对紊流结构的认识，解决了许多实际问题，但还是没有从根本上解决紊流问题。随着量测技术的发展，到 20 世纪六七十年代，人们发现大多数剪切紊流的输运性质由大尺度涡旋所控制。这些大尺度涡旋不是随机地无序运动，而是有组织地有序运动，即拟序结构 (coherent structures)。这一发现使人们认识到紊流除随机的小尺度涡旋之外，还有拟序的大尺度涡旋运动。

4.9.1 紊流拟序结构的基本特征

所谓拟序结构 (或称相干结构) 系指剪切紊流里存在着一种有组织的涡旋结构。最早发现射流中存在拟序结构的研究者是 Brown(1935)，他用频闪观测法拍得的平面射流的照片清晰地显示出涡旋在射流的两侧交替产生。其后，Wehrmann 和 Wille(1958) 观测到涡环和螺旋涡，并提出涡环的产生频率与射流孔口速度成比例。Davies 等 (1963) 亦观测到圆形射流涡旋系列的存在。Beavers 和 Wilson(1970) 观测到平面射流两侧的圆柱形涡都发生在射流孔口处产生的剪切层。直至 Crow 和 Champagne(1971) 的研究以及 Brown 和 Roshko(1974) 的清晰照片消除了许多人对拟序结构的怀疑，从而掀起了研究剪切紊流拟序结构的热潮。综合各家的观测结果可得出，射流的紊动结构系由尺度较大的涡旋组成。这些涡旋的发展、消亡过程与射流的卷吸、扩展过程密切相关。涡旋随流向下运动时有一种成对合并的现象，

称为涡旋配对 (vortex pairing)，如图 4-21 所示。在涡旋配对过程中，周围流体被卷吸到射流里，涡旋合并以后，射流断面随之扩大。因此，涡旋配对过程亦是紊动射流的扩展过程。涡旋配对具有拓扑学结构，这些涡旋的旋转方向，有顺时针旋转的，也有逆时针旋转的，随流运动时会自动配对，一个顺时针涡旋配一个逆时针涡旋，从而形成一个较大的涡旋。类似地，2016 年诺贝尔物理学奖获得者 Thouless 和 Kosterlitz 发现极其薄层物质中也存在涡旋配对现象，当温度降低到一定程度时，分子的随机运动变为有序，形成顺时针和逆时针旋转的涡旋，并且一对一配对，被称为拓扑转捩。当温度升高时，这种成对出现的涡旋便会分开。

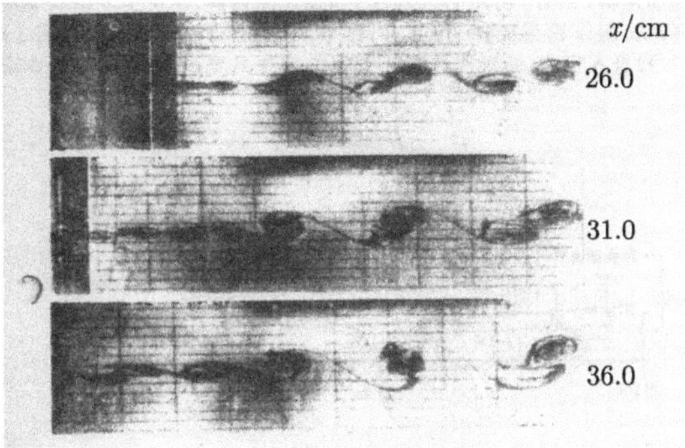

图 4-21　涡旋配对现象

4.9.2　紊流拟序结构的数学描述

紊流具有有序 (拟序结构) 和无序 (随机紊动) 双重特性，因此有必要寻求反映这种特性的新方程。许多学者曾对拟序结构的物理特性进行过研究，但对其数学描述则研究较少。Hussain(1983)、董志勇 (1997) 从相位平均概念出发，推导出描述存在拟序结构流场的各物理量控制方程，并作了分析，以便从理论上提高对拟序结构的认识。

1. 相位平均定义与运算法则

对于剪切紊流，任一瞬时变量 $f(\vec{x}, t)$ 由三个分量组成：时均分量 $\overline{f}(\vec{x})$、拟序分量 $\widetilde{f}(\vec{x}, t)$ 及紊动分量 $f'(\vec{x}, t)$，即

$$f(\vec{x}, t) = \overline{f}(\vec{x}) + \widetilde{f}(\vec{x}, t) + f'(\vec{x}, t) \tag{4-191}$$

其中，时均分量可定义为

$$\overline{f}(\overrightarrow{x})=\frac{1}{T}\int_0^T f(\overrightarrow{x},\ t)\mathrm{d}t \tag{4-192}$$

式中，T 为周期性摄动的周期。为加以区别，相位平均以角括号 $\langle\ \rangle$ 表示。瞬时变量 $f(\overrightarrow{x},t)$ 的相位平均定义为

$$\langle f(\overrightarrow{x},\ t)\rangle=\lim_{N\to\infty}\frac{1}{N}\sum_{n=1}^{N}f(\overrightarrow{x},\ t+nT) \tag{4-193}$$

依照式 (4-190)，速度、压力及涡量可作如下分解：

$$V_i=\overline{V}_i+\widetilde{V}_i+V_i' \tag{4-194a}$$

$$p=\overline{p}+\widetilde{p}+p' \tag{4-194b}$$

$$\Omega_i=\overline{\Omega}_i+\widetilde{\Omega}_i+\Omega_i' \tag{4-194c}$$

相位平均的运算法则可归纳为

$$\langle f'\rangle=\overline{f}'=\overline{\widetilde{f}}=0 \tag{4-195a}$$

$$\overline{\langle f\rangle}=\langle\overline{f}\rangle=\overline{f} \tag{4-195b}$$

$$\langle\overline{f}\,g\rangle=\overline{f}\langle g\rangle \tag{4-195c}$$

$$\langle\widetilde{f}\,g\rangle=\widetilde{f}\langle g\rangle \tag{4-195d}$$

$$\langle\widetilde{f}\,g'\rangle=\overline{\widetilde{f}\,g'}=0 \tag{4-195e}$$

$$\overline{\widetilde{f}\,g'}=\langle\widetilde{f}\,g'\rangle=0 \tag{4-195f}$$

2. 连续性方程和运动方程

将式 (4-194a) 代入不可压缩黏性流体的连续性方程得

$$\frac{\partial\overline{V}_i}{\partial x_i}+\frac{\partial\widetilde{V}_i}{\partial x_i}+\frac{\partial V_i'}{\partial x_i}=0 \tag{4-196}$$

对式 (4-196) 取时间平均和相位平均得

$$\frac{\partial\overline{V}_i}{\partial x_i}=0 \tag{4-197a}$$

$$\frac{\partial \widetilde{V}_i}{\partial x_i}=0 \tag{4-197b}$$

$$\frac{\partial V_i'}{\partial x_i}=0 \tag{4-197c}$$

将式 (4-194a)、式 (4-194b) 代入不可压缩流体的 Navier-Stokes 方程，并取相位平均得

$$\begin{aligned}&\frac{\partial \widetilde{V}_i}{\partial t}+\frac{\partial}{\partial x_j}(\overline{V}_i\overline{V}_j+\overline{V}_i\widetilde{V}_j+\widetilde{V}_i\overline{V}_j+\widetilde{V}_i\widetilde{V}_j)+\frac{\partial}{\partial x_j}\langle V_i'V_j'\rangle\\&=-\frac{1}{\rho}\frac{\partial}{\partial x_i}(\overline{p}+\widetilde{p})+\nu\frac{\partial^2}{\partial x_j x_j}(\overline{V}_i+\widetilde{V}_i)\end{aligned} \tag{4-198}$$

对上式再取时间平均得

$$\overline{V}_j\frac{\partial \overline{V}_i}{\partial x_j}=-\frac{1}{\rho}\frac{\partial \overline{p}}{\partial x_i}+\nu\frac{\partial^2\overline{V}_i}{\partial x_j\partial x_j}-\frac{\partial \overline{\widetilde{V}_i\widetilde{V}_j}}{\partial x_j}-\frac{\partial \overline{V_i'V_j'}}{\partial x_j} \tag{4-199}$$

式中，$-\overline{\widetilde{V}_i\widetilde{V}_j}$ 为拟序雷诺应力；$-\overline{V_i'V_j'}$ 为随机雷诺应力。上式与基于统计理论的雷诺方程相比较，多一项拟序雷诺应力的作用。由式 (4-198) 减去式 (4-199) 得

$$\begin{aligned}\frac{\partial \widetilde{V}_i}{\partial t}+\overline{V}_j\frac{\partial \widetilde{V}_i}{\partial x_j}+\widetilde{V}_j\frac{\partial \overline{V}_i}{\partial x_j}&=-\frac{1}{\rho}\frac{\partial \widetilde{p}}{\partial x_i}+\nu\frac{\partial^2\widetilde{V}_i}{\partial x_j\partial x_j}\\&\quad+\frac{\partial}{\partial x_j}(\overline{\widetilde{V}_i\widetilde{V}_j}-\widetilde{V}_i\widetilde{V}_j)+\frac{\partial \widetilde{r}_{ij}}{\partial x_j}\end{aligned} \tag{4-200}$$

式中，$\widetilde{r}_{ij}=\overline{V_i'V_j'}-\langle V_i'V_j'\rangle$。式 (4-200) 称为拟序结构的运动方程，与式 (4-197b) 一起构成描述紊流拟序运动的基本方程组，但式中 $\widetilde{r}_{ij}$ 未知，方程组存在不封闭问题。由不可压缩流体的 N-S 方程 (3-43) 减去式 (4-200) 得

$$\begin{aligned}&\frac{\partial V_i'}{\partial t}+\frac{\partial}{\partial x_j}(\overline{V}_iV_j'+\widetilde{V}_iV_j'+V_i'\overline{V}_j+V_i'\widetilde{V}_j)\\&=-\frac{1}{\rho}\frac{\partial p'}{\partial x_i}+\nu\frac{\partial^2V_i'}{\partial x_j\partial x_j}+\frac{\partial}{\partial x_j}(\langle V_i'V_j'\rangle-V_i'V_j')\end{aligned} \tag{4-201}$$

上式为随机紊动的运动方程。对 V_i' 的方程乘以 V_j' 后取时间平均，再对关于 V_j' 的方程乘以 V_i'，然后取相位平均，两式相减后便可得关于 $\widetilde{r}_{ij}$ 的方程，即

$$\frac{\overline{\mathrm{D}}\widetilde{r}_{ij}}{\mathrm{D}t}+\widetilde{V}_k\frac{\partial \widetilde{r}_{ij}}{\partial x_k}+\widetilde{V}_k\frac{\partial \overline{V_i'V_j'}}{\partial x_k}+\widetilde{r}_{jk}\frac{\partial \overline{V}_i}{\partial x_k}+\widetilde{r}_{ik}\frac{\partial \overline{V}_j}{\partial x_k}+\overline{V_j'V_k'}\frac{\partial \widetilde{V}_i}{\partial x_k}+\overline{V_i'V_k'}\frac{\partial \widetilde{V}_j}{\partial x_k}$$

$$
\begin{aligned}
&= -\widetilde{r}_{jk}\frac{\partial \widetilde{V}_i}{\partial x_k} + \overline{\widetilde{r}_{jk}\frac{\partial \widetilde{V}_i}{\partial x_k}} - \widetilde{r}_{ik}\frac{\partial \widetilde{V}_j}{\partial x_k} + \overline{\widetilde{r}_{ik}\frac{\partial \widetilde{V}_j}{\partial x_k}} + \overline{\widetilde{V}_k\frac{\partial \widetilde{r}_{ij}}{\partial x_k}} \\
&\quad + \frac{\partial}{\partial x_k}(\overline{V_i'V_j'V_k'} - \langle V_i'V_j'V_k'\rangle) - \frac{1}{\rho}\left[\left\langle V_j'\frac{\partial p'}{\partial x_i}\right\rangle + \overline{V_j'\frac{\partial p'}{\partial x_i}} - \left\langle V_i'\frac{\partial p'}{\partial x_j}\right\rangle\right. \\
&\quad \left. + \overline{V_i'\frac{\partial p'}{\partial x_j}}\right] + \nu\left[\frac{\partial^2 \widetilde{r}_{ij}}{\partial x_k \partial x_k} - 2\left\langle\frac{\partial V_i'}{\partial x_k}\frac{\partial V_j'}{\partial x_k}\right\rangle + 2\overline{\frac{\partial V_i'}{\partial x_k}\frac{\partial V_j'}{\partial x_k}}\right]
\end{aligned}
\tag{4-202}
$$

式中，$\dfrac{\overline{\mathrm{D}}}{\mathrm{D}t} = \dfrac{\partial}{\partial t} + \overline{V}_j\dfrac{\partial}{\partial x_j}$，为时均流场的质点导数算子。式 (4-202) 包含许多新未知项，方程不封闭问题更加明显。方程等号左端的第三、六、七项具有相同的量级，上式至少可以表明拟序结构的运动方程 (4-200) 的解不能忽略 $\widetilde{r}_{ij}$ 的作用。

3. 能量方程

瞬时流场单位质量的总动能可表示成：

$$
\frac{1}{2}\overline{V_iV_j} = \frac{1}{2}\overline{V}_i\overline{V}_j + \frac{1}{2}\overline{\widetilde{V}_i\widetilde{V}_j} + \frac{1}{2}\overline{V_i'V_j'} \tag{4-203}
$$

黏性项可表示成：

$$
\nu\frac{\partial^2 \overline{V}_i}{\partial x_j \partial x_j} = \nu\frac{\partial}{\partial x_j}\left(\frac{\partial \overline{V}_i}{\partial x_j} + \frac{\partial \overline{V}_j}{\partial x_i}\right) \tag{4-204a}
$$

$$
\nu\frac{\partial^2 \widetilde{V}_i}{\partial x_j \partial x_j} = \nu\frac{\partial}{\partial x_j}\left(\frac{\partial \widetilde{V}_i}{\partial x_j} + \frac{\partial \widetilde{V}_j}{\partial x_i}\right) \tag{4-204b}
$$

$$
\nu\frac{\partial^2 V_i'}{\partial x_j \partial x_j} = \nu\frac{\partial}{\partial x_j}\left(\frac{\partial V_i'}{\partial x_j} + \frac{\partial V_j'}{\partial x_i}\right) \tag{4-204c}
$$

式 (4-199) 等号两边同时乘以 $\overline{V}_i$，并考虑到式 (4-204a) 得

$$
\begin{aligned}
\overline{V}_j\frac{\partial}{\partial x_j}\left(\frac{1}{2}\overline{V}_i\overline{V}_i\right) &= -\frac{1}{\rho}\frac{\partial}{\partial x_i}(\overline{V}_i\overline{p}) - \frac{\partial}{\partial x_j}\left(\overline{V}_i\overline{V_i'V_j'} + \overline{V_i'V_j'}\frac{\partial \overline{V}_i}{\partial x_j}\right) \\
&\quad - \frac{\partial}{\partial x_j}\left(\overline{V}_i\overline{\widetilde{V}_i\widetilde{V}_j} + \overline{\widetilde{V}_i\widetilde{V}_j}\frac{\partial \overline{V}_i}{\partial x_j}\right) + \nu\frac{\partial}{\partial x_j}(\overline{V}_i\overline{S}_{ij}) - \overline{\varepsilon}
\end{aligned}
\tag{4-205}
$$

对上式整理得

$$
\frac{\overline{\mathrm{D}}}{\mathrm{D}t}\left(\frac{1}{2}\overline{V}_i\overline{V}_i\right) = \underbrace{-\frac{1}{\rho}\frac{\partial(\overline{p}\overline{V}_i)}{\partial x_i}}_{\text{FW}} + \underbrace{\overline{\widetilde{V}_i\widetilde{V}_j}\frac{\partial \overline{V}_i}{\partial x_j}}_{\text{PC}} + \underbrace{\overline{V_i'V_j'}\frac{\partial \overline{V}_i}{\partial x_j}}_{\text{PR}}
$$

$$\underbrace{-\frac{\partial}{\partial x_j}\left[\overline{V}_i\left(\overline{\widetilde{V}_i\widetilde{V}_j}+\overline{V_i'V_j'}\right)\right]}_{\mathrm{S}}+\underbrace{\nu\frac{\partial}{\partial x_j}(\overline{V}_i\overline{S}_{ij})}_{\mathrm{VW}}-\overline{\varepsilon} \tag{4-206}$$

式 (4-200) 等号两边同时乘以 $\widetilde{V}_i$，并考虑到式 (4-204b) 得

$$\begin{aligned}&\frac{\partial}{\partial t}\left(\frac{1}{2}\widetilde{V}_i\widetilde{V}_i\right)+\overline{V}_j\frac{\partial}{\partial x_j}\left(\frac{1}{2}\widetilde{V}_i\widetilde{V}_i\right)+\widetilde{V}_i\widetilde{V}_j\frac{\partial\overline{V}_i}{\partial x_j}=-\frac{1}{\rho}\frac{\partial}{\partial x_i}(\widetilde{V}_i\widetilde{p})\\&+\nu\frac{\partial}{\partial x_j}\left[\widetilde{V}_i\left(\frac{\partial\widetilde{V}_i}{\partial x_j}+\frac{\partial\widetilde{V}_j}{\partial x_i}\right)\right]-\nu\left(\frac{\partial\widetilde{V}_i}{\partial x_j}+\frac{\partial\widetilde{V}_j}{\partial x_i}\right)\frac{\partial\widetilde{V}_i}{\partial x_j}\\&+\frac{\partial}{\partial x_j}[\widetilde{V}_i(\overline{\widetilde{V}_i\widetilde{V}_j}-\widetilde{V}_i\widetilde{V}_j)]-(\overline{\widetilde{V}_i\widetilde{V}_j}-\widetilde{V}_i\widetilde{V}_j)\frac{\partial\widetilde{V}_i}{\partial x_j}\\&+\frac{\partial}{\partial x_j}[\widetilde{V}_i(\overline{V_i'V_j'}-\langle V_i'V_j'\rangle)]-(\overline{V_i'V_j'}-\langle V_i'V_j'\rangle)\frac{\partial\widetilde{V}_i}{\partial x_j}\end{aligned} \tag{4-207}$$

对上式取相位平均与时间平均得

$$\begin{aligned}&\frac{\partial}{\partial t}\left(\frac{1}{2}\overline{\widetilde{V}_i\widetilde{V}_i}\right)+\overline{V}_j\frac{\partial}{\partial x_j}\left(\frac{1}{2}\overline{\widetilde{V}_i\widetilde{V}_i}\right)+\overline{\widetilde{V}_i\widetilde{V}_i}\frac{\partial\overline{V}_i}{\partial x_j}=-\frac{1}{\rho}\frac{\partial}{\partial x_i}(\overline{\widetilde{V}_i\widetilde{p}})\\&+\nu\frac{\partial}{\partial x_j}\left[\overline{\widetilde{V}_i\left(\frac{\partial\widetilde{V}_i}{\partial x_j}+\frac{\partial\widetilde{V}_j}{\partial x_i}\right)}\right]-\nu\overline{\left(\frac{\partial\widetilde{V}_i}{\partial x_j}+\frac{\partial\widetilde{V}_j}{\partial x_i}\right)\frac{\partial\widetilde{V}_i}{\partial x_j}}-\frac{\partial}{\partial x_j}(\overline{\widetilde{V}_i\widetilde{V}_i\widetilde{V}_j})\\&+\overline{\widetilde{V}_i\widetilde{V}_j\frac{\partial\widetilde{V}_i}{\partial x_j}}-\frac{\partial}{\partial x_j}[\overline{\widetilde{V}_i\langle V_i'V_j'\rangle}]+\overline{\langle V_i'V_j'\rangle\frac{\partial\widetilde{V}_i}{\partial x_j}}\end{aligned} \tag{4-208}$$

整理式 (4-208) 得

$$\begin{aligned}\frac{\overline{\mathrm{D}}}{\mathrm{D}t}\left(\frac{1}{2}\overline{\widetilde{V}_i\widetilde{V}_i}\right)=&\underbrace{-\frac{\partial}{\partial x_j}\left[\overline{\widetilde{V}_j\left(\frac{\widetilde{p}}{\rho}+\frac{1}{2}\widetilde{V}_i\widetilde{V}_j\right)}\right]}_{\mathrm{FW}}\underbrace{-\overline{\widetilde{V}_i\widetilde{V}_j}\frac{\partial\overline{V}_i}{\partial x_j}}_{\mathrm{PC}}\\&\underbrace{+\overline{\langle V_i'V_j'\rangle\frac{\partial\widetilde{V}_i}{\partial x_j}}}_{\mathrm{PRC}}\underbrace{-\frac{\partial}{\partial x_j}\overline{(\widetilde{V}_i\langle V_i'V_j'\rangle)}}_{\mathrm{S}}+\underbrace{\nu\frac{\partial}{\partial x_j}\overline{(\widetilde{V}_i\widetilde{S}_{ij})}}_{\mathrm{VW}}-\widetilde{\varepsilon}\end{aligned} \tag{4-209}$$

式 (4-201) 等号两边同时乘以 V_i'，并考虑到式 (4-204c) 得

$$\begin{aligned}&\frac{\partial}{\partial t}\left(\frac{1}{2}V_i'V_i'\right)+\overline{V}_j\frac{\partial}{\partial x_j}\left(\frac{1}{2}V_i'V_i'\right)+\widetilde{V}_j\frac{\partial}{\partial x_j}\left(\frac{1}{2}V_i'V_i'\right)+V_i'V_j'\frac{\partial\overline{V}_i}{\partial x_j}+V_i'V_j'\frac{\partial\widetilde{V}_i}{\partial x_j}\\&=-\frac{1}{\rho}\frac{\partial}{\partial x_i}(V_i'p')+\nu\frac{\partial}{\partial x_j}\left[V_i'\left(\frac{\partial V_i'}{\partial x_j}+\frac{\partial V_j'}{\partial x_i}\right)\right]-\nu\left(\frac{\partial V_i'}{\partial x_j}+\frac{\partial V_j'}{\partial x_i}\right)\frac{\partial V_i'}{\partial x_j}\end{aligned}$$

$$+V_i'\frac{\partial}{\partial x_j}\langle V_i'V_j'\rangle-\frac{1}{2}\frac{\partial}{\partial x_j}(V_i'V_i'V_j') \tag{4-210}$$

对上式取相位平均得

$$\begin{aligned}&\frac{\partial}{\partial t}\langle\frac{1}{2}V_i'V_i'\rangle+\overline{V}_j\frac{\partial}{\partial x_j}\langle\frac{1}{2}V_i'V_i'\rangle+\widetilde{V}_j\frac{\partial}{\partial x_j}\langle\frac{1}{2}V_i'V_i'\rangle+\langle V_i'V_j'\rangle\frac{\partial\overline{V}_i}{\partial x_j}+\langle V_i'V_j'\rangle\frac{\partial\widetilde{V}_i}{\partial x_j}\\&=-\frac{1}{\rho}\frac{\partial}{\partial x_i}\langle V_i'p'\rangle+\nu\frac{\partial}{\partial x_j}\left\langle V_i'\left(\frac{\partial V_i'}{\partial x_j}+\frac{\partial V_j'}{\partial x_i}\right)\right\rangle-\nu\left\langle\left(\frac{\partial V_i'}{\partial x_j}+\frac{\partial V_j'}{\partial x_i}\right)\frac{\partial V_i'}{\partial x_j}\right\rangle\\&\quad-\frac{1}{2}\frac{\partial}{\partial x_j}\langle V_i'V_i'V_j'\rangle\end{aligned} \tag{4-211}$$

对上式取时间平均得

$$\begin{aligned}&\frac{\partial}{\partial t}\overline{\left(\frac{1}{2}V_i'V_i'\right)}+\overline{V}_j\frac{\partial}{\partial x_j}\overline{\left(\frac{1}{2}V_i'V_i'\right)}+\overline{\widetilde{V}_j\frac{\partial}{\partial x_j}\langle\frac{1}{2}V_i'V_i'\rangle}+\overline{V_i'V_j'}\frac{\partial\overline{V}_i}{\partial x_j}\\&+\overline{\langle V_i'V_j'\rangle\frac{\partial\widetilde{V}_i}{\partial x_j}}=-\frac{1}{\rho}\frac{\partial}{\partial x_i}\overline{(V_i'p')}+\nu\frac{\partial}{\partial x_j}\overline{\langle V_i'\left(\frac{\partial V_i'}{\partial x_j}+\frac{\partial V_j'}{\partial x_i}\right)\rangle}\\&-\nu\overline{\left\langle\left(\frac{\partial V_i'}{\partial x_j}+\frac{\partial V_j'}{\partial x_i}\right)\right\rangle\frac{\partial V_i'}{\partial x_j}}-\frac{1}{2}\frac{\partial}{\partial x_j}\overline{\langle V_i'V_i'V_j'\rangle}\end{aligned} \tag{4-212}$$

对式 (4-212) 整理得

$$\begin{aligned}\frac{\overline{\mathrm{D}}}{\mathrm{D}t}\left(\frac{1}{2}\overline{V_i'V_i'}\right)=&\underbrace{-\frac{\partial}{\partial x_j}\left[\overline{V_j'\left(\frac{p'}{\rho}+\frac{1}{2}V_i'V_j'\right)}\right]}_{\mathrm{FW}}\underbrace{-\overline{V_i'V_j'}\frac{\partial\overline{V}_i}{\partial x_j}}_{\mathrm{PR}}\\&\underbrace{+\overline{\langle V_i'V_j'\rangle\frac{\partial\widetilde{V}_i}{\partial x_j}}}_{\mathrm{PRC}}\underbrace{-\overline{\widetilde{V}_j\frac{\partial}{\partial x_j}\langle\frac{1}{2}V_i'V_j'\rangle}}_{\mathrm{S}}\underbrace{+\nu\frac{\partial}{\partial x_j}\overline{(V_i'S_{ij}')}}_{\mathrm{VW}}-\varepsilon'\end{aligned} \tag{4-213}$$

式 (4-205)、式 (4-206)、式 (4-209)、式 (4-213) 中应变率分别为

$$\overline{S}_{ij}=\frac{\partial\overline{V}_i}{\partial x_j}+\frac{\partial\overline{V}_j}{\partial x_i} \tag{4-214a}$$

$$\widetilde{S}_{ij}=\frac{\partial\widetilde{V}_i}{\partial x_j}+\frac{\partial\widetilde{V}_j}{\partial x_i} \tag{4-214b}$$

$$S_{ij}'=\frac{\partial V_i'}{\partial x_j}+\frac{\partial V_j'}{\partial x_i} \tag{4-214c}$$

耗散率分别为

$$\overline{\varepsilon}=\nu\left(\frac{\partial\overline{V}_i}{\partial x_j}+\frac{\partial\overline{V}_j}{\partial x_i}\right)\frac{\partial\overline{V}_i}{\partial x_j} \tag{4-215a}$$

$$\widetilde{\varepsilon}=\nu\left(\frac{\partial\widetilde{V}_i}{\partial x_j}+\frac{\partial\widetilde{V}_j}{\partial x_i}\right)\frac{\partial\widetilde{V}_i}{\partial x_j} \tag{4-215b}$$

$$\varepsilon'=\nu\left(\frac{\partial V_i'}{\partial x_j}+\frac{\partial V_j'}{\partial x_i}\right)\frac{\partial V_i'}{\partial x_j} \tag{4-215c}$$

式 (4-206)、式 (4-209) 和式 (4-213) 中：PC 项表示拟序雷诺应力 $-\overline{\widetilde{V}_i\widetilde{V}_j}$ 对平均应变率 $\overline{S}_{ij}/2$ 的作用而产生的拟序动能；PR 项表示随机雷诺应力 $-\overline{V_i'V_j'}$ 对平均应变率 $\overline{S}_{ij}/2$ 的作用而产生的随机动能；PRC 项表示相位平均随机雷诺应力 $-\langle V_i'V_j'\rangle$ 对拟序应变率 $\widetilde{S}_{ij}/2$ 的作用而产生的随机动能，即拟序运动也可能产生随机动能；S 项为源项，式 (4-206) 中 S 项类似于 PC 项和 PR 项的作用，式 (4-209)、式 (4-213) 中的 S 项类似于 PRC 项的作用；FW 项、VW 项分别表示流动功、黏性功；方程的最后一项表示紊流能量耗散率。

4. 压力脉动方程

对不可压缩黏性流体的 N-S 方程取散度得

$$\frac{\partial}{\partial t}\left(\frac{\partial V_i}{\partial x_i}\right)+V_j\frac{\partial}{\partial x_j}\left(\frac{\partial V_i}{\partial x_i}\right)+\frac{\partial V_i}{\partial x_j}\frac{\partial V_j}{\partial x_i}=-\frac{1}{\rho}\frac{\partial^2 p}{\partial x_i^2}+\nu\frac{\partial^2}{\partial x_j\partial x_j}\left(\frac{\partial V_i}{\partial x_i}\right) \tag{4-216}$$

考虑到连续性方程，上式可化为

$$\frac{\partial^2 p}{\partial x_i^2}=-\rho\frac{\partial V_i}{\partial x_j}\frac{\partial V_j}{\partial x_i} \tag{4-217}$$

将式 (4-194a)、式 (4-194b) 代入式 (4-217) 得

$$\begin{aligned}\frac{\partial^2\overline{p}}{\partial x_i^2}+\frac{\partial^2\widetilde{p}}{\partial x_i^2}+\frac{\partial^2 p'}{\partial x_i^2}=-\rho\Bigg(&\frac{\partial\overline{V}_i}{\partial x_j}\frac{\partial\overline{V}_j}{\partial x_i}+\frac{\partial\overline{V}_i}{\partial x_j}\frac{\partial\widetilde{V}_j}{\partial x_i}+\frac{\partial\overline{V}_i}{\partial x_j}\frac{\partial V_j'}{\partial x_i}\\&+\frac{\partial\widetilde{V}_i}{\partial x_j}\frac{\partial\overline{V}_j}{\partial x_i}+\frac{\partial\widetilde{V}_i}{\partial x_j}\frac{\partial\widetilde{V}_j}{\partial x_i}+\frac{\partial\widetilde{V}_i}{\partial x_j}\frac{\partial V_j'}{\partial x_i}+\frac{\partial V_i'}{\partial x_j}\frac{\partial\overline{V}_j}{\partial x_i}\\&+\frac{\partial V_i'}{\partial x_j}\frac{\partial\widetilde{V}_j}{\partial x_i}+\frac{\partial V_i'}{\partial x_j}\frac{\partial V_j'}{\partial x_i}\Bigg)\end{aligned} \tag{4-218}$$

对上式取相位平均得

$$\frac{\partial^2\overline{p}}{\partial x_i^2}+\frac{\partial^2\widetilde{p}}{\partial x_i^2}=-\rho\Bigg(\frac{\partial\overline{V}_i}{\partial x_j}\frac{\partial\overline{V}_j}{\partial x_i}+\frac{\partial\overline{V}_i}{\partial x_j}\frac{\partial\widetilde{V}_j}{\partial x_i}+\frac{\partial\widetilde{V}_i}{\partial x_j}\frac{\partial\overline{V}_j}{\partial x_i}$$

$$+\left\langle\frac{\partial\widetilde{V}_i}{\partial x_j}\frac{\partial\widetilde{V}_j}{\partial x_i}\right\rangle+\left\langle\frac{\partial V_i'}{\partial x_j}\frac{\partial V_j'}{\partial x_i}\right\rangle\Bigg) \tag{4-219}$$

对上式取时间平均得

$$\frac{\partial^2\overline{p}}{\partial x_i^2}=-\rho\left(\frac{\partial\overline{V}_i}{\partial x_j}\frac{\partial\overline{V}_j}{\partial x_i}+\overline{\frac{\partial\widetilde{V}_i}{\partial x_j}\frac{\partial\widetilde{V}_j}{\partial x_i}}+\overline{\frac{\partial V_i'}{\partial x_j}\frac{\partial V_j'}{\partial x_i}}\right) \tag{4-220}$$

式 (4-219) 减去式 (4-220) 得

$$\frac{\partial^2\widetilde{p}}{\partial x_i^2}=-\rho\left[\frac{\partial\overline{V}_i}{\partial x_j}\frac{\partial\widetilde{V}_j}{\partial x_i}+\frac{\partial\widetilde{V}_i}{\partial x_j}\frac{\partial\overline{V}_j}{\partial x_i}+\left\langle\frac{\partial\widetilde{V}_i}{\partial x_j}\frac{\partial\widetilde{V}_j}{\partial x_i}\right\rangle-\overline{\frac{\partial\widetilde{V}_i}{\partial x_j}\frac{\partial\widetilde{V}_j}{\partial x_i}}\right.$$

$$\left.+\left\langle\frac{\partial V_i'}{\partial x_j}\frac{\partial V_j'}{\partial x_i}\right\rangle-\overline{\frac{\partial V_i'}{\partial x_j}\frac{\partial V_j'}{\partial x_i}}\right] \tag{4-221}$$

考虑到

$$\frac{\partial\overline{V}_i}{\partial x_j}\frac{\partial\widetilde{V}_j}{\partial x_i}+\frac{\partial\widetilde{V}_i}{\partial x_j}\frac{\partial\overline{V}_j}{\partial x_i}=2\frac{\partial\overline{V}_i}{\partial x_j}\frac{\partial\widetilde{V}_j}{\partial x_i} \tag{4-222a}$$

$$\frac{\partial V_i'}{\partial x_j}\frac{\partial V_j'}{\partial x_i}=\frac{\partial^2(V_i'V_j')}{\partial x_i\partial x_j} \tag{4-222b}$$

$$\frac{\partial\widetilde{V}_i}{\partial x_j}\frac{\partial\widetilde{V}_j}{\partial x_i}=\frac{\partial^2(\widetilde{V}_i\widetilde{V}_j)}{\partial x_i\partial x_j} \tag{4-222c}$$

于是，式 (4-221) 可简化成：

$$\frac{1}{\rho}\frac{\partial^2\widetilde{p}}{\partial x_i^2}=-2\frac{\partial\overline{V}_i}{\partial x_j}\frac{\partial\widetilde{V}_j}{\partial x_i}+\frac{\partial^2}{\partial x_i\partial x_j}[\overline{\widetilde{V}_i\widetilde{V}_j}+\overline{V_i'V_j'}-\langle\widetilde{V}_i\widetilde{V}_j\rangle-\langle V_i'V_j'\rangle] \tag{4-223}$$

上式为紊流拟序运动的压力脉动方程。

式 (4-218) 减去式 (4-219) 得

$$\frac{1}{\rho}\frac{\partial^2 p'}{\partial x_i^2}=-\left[\frac{\partial\overline{V}_i}{\partial x_j}\frac{\partial V_j'}{\partial x_i}+\frac{\partial\widetilde{V}_i}{\partial x_j}\frac{\partial\widetilde{V}_j}{\partial x_i}-\left\langle\frac{\partial\widetilde{V}_i}{\partial x_j}\frac{\partial\widetilde{V}_j}{\partial x_i}\right\rangle+\frac{\partial\widetilde{V}_i}{\partial x_j}\frac{\partial V_j'}{\partial x_i}\right.$$

$$\left.+\frac{\partial V_i'}{\partial x_j}\frac{\partial\overline{V}_j}{\partial x_i}+\frac{\partial V_i'}{\partial x_j}\frac{\partial\widetilde{V}_j}{\partial x_i}+\frac{\partial V_i'}{\partial x_j}\frac{\partial V_j'}{\partial x_i}-\left\langle\frac{\partial V_i'}{\partial x_j}\frac{\partial V_j'}{\partial x_i}\right\rangle\right] \tag{4-224}$$

考虑到式 (4-222)，上式可简化为

$$\frac{1}{\rho}\frac{\partial^2 p'}{\partial x_i^2}=-2\frac{\partial\overline{V}_i}{\partial x_j}\frac{\partial V_j'}{\partial x_i}-2\frac{\partial\widetilde{V}_i}{\partial x_j}\frac{\partial V_j'}{\partial x_i}+\frac{\partial^2}{\partial x_i\partial x_j}[\langle\widetilde{V}_i\widetilde{V}_j\rangle-\widetilde{V}_i\widetilde{V}_j]$$

$$+\frac{\partial^2}{\partial x_i\partial x_j}[\langle V_i'V_j'\rangle-V_i'V_j'] \tag{4-225}$$

上式为紊流随机紊动的压力脉动方程。

5. 涡量输运方程

对不可压缩流体的 N-S 方程，取旋度得

$$\frac{\partial \Omega_i}{\partial t}+V_j\frac{\partial \Omega_i}{\partial x_j}=\Omega_j\frac{\partial V_i}{\partial x_j}+\nu\frac{\partial^2 \Omega_i}{\partial x_j\partial x_j} \tag{4-226}$$

考虑到涡量连续性方程：

$$\frac{\partial \Omega_i}{\partial x_i}=0 \tag{4-227}$$

将式 (4-194c) 代入式 (4-227) 取时间平均和相位平均得

$$\frac{\partial \overline{\Omega}_i}{\partial x_i}=\frac{\partial \widetilde{\Omega}_i}{\partial x_i}=\frac{\partial \Omega_i'}{\partial x_i}=0 \tag{4-228}$$

将式 (4-194a)、式 (4-194c) 代入式 (4-226) 得

$$\begin{aligned}&\frac{\partial}{\partial t}(\overline{\Omega}_i+\widetilde{\Omega}_i+\Omega_i')+\frac{\partial}{\partial x_j}(\overline{\Omega}_i\overline{V}_j+\overline{\Omega}_i\widetilde{V}_j+\overline{\Omega}_iV_j'+\widetilde{\Omega}_i\overline{V}_j+\widetilde{\Omega}_i\widetilde{V}_j+\widetilde{\Omega}_iV_j'\\&+\Omega_i'\overline{V}_j+\Omega_i'\widetilde{V}_j+\Omega_i'V_j')=\frac{\partial}{\partial x_j}(\overline{\Omega}_j\overline{V}_i+\overline{\Omega}_j\widetilde{V}_i+\overline{\Omega}_jV_i'\\&+\widetilde{\Omega}_j\overline{V}_i+\widetilde{\Omega}_j\widetilde{V}_i+\widetilde{\Omega}_jV_i'+\Omega_j'\overline{V}_i+\Omega_j'\widetilde{V}_i+\Omega_j'V_i')\\&+\nu\frac{\partial^2}{\partial x_j\partial x_j}(\overline{\Omega}_i+\widetilde{\Omega}_i+\Omega_i')\end{aligned} \tag{4-229}$$

对式 (4-229) 取相位平均得

$$\begin{aligned}&\frac{\partial \widetilde{\Omega}_i}{\partial t}+\frac{\partial}{\partial x_j}[\overline{\Omega}_i\overline{V}_j+\overline{\Omega}_i\widetilde{V}_j+\widetilde{\Omega}_i\overline{V}_j+\langle\widetilde{\Omega}_i\widetilde{V}_j\rangle+\langle\Omega_i'V_j'\rangle]\\&=\frac{\partial}{\partial x_j}[\overline{\Omega}_j\overline{V}_i+\overline{\Omega}_j\widetilde{V}_i+\widetilde{\Omega}_j\overline{V}_i+\langle\widetilde{\Omega}_j\widetilde{V}_i\rangle+\langle\Omega_j'V_i'\rangle+\nu\frac{\partial^2}{\partial x_j\partial x_j}(\overline{\Omega}_i+\widetilde{\Omega}_i)\end{aligned} \tag{4-230}$$

对式 (4-230) 取时间平均得

$$\frac{\partial}{\partial x_j}(\overline{\Omega}_i\overline{V}_j+\overline{\widetilde{\Omega}_i\widetilde{V}_j}+\overline{\Omega_i'V_j'})=\frac{\partial}{\partial x_j}(\overline{\Omega}_j\overline{V}_i+\overline{\widetilde{\Omega}_j\widetilde{V}_i}+\overline{\Omega_j'V_i'})+\nu\frac{\partial^2\overline{\Omega}_i}{\partial x_j\partial x_j} \tag{4-231}$$

经整理后可得最终形式的时均涡量输运方程

$$\frac{\overline{\mathrm{D}}\,\overline{\Omega}_i}{\mathrm{D}t}=\overline{\Omega}_j\frac{\partial \overline{V}_i}{\partial x_j}+\nu\frac{\partial^2\overline{\Omega}_i}{\partial x_j\partial x_j}+\frac{\partial}{\partial x_j}(\overline{\widetilde{\Omega}_j\widetilde{V}_i}+\overline{\widetilde{\Omega}_i\widetilde{V}_j})+\frac{\partial}{\partial x_j}(\overline{\Omega_j'V_i'}+\overline{\Omega_i'V_j'}) \tag{4-232}$$

式 (4-230) 减去式 (4-231) 得

$$\frac{\partial \widetilde{\Omega}_i}{\partial t}+\frac{\partial}{\partial x_j}[\overline{\Omega}_i\widetilde{V}_j+\widetilde{\Omega}_i\overline{V}_j+\langle\widetilde{\Omega}_i\widetilde{V}_j\rangle-\overline{\widetilde{\Omega}_i\widetilde{V}_j}+\langle\Omega_i'V_j'\rangle-\overline{\Omega_i'V_j'}]$$

$$=\frac{\partial}{\partial x_j}[\overline{\Omega}_j\widetilde{V}_i+\widetilde{\Omega}_j\overline{V}_i+\langle\widetilde{\Omega}_j\widetilde{V}_i\rangle-\overline{\widetilde{\Omega}_j\widetilde{V}_i}+\langle\Omega_j'V_i'\rangle-\overline{\Omega_j'V_i'}]+\nu\frac{\partial^2\widetilde{\Omega}_i}{\partial x_j\partial x_j} \tag{4-233}$$

上式经整理得

$$\begin{aligned}\frac{\overline{\mathrm{D}}\widetilde{\Omega}_i}{\mathrm{D}t}&=\widetilde{\Omega}_j\frac{\partial\overline{V}_i}{\partial x_j}+\overline{\Omega}_j\frac{\partial\widetilde{V}_i}{\partial x_j}+\nu\frac{\partial^2\widetilde{\Omega}_i}{\partial x_j\partial x_j}+\frac{\partial}{\partial x_j}(\widetilde{\Omega}_j\widetilde{V}_i-\overline{\widetilde{\Omega}_j\widetilde{V}_i})\\&-\frac{\partial}{\partial x_j}(\widetilde{\Omega}_i\widetilde{V}_j-\overline{\widetilde{\Omega}_i\widetilde{V}_j})-\frac{\partial}{\partial x_j}(\overline{\Omega}_i\widetilde{V}_j)+\frac{\partial}{\partial x_j}[\langle\Omega_j'V_i'\rangle-\overline{\Omega_j'V_i'}]\\&-\frac{\partial}{\partial x_j}[\langle V_j'\Omega_i'\rangle-\overline{V_j'\Omega_i'}]\end{aligned} \tag{4-234}$$

上式即为拟序涡量输运方程。式 (4-229) 减去式 (4-230) 得

$$\begin{aligned}&\frac{\partial\Omega_i'}{\partial t}+\frac{\partial}{\partial x_j}[\overline{\Omega}_iV_j'+\widetilde{\Omega}_i\widetilde{V}_j-\langle\widetilde{\Omega}_i\widetilde{V}_j\rangle+\widetilde{\Omega}_iV_j'+\Omega_i'\overline{V}_j+\Omega_i'\widetilde{V}_j\\&+\Omega_i'V_j'-\langle\Omega_i'V_j'\rangle]=\frac{\partial}{\partial x_j}[\overline{\Omega}_jV_i'+\widetilde{\Omega}_j\widetilde{V}_i-\langle\widetilde{\Omega}_j\widetilde{V}_i\rangle+\widetilde{\Omega}_jV_i'\\&+\Omega_j'\overline{V}_i+\Omega_j'\widetilde{V}_i+\Omega_j'V_i'-\langle\Omega_j'V_i'\rangle]+\nu\frac{\partial^2\Omega_i'}{\partial x_j\partial x_j}\end{aligned} \tag{4-235}$$

考虑到式 (4-197)、式 (4-227)，化简整理式 (4-235) 得

$$\begin{aligned}\frac{\overline{\mathrm{D}}\Omega_i'}{\mathrm{D}t}=&(\overline{\Omega}+\widetilde{\Omega})\frac{\partial V_i'}{\partial x_j}+\Omega_j'\frac{\partial}{\partial x_j}(\overline{V}_i+\widetilde{V}_i)+\nu\frac{\partial^2\Omega_i'}{\partial x_j\partial x_j}-V_j'\frac{\partial}{\partial x_j}(\overline{\Omega}_i+\widetilde{\Omega}_i)\\&-\widetilde{V}_j\frac{\partial\Omega_i'}{\partial x_j}-\frac{\partial}{\partial x_j}[\Omega_i'V_j'-\langle\Omega_i'V_j'\rangle]+\frac{\partial}{\partial x_j}[\Omega_j'V_i'-\langle\Omega_j'V_i'\rangle]\end{aligned} \tag{4-236}$$

上式为紊动涡量输运方程。

第 5 章　边界层理论

简单地讲，边界层 (boundary layer) 即为紧贴地面或物体表面的一层黏性流体，若断面尺度有限，则会发展至全断面。人类就生活在边界层中，天气变化主要发生在大气边界层内。边界层理论是由德国 Gottingen 大学 Prandtl 教授于 1904 年提出的，这一理论为流体力学开创了一个新领域，推动了流体力学学科的迅速发展。

§5.1　边界层基本概念

我们知道，雷诺数 Re 的物理意义为流体的惯性力与黏性力的对比关系，对于高雷诺数流动，即 $Re \gg 1$，流体的惯性力远大于其黏性力，可以把流体视为理想流体。但是，由理想流体理论得到的速度场在壁面附近与实际情况相差甚远，实际流体在壁面附近沿其法线方向存在很大的速度梯度，故在这层流动区域中，黏性力与惯性力具有相同的量级。

Prandtl 把高雷诺数流动分成两个区域：在壁面附近的流层中必须考虑黏性的作用，Prandtl 称此流层为边界层，边界层内是黏性流动，而在边界层以外的区域则可看作理想流体的流动，如图 5-1 所示。因此，流动区域可分为边界层和主流区，在第 6 章会讲到，主流区可看作势流，即无旋流动，19 世纪水动力学 (hydrodynamics) 的主要研究方向为势流。

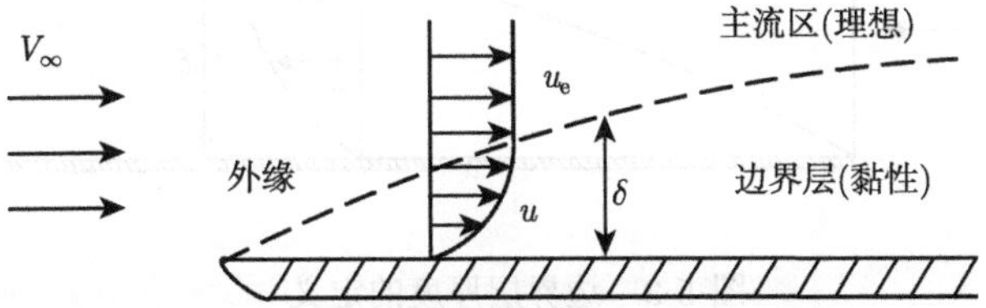

图 5-1　边界层示意图

流场周围不受边界约束的流动称为外流 (external flow)，如物体绕流 (机翼、桥墩等)；流体在固体边界约束下的流动称为内流 (internal flow)，如管道、明渠中的流动。

边界层可分为层流边界层和紊流边界层，如图 5-2 所示。由图可见，在平板的前段为层流边界层，后段为紊流边界层，中间存在一过渡区。随着雷诺数的提高，层流边界层将转变为紊流边界层，这种现象称为边界层的转捩。

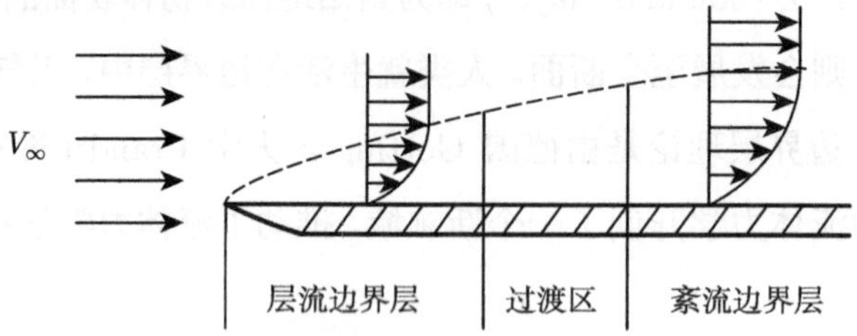

图 5-2　平板边界层

§5.2　边界层特征厚度

5.2.1　边界层厚度

通常将边界层内速度达到主流区速度的 99%处作为边界层的外缘，由边界层外缘到壁面的垂直距离定义为边界层的厚度，以 δ 表示，如图 5-3 所示。

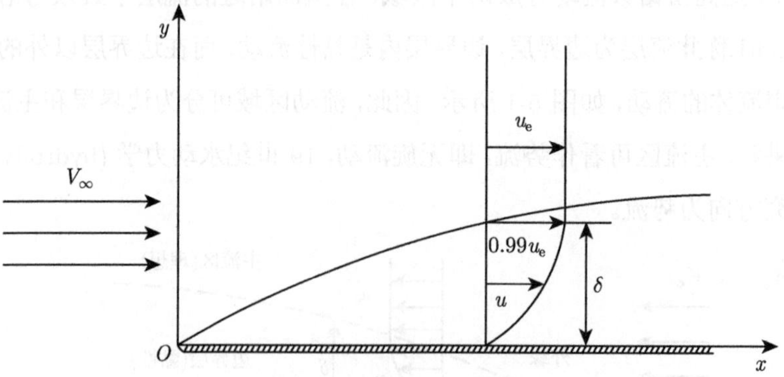

图 5-3　边界层厚度的定义

现以平板绕流为例，分析一下边界层厚度的量级。设无穷远来流速度为 V_∞，x 方向的长度为 L，边界层厚度为 δ，由 N-S 方程知

$$\frac{\partial V_i}{\partial t}+V_j\frac{\partial V_i}{\partial x_j}=f_i-\frac{1}{\rho}\frac{\partial p}{\partial x_i}+\nu\frac{\partial^2 V_i}{\partial x_j\partial x_j} \tag{5-1}$$

其中，方程左端为质点加速度，即惯性力 $\frac{\mathrm{D}V_i}{\mathrm{D}t}$，其量级为 $\frac{V_\infty^2}{L}$，黏性力 $\nu\frac{\partial^2 V_i}{\partial x_j\partial x_j}$ 的量级为 $\nu\frac{V_\infty}{\delta^2}$。在边界层中，速度梯度较大，黏性力与惯性力具有相同的量级，即

$$\frac{V_\infty^2}{L}\sim\nu\frac{V_\infty}{\delta^2} \tag{5-2}$$

由式 (5-2) 可得边界层厚度

$$\delta\sim\sqrt{\frac{\nu L}{V_\infty}}=\frac{L}{\sqrt{Re}} \tag{5-3}$$

在高雷诺数条件下，$Re\gg 1$，边界层厚度远小于绕流物体的特征长度，即 $\frac{\delta}{L}\ll 1$。

5.2.2 流量排挤厚度

单位时间通过边界层某一截面的流体若为理想流体，则其质量流量应为

$$Q_1=\int_0^\delta \rho\, u_\mathrm{e}\mathrm{d}y \tag{5-4}$$

式中，u_e 为边界层外缘主流速度。

由于存在黏性，实际通过的流体质量流量为

$$Q_2=\int_0^\delta \rho\, u\mathrm{d}y \tag{5-5}$$

式 (5-4) 与式 (5-5) 之差就是因存在黏性使流量减少，即

$$Q_1-Q_2=\int_0^\delta \rho\, u_\mathrm{e}\mathrm{d}y-\int_0^\delta \rho\, u\mathrm{d}y \tag{5-6}$$

减少的这部分流量只能被排挤到主流中去，即相当于在主流区增加了一层厚度 δ_1，其流量为 $\rho\, u_\mathrm{e}\delta_1$，与式 (5-6) 联立求解，可得 δ_1

$$\delta_1=\int_0^\delta\left(1-\frac{u}{u_\mathrm{e}}\right)\mathrm{d}y \tag{5-7}$$

5.2.3　动量损失厚度

单位时间通过边界层某一截面的流体质量为 $\int_0^\delta \rho u\mathrm{d}y$，若为理想流体，则应具有的动量为

$$M_1 = \int_0^\delta \rho u u_\mathrm{e}\mathrm{d}y \tag{5-8}$$

由于存在黏性，实际具有的动量为

$$M_2 = \int_0^\delta \rho u u\mathrm{d}y \tag{5-9}$$

式 (5-8) 与式 (5-9) 之差就是由于存在黏性而产生的动量损失，即

$$M_1 - M_2 = \int_0^\delta \rho u u_\mathrm{e}\mathrm{d}y - \int_0^\delta \rho u u\mathrm{d}y \tag{5-10}$$

损失的这部分动量相当于以主流速度通过厚度为 δ_2 的动量 $\rho u_\mathrm{e}^2\delta_2$，与式 (5-10) 联立可得 δ_2

$$\delta_2 = \int_0^\delta \frac{u}{u_\mathrm{e}}\left(1-\frac{u}{u_\mathrm{e}}\right)\mathrm{d}y \tag{5-11}$$

5.2.4　能量损失厚度

单位时间通过边界层某一截面的流体质量为 $\int_0^\delta \rho u\mathrm{d}y$，若为理想流体，则应具有的动能为

$$E_1 = \frac{1}{2}\int_0^\delta \rho u u_\mathrm{e}^2\mathrm{d}y \tag{5-12}$$

由于存在黏性，实际具有的动能为

$$E_2 = \frac{1}{2}\int_0^\delta \rho u u^2\mathrm{d}y \tag{5-13}$$

两项之差就是由于存在黏性而产生的动能损失

$$E_1 - E_2 = \frac{1}{2}\int_0^\delta \rho u u_\mathrm{e}^2\mathrm{d}y - \frac{1}{2}\int_0^\delta \rho u u^2\mathrm{d}y \tag{5-14}$$

损失的这部分动能相当于以主流速度通过厚度为 δ_3 的动能，即 $\frac{1}{2}\rho u_\mathrm{e}^3\delta_3$，与上式联立可得 δ_3

$$\delta_3 = \int_0^\delta \frac{u}{u_\mathrm{e}}\left(1-\frac{u^2}{u_\mathrm{e}^2}\right)\mathrm{d}y \tag{5-15}$$

§5.3 边界层方程

边界层内是黏性流动，其控制方程为 N-S 方程。可利用边界层的特征来简化 N-S 方程，从而使方程变得易于求解。

5.3.1 层流边界层方程

下面以二维问题为例，讨论一下层流边界层的简化方法。不可压缩黏性流体流动的基本方程为

连续性方程：

$$\frac{\partial V_i}{\partial x_i}=0 \tag{5-16}$$

运动方程：

$$\frac{\partial V_i}{\partial t}+V_j\frac{\partial V_i}{\partial x_j}=f_i-\frac{1}{\rho}\frac{\partial p}{\partial x_i}+\nu\frac{\partial^2 V_i}{\partial x_j\partial x_j} \tag{5-17}$$

为了简化此方程，首先将其无量纲化。忽略质量力的作用，方程中的基本物理量有 x, y, t, u, v, p，可根据边界层流动的特点选取各物理量的特征量，取 $x\to L$，$y\to \delta$，$u\to u_{\rm e}$，尚缺 v, p, t，对连续性方程积分，得

$$v\sim\int_0^\delta\frac{\partial u}{\partial x}{\rm d}y\sim u_{\rm e}\frac{\delta}{L}\sim\frac{u_{\rm e}}{\sqrt{Re}} \tag{5-18}$$

因此，可取 $\dfrac{u_{\rm e}}{\sqrt{Re}}$ 作为 v 的特征量。考虑到边界层中沿流动方向的压力梯度与惯性力具有相同的量级，则有

$$\frac{1}{\rho}\nabla p\sim\frac{{\rm D}V_i}{{\rm D}t} \tag{5-19}$$

即

$$\frac{1}{\rho}\frac{p}{L}\sim\frac{u_{\rm e}^2}{L} \tag{5-20}$$

那么可取 $\rho u_{\rm e}^2$ 作为 p 的特征量。对于时间 t，可取 $\dfrac{L}{u_{\rm e}}$ 作为 t 的特征量。

令

$$x^*=\frac{x}{L},\quad y^*=\frac{y}{\delta}=\frac{y}{L/\sqrt{Re}},\quad t^*=\frac{t}{L/u_{\rm e}},\quad u^*=\frac{u}{u_{\rm e}},\quad v^*=\frac{v}{u_{\rm e}/\sqrt{Re}},\quad p^*=\frac{p}{\rho u_{\rm e}^2} \tag{5-21}$$

将这些无量纲量代入二维形式的连续性方程和 N-S 方程，可得

$$\frac{\partial u^*}{\partial x^*}+\frac{\partial v^*}{\partial y^*}=0 \tag{5-22}$$

$$\frac{\partial u^*}{\partial t^*}+u^*\frac{\partial u^*}{\partial x^*}+v^*\frac{\partial u^*}{\partial y^*}=-\frac{\partial p^*}{\partial x^*}+\frac{1}{Re}\frac{\partial^2 u^*}{\partial x^{*2}}+\frac{\partial^2 u^*}{\partial y^{*2}} \tag{5-23}$$

$$\frac{1}{Re}\left(\frac{\partial v^*}{\partial t^*}+u^*\frac{\partial v^*}{\partial x^*}+v^*\frac{\partial v^*}{\partial y^*}\right)=-\frac{\partial p^*}{\partial y^*}+\frac{1}{Re^2}\frac{\partial^2 v^*}{\partial x^{*2}}+\frac{1}{Re}\frac{\partial^2 v^*}{\partial y^{*2}} \tag{5-24}$$

对于高雷诺数，有 $Re \gg 1$，则运动方程可简化成：

$$\frac{\partial u^*}{\partial t^*}+u^*\frac{\partial u^*}{\partial x^*}+v^*\frac{\partial u^*}{\partial y^*}=-\frac{\partial p^*}{\partial x^*}+\frac{\partial^2 u^*}{\partial y^{*2}} \tag{5-25}$$

$$\frac{\partial p^*}{\partial y^*}=0 \tag{5-26}$$

将上述方程还原为有量纲形式：

$$\frac{\partial u}{\partial x}+\frac{\partial v}{\partial y}=0 \tag{5-27}$$

$$\frac{\partial u}{\partial t}+u\frac{\partial u}{\partial x}+v\frac{\partial u}{\partial y}=-\frac{1}{\rho}\frac{\partial p}{\partial x}+\nu\frac{\partial^2 u}{\partial y^2} \tag{5-28}$$

$$\frac{\partial p}{\partial y}=0 \tag{5-29}$$

这就是二维层流边界层的基本方程。

作为边界层理论的第一个实例，Gottingen 大学 Prandtl 教授的博士生 Blasius 于 1908 年在其博士论文中应用层流边界层方程求解了平板边界层问题。

5.3.2　紊流边界层方程

不可压缩流体的紊流边界层方程可由雷诺方程简化得到。根据边界层流动的特征，类似于层流边界层量级比较的方法，可导出紊流边界层方程。

由雷诺方程知

$$\frac{\partial \overline{V}_i}{\partial t}+\overline{V}_j\frac{\partial \overline{V}_i}{\partial x_j}=f_i-\frac{1}{\rho}\frac{\partial \overline{p}}{\partial x_i}+\frac{1}{\rho}\frac{\partial}{\partial x_j}\left(\mu\frac{\partial \overline{V}_i}{\partial x_j}-\rho\overline{V_i'V_j'}\right) \tag{5-30}$$

忽略质量力的作用，恒定二维紊流边界层的基本方程可写作：

$$\frac{\partial \overline{u}}{\partial x}+\frac{\partial \overline{v}}{\partial y}=0 \tag{5-31}$$

$$\overline{u}\frac{\partial \overline{u}}{\partial x}+\overline{v}\frac{\partial \overline{u}}{\partial y}=-\frac{1}{\rho}\frac{\partial \overline{p}}{\partial x}+\frac{1}{\rho}\frac{\partial}{\partial y}\left(\mu\frac{\partial \overline{u}}{\partial y}-\rho\overline{u'v'}\right) \tag{5-32}$$

$$\frac{\partial \overline{p}}{\partial y}=0 \tag{5-33}$$

§5.4 边界层动量与能量积分方程

5.4.1 边界层动量积分方程

边界层动量积分方程描述边界层厚度与壁面切应力之间的关系。建立边界层动量积分方程的方法有两种：一种是控制体法，由 von Karman(1921) 提出，其基本思想是在边界层内取控制体，然后应用动量定理得到；另一种是积分法，由 Gruschwitz(1931) 提出，直接对边界层方程积分得到。下面介绍 Gruschwitz 的积分法。

恒定二维层流边界层方程为

$$\frac{\partial u}{\partial x}+\frac{\partial v}{\partial y}=0 \tag{5-34}$$

$$u\frac{\partial u}{\partial x}+v\frac{\partial u}{\partial y}=-\frac{1}{\rho}\frac{\partial p}{\partial x}+\nu\frac{\partial^2 u}{\partial y^2} \tag{5-35}$$

运动方程中的压力梯度项，可由 Bernoulli 方程得

$$-\frac{1}{\rho}\frac{\partial p}{\partial x}=u_{\mathrm{e}}\frac{\mathrm{d}u_{\mathrm{e}}}{\mathrm{d}x} \tag{5-36}$$

对运动方程积分，得

$$\int_0^\delta\left(u\frac{\partial u}{\partial x}+v\frac{\partial u}{\partial y}+u_{\mathrm{e}}\frac{\mathrm{d}u_{\mathrm{e}}}{\mathrm{d}x}\right)=\int_0^\delta\frac{\mu}{\rho}\frac{\partial^2 u}{\partial y^2} \tag{5-37}$$

方程等号右端项可改写成：

$$\int_0^\delta\frac{1}{\rho}\frac{\partial}{\partial y}\left(\mu\frac{\partial u}{\partial y}\right)\mathrm{d}y=\frac{1}{\rho}\left.\tau\right|_0^\delta=-\frac{\tau_0}{\rho} \tag{5-38}$$

方程等号左端第二项可改写成：

$$\int_0^\delta\left(\frac{\partial(uv)}{\partial y}-u\frac{\partial v}{\partial y}\right)\mathrm{d}y=\left.uv\right|_0^\delta+\int_0^\delta u\frac{\partial u}{\partial x}\mathrm{d}y$$

$$
\begin{aligned}
&= u_e\int_0^\delta \frac{\partial v}{\partial y}dy + \int_0^\delta u\frac{\partial u}{\partial x}dy \\
&= -u_e\int_0^\delta \frac{\partial u}{\partial x}dy + \int_0^\delta u\frac{\partial u}{\partial x}dy
\end{aligned} \tag{5-39}
$$

将上述关系式代入式 (5-37)，得

$$
\int_0^\delta \left(u\frac{\partial u}{\partial x} - u_e\frac{\partial u}{\partial x} + u\frac{\partial u}{\partial x} + u_e\frac{\mathrm{d}u_e}{\mathrm{d}x}\right)\mathrm{d}y = -\frac{\tau_0}{\rho} \tag{5-40}
$$

其中，$u_e\dfrac{\partial u}{\partial x} = \dfrac{\partial(uu_e)}{\partial x} - u\dfrac{\mathrm{d}u_e}{\mathrm{d}x}$，代入上式得

$$
\int_0^\delta \left[\frac{\partial(uu)}{\partial x} - \frac{\partial(uu_e)}{\partial x} + u\frac{\mathrm{d}u_e}{\mathrm{d}x} + u_e\frac{\mathrm{d}u_e}{\mathrm{d}x}\right]\mathrm{d}y = -\frac{\tau_0}{\rho} \tag{5-41}
$$

$$
\int_0^\delta \frac{\partial}{\partial x}u_e^2\frac{u}{u_e}\left(1-\frac{u}{u_e}\right)\mathrm{d}y + \int_0^\delta \frac{\mathrm{d}u_e}{\mathrm{d}x}u_e\left(1-\frac{u}{u_e}\right)\mathrm{d}y = \frac{\tau_0}{\rho} \tag{5-42}
$$

考虑到边界层流量排挤厚度及动量损失厚度的表达式，有

$$
\frac{\mathrm{d}}{\mathrm{d}x}(u_e^2\delta_2) + u_e\delta_1\frac{\mathrm{d}u_e}{\mathrm{d}x} = \frac{\tau_0}{\rho} \tag{5-43}
$$

上式即为动量积分方程，既适用于层流边界层，又适用于紊流边界层。

5.4.2　边界层能量积分方程

Wieghardt(1948) 采用类似于建立边界层动量积分方程的积分法，将边界层运动方程乘以 u，然后积分得到边界层的能量积分方程，即

$$
\frac{\mathrm{d}}{\mathrm{d}x}(u_e^3\delta_3) = 2\nu\int_0^\infty \left(\frac{\partial u}{\partial y}\right)^2\mathrm{d}y \tag{5-44}
$$

§5.5　边界层分离与绕流阻力

5.5.1　边界层分离

在自然界和工程实践中，我们经常会遇到边界层分离 (separation of boundary layer) 现象，流体经过钝头物体后，在其后面会形成旋涡，这种现象就是边界层分离现象。

下面以圆柱绕流为例来分析边界层分离现象，如图 5-4 所示。当流体流到滞点 A 处，压强最大，流速为零，但在较高压强作用下，流体由此分道向圆柱体两侧流动，并由于圆柱面的阻滞作用形成边界层。从 A 点起向下游到达 B 点以前，由于圆柱面的弯曲使流体挤压，流速沿程增加，在 AB 段边界层内的流体处于加速减压状态，即

$$\frac{\partial u}{\partial x} > 0, \quad \frac{\partial p}{\partial x} < 0 \tag{5-45}$$

压能转变为动能。到 B 点压强减至最小，流速增至最大。再往下游，流速沿程减小，压强沿程增大，流体处于减速增压状态，即

$$\frac{\partial u}{\partial x} < 0, \quad \frac{\partial p}{\partial x} > 0 \tag{5-46}$$

动能一部分克服摩擦阻力，一部分转变为压能，至 S 点动能减小至零而停止前进。S 点以下，没有动能转变为压能，主流只好离开曲面，下游流体随即填充主流所空出的区域，形成旋涡。这就是边界层分离现象。S 点称为分离点，SD 为分离线。

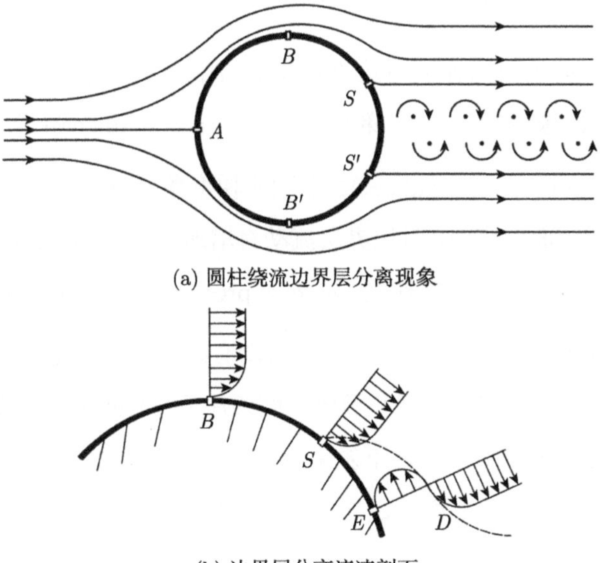

(a) 圆柱绕流边界层分离现象

(b) 边界层分离流速剖面

图 5-4 边界层分离示意图

边界层开始与固体边界分离的点，称为分离点，即边界处流速等于零的点。分离点的位置与物体形状、表面粗糙度及流动状态有密切关系，如图 5-5 所示。边界

层分离常常伴随着旋涡的产生和能量损失，增加了流动的阻力，因此边界层分离是一很重要的流动现象。

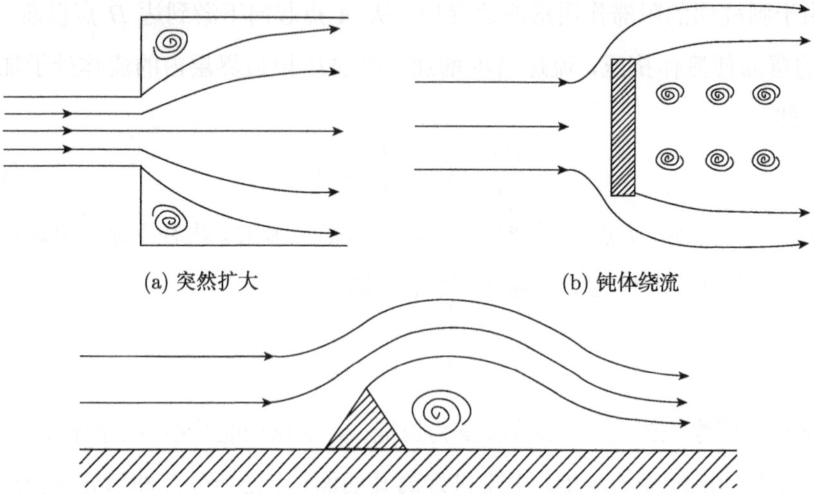

(a) 突然扩大　　(b) 钝体绕流

(c) 表面不平整突体

图 5-5　其他形状物体的边界层分离现象

考察沿流动方向的压力梯度对边界层流动的影响。若沿流动方向的压力梯度等于零，即 $\dfrac{\mathrm{d}p}{\mathrm{d}x}=0$，则称之为零压梯度 (zero pressure gradient)；若 $\dfrac{\mathrm{d}p}{\mathrm{d}x}<0$，则为顺压梯度 (favourite pressure gradient)。在顺压梯度条件下，沿边界层流动方向的作用力有助于克服壁面切应力，对边界层流动有增速作用，从而削弱了边界层厚度的增长率；若 $\dfrac{\mathrm{d}p}{\mathrm{d}x}>0$，则为逆压梯度 (adverse pressure gradient)。在逆压梯度条件下，沿边界层流动反方向的作用力对边界层流动有减速作用，从而增强了边界层厚度的增长率。黏性流体在零压梯度和顺压梯度条件下，不可能出现边界层分离，因此边界层分离只能在逆压梯度条件下发生。

边界层中切应力分布的特性为越靠近壁面，切应力越大，在边界层外缘切应力趋于零。

5.5.2　绕流阻力

绕流阻力 (drag around body) 由两部分组成，即摩擦阻力 (friction drag) 和形状阻力 (form drag)。

摩擦阻力可表示成:

$$F_f = C_f A \frac{\rho V_\infty^2}{2} \tag{5-47}$$

式中，C_f 为摩擦阻力系数；A 为绕流物体的投影面积，如圆柱绕流的投影面积为矩形。

形状阻力与绕流物体的形状及放置的方位有关。由于作用于绕流物体表面的压强分布不对称，在流动方向产生压差，亦称压差阻力。形状阻力可表示成:

$$F_p = C_p A \frac{\rho V_\infty^2}{2} \tag{5-48}$$

式中，C_p 为形状阻力系数。

因此，物体绕流的总阻力可表示成:

$$F_d = C_d A \frac{\rho V_\infty^2}{2} \tag{5-49}$$

式中，C_d 为绕流阻力系数。显然，有

$$C_d = C_f + C_p \tag{5-50}$$

绕流阻力系数 C_d 与雷诺数 Re 的关系如图 5-6 所示。当 Re 很小 ($Re < 0.5$)

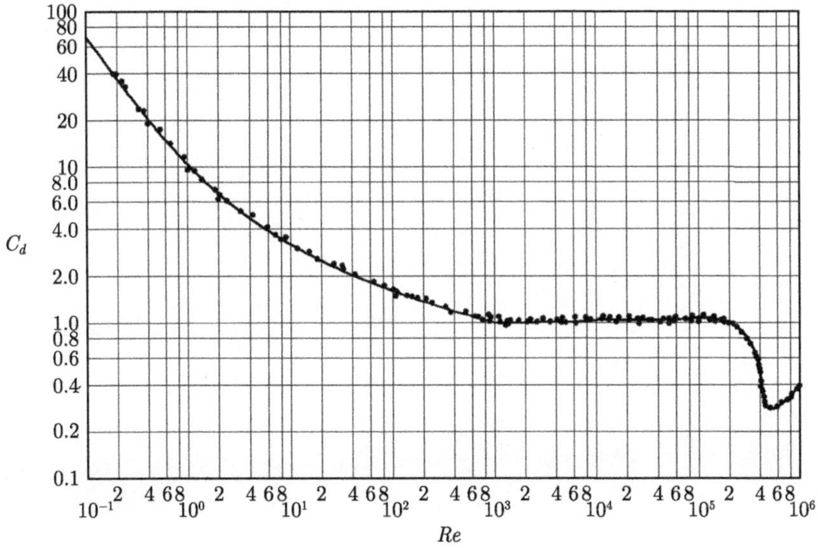

图 5-6 阻力系数与雷诺数的关系

时，即层流边界层状态，流动属于蠕动流，绕流阻力仅有摩擦阻力，没有旋涡，C_d 与 Re 成反比；当 Re 再增大 ($Re < 2 \times 10^3$)，绕流阻力由摩擦阻力和形状阻力两部分组成，会发生尾流现象；当 Re 增至 3×10^4 时，绕流阻力几乎与 Re 无关；当 Re 增至 2×10^5 时，C_d 突然下降，这是因为圆柱表面的层流边界层开始转捩为紊流边界层。

边界层分离是物体产生形状阻力的根本原因。减小物体在运动过程中阻力的措施为延缓或消除边界层分离现象，关键是降低逆压梯度，可将物体设计成流线型或在物体表面开孔把高压区流体吸入物体内，使边界层紧贴物体不致分离。

第6章　势流理论

§6.1　势流基本概念

6.1.1　势流与速度势

在流体微团运动分析中，流体微团的运动可以分解为平移、旋转和变形，其中旋转可用微团的旋转角速度表示，即

$$\omega_x = \frac{1}{2}\left(\frac{\partial w}{\partial y} - \frac{\partial v}{\partial z}\right) \tag{6-1}$$

$$\omega_y = \frac{1}{2}\left(\frac{\partial u}{\partial z} - \frac{\partial w}{\partial x}\right) \tag{6-2}$$

$$\omega_z = \frac{1}{2}\left(\frac{\partial v}{\partial x} - \frac{\partial u}{\partial y}\right) \tag{6-3}$$

当 $\overrightarrow{\omega} = \omega_x \overrightarrow{i} + \omega_y \overrightarrow{j} + \omega_z \overrightarrow{k} = 0$ 时，即无旋流动，流场必存在下列关系：

$$\frac{\partial w}{\partial y} = \frac{\partial v}{\partial z}, \quad \frac{\partial u}{\partial z} = \frac{\partial w}{\partial x}, \quad \frac{\partial v}{\partial x} = \frac{\partial u}{\partial y} \tag{6-4}$$

由高等数学知，当三个函数 $u(x, y, z, t)$，$v(x, y, z, t)$，$w(x, y, z, t)$ 满足上面的关系时，则必存在另一个函数 $\varphi(x, y, z, t)$，它与三个函数 $u(x, y, z, t)$，$v(x, y, z, t)$，$w(x, y, z, t)$ 之间的关系必为

$$\frac{\partial \varphi}{\partial x} = u \tag{6-5}$$

$$\frac{\partial \varphi}{\partial y} = v \tag{6-6}$$

$$\frac{\partial \varphi}{\partial z} = w \tag{6-7}$$

这个函数 $\varphi(x, y, z, t)$ 称为势函数，由于 φ 的偏导数与速度有关，故称之为速度势函数，简称速度势 (velocity potential)。因此，这种无旋流动又称为有势流动，简称势流 (potential flow)。

由式 (6-5)~式 (6-7) 可以看出，当流动为有势时，则流体力学问题会得到很大简化，不必去求解三个未知函数 u, v, w，只要求一个未知函数 φ 就行了。求得 φ 后，简单微分后就可求得速度分布，再应用 Bernoulli 方程不难求得流场的压力分布 p。

速度势的全微分可写成：

$$\mathrm{d}\varphi = \frac{\partial \varphi}{\partial x}\mathrm{d}x + \frac{\partial \varphi}{\partial y}\mathrm{d}y \tag{6-8}$$

由边界层理论知，在物体绕流问题中，除了紧贴物体表面的边界层外，整个外流区可认为是有势的，其黏性力远小于惯性力，流体可看作理想流体。因此，势流的研究具有重要的实际意义。

6.1.2　流函数

势函数可以直接描述一个流场，有着明确的物理概念。除势函数外，还可用别的函数来描述流场，而且比势函数有更直观的物理和几何概念，这就是流函数 (stream function)。因为在求解流场时需要求解流动的图谱，简称流谱，因此研究流谱，首先需要研究流线，对于在 x-y 平面上的二维流动 (平面流动)，其流线方程为

$$\frac{\mathrm{d}x}{u} = \frac{\mathrm{d}y}{v} \tag{6-9}$$

上式可写成：

$$u\mathrm{d}y - v\mathrm{d}x = 0 \tag{6-10}$$

上面的方程可否积分？若方程左边是某一函数 ψ 的全微分，则可积分：

$$\mathrm{d}\psi = u\mathrm{d}y - v\mathrm{d}x \tag{6-11}$$

另外，根据全微分的定义，ψ 有

$$\mathrm{d}\psi = \frac{\partial \psi}{\partial x}\mathrm{d}x + \frac{\partial \psi}{\partial y}\mathrm{d}y \tag{6-12}$$

比较式 (6-11)、式 (6-12) 得

$$u = \frac{\partial \psi}{\partial y} \tag{6-13}$$

$$v=-\frac{\partial\psi}{\partial x} \tag{6-14}$$

ψ 就是所要寻求的流函数，在分析流动时，只要知道 ψ，就可画出流谱，如图 6-1 所示。

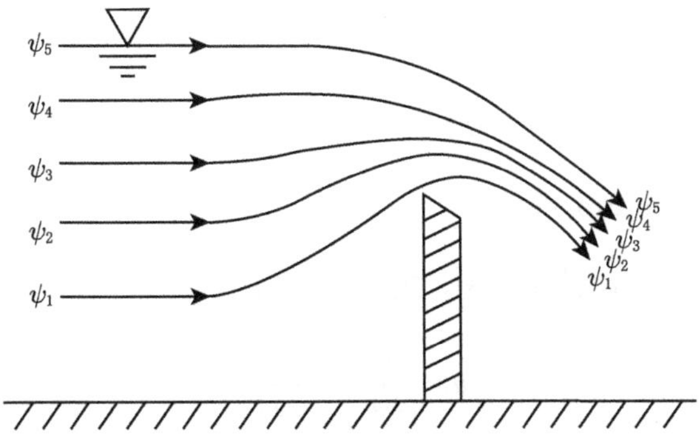

图 6-1 薄壁堰流谱

6.1.3 Laplace 方程

1. φ 满足 Laplace 方程

将平面流动情形速度势与速度的关系式 (6-5)、式 (6-6) 代入平面流动的连续性方程可得

$$\frac{\partial^2\varphi}{\partial x^2}+\frac{\partial^2\varphi}{\partial y^2}=0 \tag{6-15}$$

上式即为 Laplace 方程，显然，速度势是一个调和函数。式 (6-15) 还可写成

$$\nabla^2\varphi=0 \tag{6-16}$$

式中，∇^2 为 Laplace 算子。

2. ψ 满足 Laplace 方程

由平面流动的无旋条件知，

$$\omega_z=\frac{1}{2}\left(\frac{\partial v}{\partial x}-\frac{\partial u}{\partial y}\right)=0 \tag{6-17}$$

将流函数与速度的关系式 (6.13)、式 (6.14) 代入上式得

$$\frac{\partial^2\psi}{\partial x^2}+\frac{\partial^2\psi}{\partial y^2}=0 \tag{6-18}$$

或

$$\nabla^2\psi=0 \tag{6-19}$$

显然，流函数 ψ 也满足 Laplace 方程。

6.1.4　Cauchy-Riemann 条件

由式 (6-6)、式 (6-7)、式 (6-13)、式 (6-14) 得

$$u=\frac{\partial\varphi}{\partial x}=\frac{\partial\psi}{\partial y} \tag{6-20}$$

$$v=\frac{\partial\varphi}{\partial y}=-\frac{\partial\psi}{\partial x} \tag{6-21}$$

这是一对非常重要的关系式，表明流函数与速度势为共轭函数，在高等数学中称为 Cauchy-Riemann 条件。

6.1.5　流函数 ψ 与速度势 φ 的基本性质

(1) 流函数 ψ 值相等点的连线就是流线，如图 6-2 所示，其数学表达式为

$$\mathrm{d}\psi=0 \tag{6-22}$$

(2) 两点流函数值之差等于过此两点连线的流量，即

$$\mathrm{d}Q=\mathrm{d}\psi\rightarrow Q=\psi_1-\psi_2 \tag{6-23}$$

(3) φ 值相等点的连线称为等势线，有

$$\mathrm{d}\varphi=0 \tag{6-24}$$

(4) 流线与等势线正交，其数学表达式为

$$\nabla\psi\cdot\nabla\varphi=0 \tag{6-25}$$

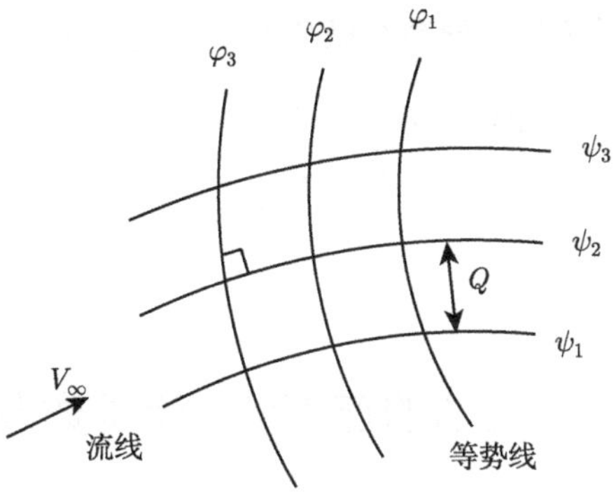

图 6-2 流线与等势线

6.1.6 复势

复变函数理论是研究势流问题的一种有效手段，在流体力学中占有重要的地位。复变函数之所以能被用来求解势流问题，是由于势流中的速度势 $\varphi(x, y)$ 和流函数 $\psi(x, y)$ 的偏导数之间满足 Cauchy-Riemann 条件，即

$$\frac{\partial\varphi}{\partial x}=\frac{\partial\psi}{\partial y} \tag{6-26}$$

$$\frac{\partial\varphi}{\partial y}=-\frac{\partial\psi}{\partial x} \tag{6-27}$$

速度势 $\varphi(x, y)$ 和流函数 $\psi(x, y)$ 分别满足 Laplace 方程，两者为共轭调和函数。由复变函数知，互为共轭调和函数的组合

$$\varphi(x, y)+\mathrm{i}\psi(x, y)$$

必定是复变量

$$z=x+\mathrm{i}\,y$$

的解析函数 $W(z)$，即

$$W(z)=\varphi(x, y)+\mathrm{i}\psi(x, y) \tag{6-28}$$

我们称解析函数 $W(z)$ 为复势 (complex potential)。上式表明，势流问题完全可用一个解析函数来描述，只要把势函数作为实部，流函数作为虚部即可。因此，用复变函数来描述势流场是再理想不过了。

由复变函数知，解析函数的导数与微分方向无关，即

$$\frac{\mathrm{d}W}{\mathrm{d}z}=\frac{\partial\varphi}{\partial x}+\mathrm{i}\frac{\partial\psi}{\partial x}=u-\mathrm{i}v \tag{6-29}$$

式中，$\frac{\mathrm{d}W}{\mathrm{d}z}$ 称为复速度。

§6.2　简单流动的速度势、流函数及复势

6.2.1　均匀流

如图 6-3 所示均匀流 (uniform flow)，在整个流场中速度为 $\vec{V}_\infty$，与 x 轴的夹角为 α，相应的速度分量为

$$\begin{aligned}u&=V_\infty\cos\alpha\\ v&=V_\infty\sin\alpha\end{aligned} \tag{6-30}$$

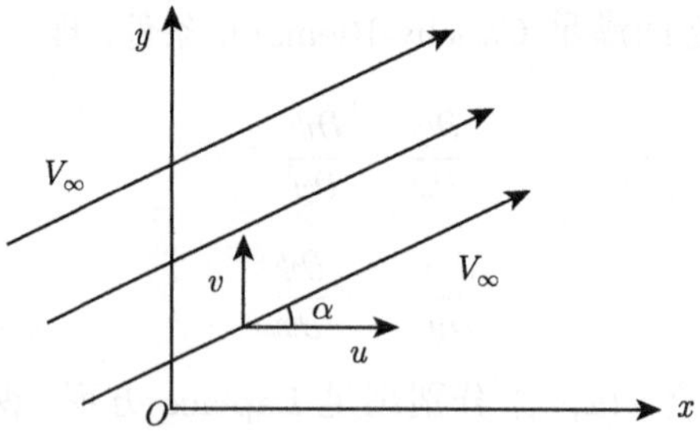

图 6-3　均匀流

由速度势与速度的关系知

$$u=\frac{\partial\varphi}{\partial x}=V_\infty\cos\alpha \tag{6-31}$$

$$v=\frac{\partial\varphi}{\partial y}=V_\infty\sin\alpha \tag{6-32}$$

将其代入速度势的全微分得

$$\mathrm{d}\varphi=\frac{\partial\varphi}{\partial x}\mathrm{d}x+\frac{\partial\varphi}{\partial y}\mathrm{d}y=V_\infty\cos\alpha\,\mathrm{d}x+V_\infty\sin\alpha\,\mathrm{d}y \tag{6-33}$$

对式 (6-33) 积分得

$$\varphi=xV_\infty\cos\alpha+yV_\infty\sin\alpha+C_1 \tag{6-34}$$

由流函数与速度的关系知

$$u=\frac{\partial\psi}{\partial y}=V_\infty\cos\alpha \tag{6-35}$$

$$v=-\frac{\partial\psi}{\partial x}=V_\infty\sin\alpha \tag{6-36}$$

将其代入流函数的全微分得

$$\mathrm{d}\psi=\frac{\partial\psi}{\partial x}\mathrm{d}x+\frac{\partial\psi}{\partial y}\mathrm{d}y=-V_\infty\sin\alpha\,\mathrm{d}x+V_\infty\cos\alpha\,\mathrm{d}y \tag{6-37}$$

积分上式得

$$\psi=-xV_\infty\sin\alpha+yV_\infty\cos\alpha+C_2 \tag{6-38}$$

式中的积分常数可任意选取，令通过原点的流函数及速度势为零，则 $C_1=C_2=0$，因此均匀流的速度势和流函数可表示成：

$$\varphi=xV_\infty\cos\alpha+yV_\infty\sin\alpha \tag{6-39}$$

$$\psi=-xV_\infty\sin\alpha+yV_\infty\cos\alpha \tag{6-40}$$

相应的复势为

$$\begin{aligned}W(z)&=\varphi(x,\,y)+\mathrm{i}\psi(x,\,y)\\&=(xV_\infty\cos\alpha+yV_\infty\sin\alpha)+\mathrm{i}(-xV_\infty\sin\alpha+yV_\infty\cos\alpha)\\&=V_\infty(\cos\alpha-\mathrm{i}\sin\alpha)(x+\mathrm{i}y)=V_\infty z\mathrm{e}^{-\mathrm{i}\alpha}\end{aligned} \tag{6-41}$$

因此，均匀流的复势为

$$W(z)=V_\infty z\mathrm{e}^{-\mathrm{i}\alpha} \tag{6-42}$$

6.2.2 点源与点汇

所谓点源 (point source)，指流体向周围做辐射状流动，如喷泉、泉眼等；所谓点汇 (point sink)，指周围流体汇聚于一点的流动，如雨水口、水井等。

为方便起见，取极坐标系 (r,θ)，将点源的中心放在坐标原点 O，如图 6-4 所示。

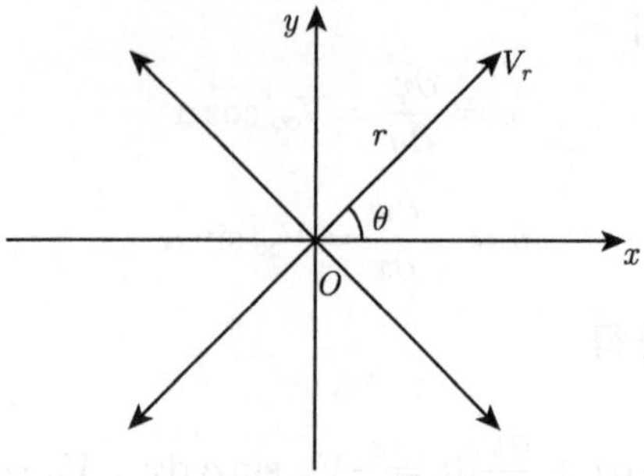

图 6-4　点源

设点源的速度势为 $\varphi(r,\theta)$，其径向速度、切向速度分别为

$$V_r=\frac{\partial\varphi}{\partial r} \tag{6-43}$$

$$V_\theta=\frac{1}{r}\frac{\partial\varphi}{\partial\theta}=0 \tag{6-44}$$

由于切向速度为零，可将径向速度写成全导数：

$$\mathrm{d}\varphi=V_r\mathrm{d}r \tag{6-45}$$

设通过单位高度、半径为 r 的圆柱面的流量为 Q，即

$$Q=2\pi rV_r \tag{6-46}$$

流量 Q 称为点源的强度。由上式可得径向速度：

$$V_r=\frac{Q}{2\pi r} \tag{6-47}$$

将其代入式 (6-46)，得

$$\mathrm{d}\varphi=\frac{Q}{2\pi r}\mathrm{d}r \tag{6-48}$$

积分得

$$\varphi=\frac{Q}{2\pi}\ln r \tag{6-49}$$

由此可见，等势线为一族同心圆，如图 6-5 所示。

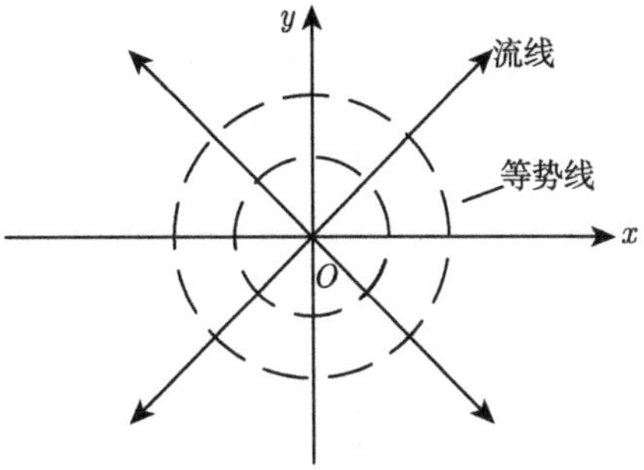

图 6-5 点源等势线与流线

设点源的流函数为 $\psi(r,\ \theta)$，其径向速度和切向速度分别为

$$V_r = \frac{1}{r}\frac{\partial \psi}{\partial \theta} \tag{6-50}$$

$$V_\theta = -\frac{\partial \psi}{\partial r} = 0 \tag{6-51}$$

类似地，可求得点源的流函数为

$$\psi = \frac{Q}{2\pi}\theta \tag{6-52}$$

显然，流线为一族由原点发出的射线，如图 6-5 所示。那么，点源的复势可表示成：

$$W(z) = \varphi + \mathrm{i}\psi = \frac{Q}{2\pi}(\ln r + \mathrm{i}\theta) \tag{6-53}$$

其中

$$\ln r + \mathrm{i}\theta = \ln r\mathrm{e}^{\mathrm{i}\theta} = \ln z$$

因此，点源的复势为

$$W(z) = \frac{Q}{2\pi}\ln z \tag{6-54}$$

若在上面的推导中给 V_r 以负号 (指向原点的流动)，如图 6-6 所示，即可得点汇的速度势与流函数为

$$\varphi = -\frac{Q}{2\pi}\ln r \tag{6-55}$$

$$\psi = -\frac{Q}{2\pi}\theta \tag{6-56}$$

同理，可得点汇的复势为

$$W(z) = -\frac{Q}{2\pi}\ln z \tag{6-57}$$

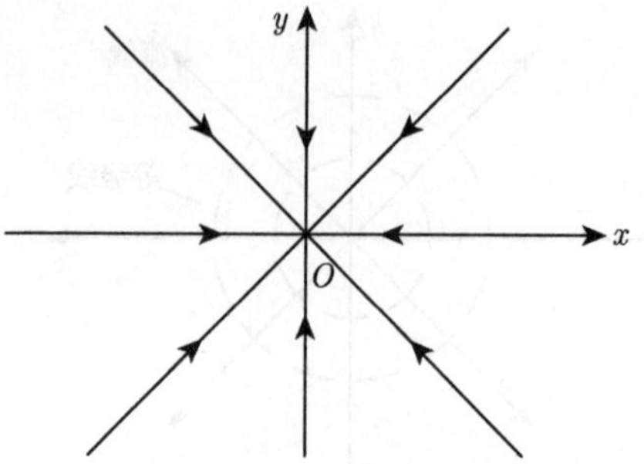

图 6-6　点汇

6.2.3　偶极子

如果把强度相等的点源与点汇无限靠近，其源汇强度趋于无穷大时的流动称为偶极子 (doublet)。设在坐标原点放置一个强度为 Q 的点汇，而在 $x=-\delta$ 处放置一个相同强度的点源，如图 6-7 所示，则流场中任意点 $P(x,\ y)$ 处的速度势将是点源与点汇速度势之和，即

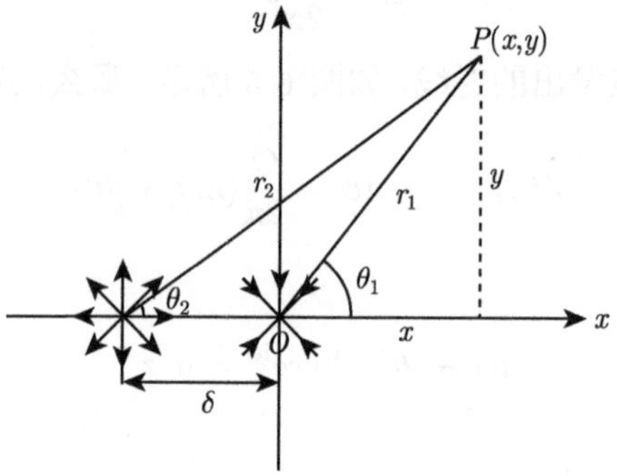

图 6-7　偶极子的定义

$$\varphi=\frac{Q}{2\pi}\ln r_2-\frac{Q}{2\pi}\ln r_1 \tag{6-58}$$

式中，r_1, r_2 分别为点汇与点源至 $P(x,\ y)$ 点的径向距离。

考虑到 $r_1=\sqrt{x^2+y^2}$，$r_2=\sqrt{(x+\delta)^2+y^2}$, 代入式 (6-58)，得

$$\varphi=\frac{Q}{2\pi}\left[\ln\sqrt{(x+\delta)^2+y^2}-\ln\sqrt{x^2+y^2}\right]$$

$$= \frac{Q\delta}{4\pi}\left\{\frac{\ln\left[(x+\delta)^2+y^2\right]-\ln(x^2+y^2)}{\delta}\right\} \tag{6-59}$$

对上式取极限，有

$$\lim_{\delta\to 0} Q\delta = m \tag{6-60}$$

式中，m 为偶极子的强度。由偏导数的定义知

$$\lim_{\delta\to 0}\frac{\ln\left[(x+\delta)^2+y^2\right]-\ln(x^2+y^2)}{\delta} = \frac{\partial}{\partial x}\ln(x^2+y^2) = \frac{2x}{x^2+y^2} \tag{6-61}$$

因此，偶极子的速度势可表示成：

$$\varphi = \frac{m}{2\pi}\frac{x}{x^2+y^2} \tag{6-62}$$

对于偶极子的流函数，我们有

$$\begin{aligned}\psi &= \frac{Q}{2\pi}\theta_2 - \frac{Q}{2\pi}\theta_1 = \frac{Q}{2\pi}\left[\arctan\left(\frac{y}{x+\delta}\right) - \arctan\left(\frac{y}{x}\right)\right] \\ &= \frac{Q\delta}{2\pi}\left[\frac{\arctan\left(\frac{y}{x+\delta}\right) - \arctan\left(\frac{y}{x}\right)}{\delta}\right]\end{aligned} \tag{6-63}$$

对上式取极限，由偏导数的定义知

$$\lim_{\delta\to 0}\frac{\arctan\left(\frac{y}{x+\delta}\right) - \arctan\left(\frac{y}{x}\right)}{\delta} = \frac{\partial}{\partial x}\arctan\left(\frac{y}{x}\right) = -\frac{y}{x^2+y^2} \tag{6-64}$$

因此，偶极子的流函数为

$$\psi = -\frac{m}{2\pi}\frac{y}{x^2+y^2} \tag{6-65}$$

由上式可知，偶极子的流线为一族公切圆，如图 6-8 所示。

由速度势和流函数可得偶极子的复势为

$$W(z) = \varphi + \mathrm{i}\psi = \frac{m}{2\pi}\frac{x-\mathrm{i}y}{x^2+y^2} = \frac{m}{2\pi}\frac{x-\mathrm{i}y}{x^2-(\mathrm{i}y)^2} = \frac{m}{2\pi}\frac{1}{x+\mathrm{i}y} = \frac{m}{2\pi}\frac{1}{z} \tag{6-66}$$

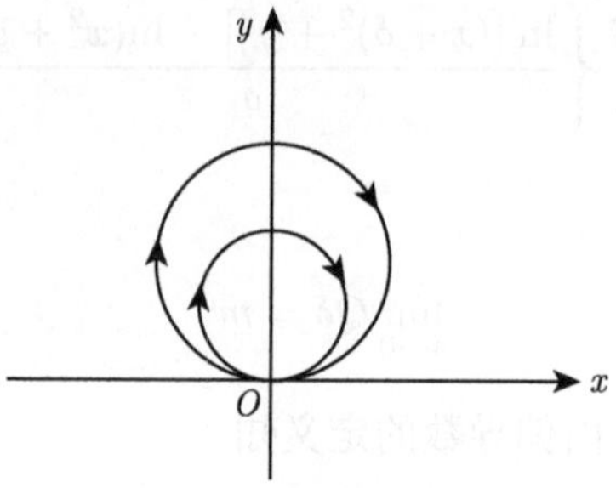

图 6-8　偶极子的流线

因此，有

$$W(z)=\frac{m}{2\pi}\frac{1}{z} \tag{6-67}$$

约定沿负 x 轴方向为偶极子的正向。应当指出，偶极子是一种假想的流动模型，在自然界中是不存在的，但由于它是势流问题的一种简单解，我们可以把它作为一个奇点 (singularity) 求解各种实际流动问题。

对于任意方向 (与 x 轴成 α 角)、任意点 z_0 处的偶极子，其复势可写成：

$$W(z)=\frac{m}{2\pi}\frac{\mathrm{e}^{\mathrm{i}\alpha}}{z-z_0} \tag{6-68}$$

6.2.4　点涡

旋涡，如龙卷风、台风等，在平面上可看作点涡 (point vortex)，因不受外部边界的影响，又称为自由涡。点涡流动的流线是一族同心圆，如图 6-9 所示，沿圆周上只有切向速度 V_θ，而无径向速度 V_r。

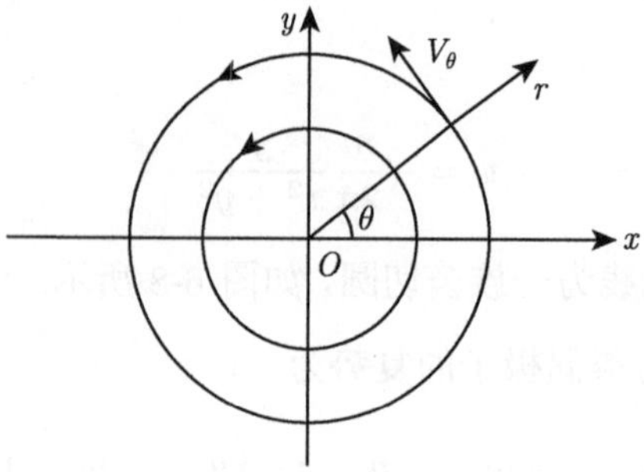

图 6-9　点涡

由高等数学中 Stokes 公式知，沿流场中任意封闭曲线的积分就等于旋涡的环量，即点涡强度：

$$\varGamma = 2\pi r V_\theta \tag{6-69}$$

因此，点涡的速度场为

$$\begin{aligned} V_r &= 0 \\ V_\theta &= \frac{\varGamma}{2\pi r} \end{aligned} \tag{6-70}$$

在极坐标系中，切向速度与速度势的关系为

$$V_\theta = \frac{1}{r}\frac{\partial \varphi}{\partial \theta} = \frac{\varGamma}{2\pi r} \tag{6-71}$$

由于速度势 φ 与 r 无关，因此式 (6-71) 可写成全导数，即

$$\mathrm{d}\varphi = \frac{\varGamma}{2\pi}\mathrm{d}\theta \tag{6-72}$$

积分后得

$$\varphi = \frac{\varGamma}{2\pi}\theta \tag{6-73}$$

另外，极坐标系中切向速度与流函数的关系为

$$V_\theta = -\frac{\partial \psi}{\partial r} = \frac{\varGamma}{2\pi r} \tag{6-74}$$

对上式积分得

$$\psi = -\frac{\varGamma}{2\pi}\ln r \tag{6-75}$$

点涡的复势可表示成：

$$W(z) = \varphi + \mathrm{i}\psi = \frac{\varGamma}{2\pi}(\theta - \mathrm{i}\ln r) \tag{6-76}$$

式中，$\theta - \mathrm{i}\ln r = -\mathrm{i}(\mathrm{i}\theta + \ln r) = -\mathrm{i}\ln z$，代入上式得

$$W(z) = -\frac{\mathrm{i}\varGamma}{2\pi}\ln z \tag{6-77}$$

点涡的方向规定为沿逆时针方向为正。

6.2.5 拐角绕流

拐角绕流 (flow around corner) 的复势可表示成:

$$W(z)=Az^n=Ar^n\mathrm{e}^{\mathrm{i}n\theta}=Ar^n\cos n\theta+\mathrm{i}Ar^n\sin n\theta \tag{6-78}$$

式中，A 为实数；n 为正实数，且 $n\geqslant 1/2$。式 (6-78) 中速度势和流函数分别为

$$\varphi=Ar^n\cos n\theta \tag{6-79}$$

$$\psi=Ar^n\sin n\theta \tag{6-80}$$

当 $n>1$ 时，为角内绕流，可分为锐角、直角和钝角绕流，如图 6-10 所示。

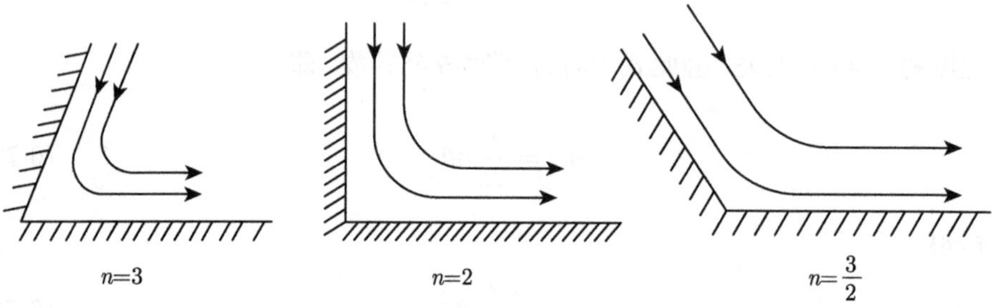

图 6-10　角内绕流

当 $n<1$ 时，为角外绕流，如图 6-11 所示。

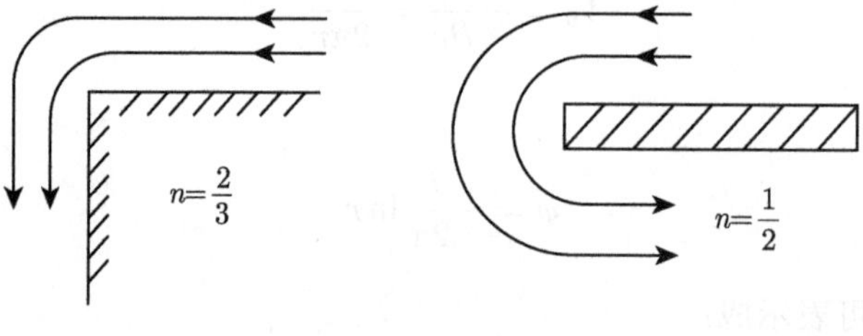

图 6-11　角外绕流

当 n=1 时，沿直线流动，如图 6-12 所示。

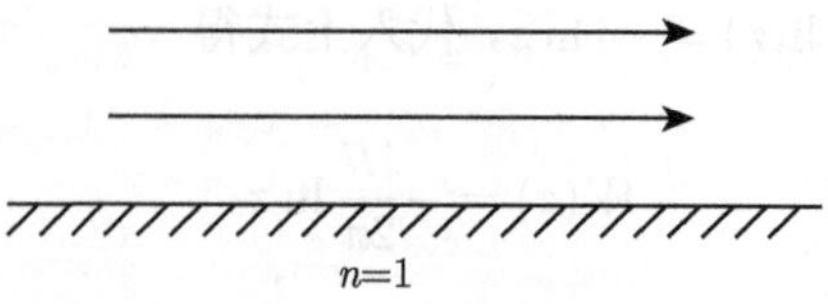

图 6-12　直线流动

§6.3 组合流动的速度势、流函数及复势

由复变函数知，解析函数的解具有可叠加性，即任意两个或两个以上的解析函数的线性组合仍为解析函数。因此，任意两个或两个以上复势的线性组合仍然代表某一种流动的复势。正是由于复势的这种可叠加性，可利用简单流动的复势进行线性组合以求解复杂流动的复势。这种方法又称为奇点叠加法，这种简单流动又称为奇点 (singularity)。

6.3.1 无环量圆柱绕流

今在原点放置一个强度为 m 的偶极子 (指向为负 x 轴方向)，再叠加一个沿 x 轴方向的均匀流，如图 6-13 所示。

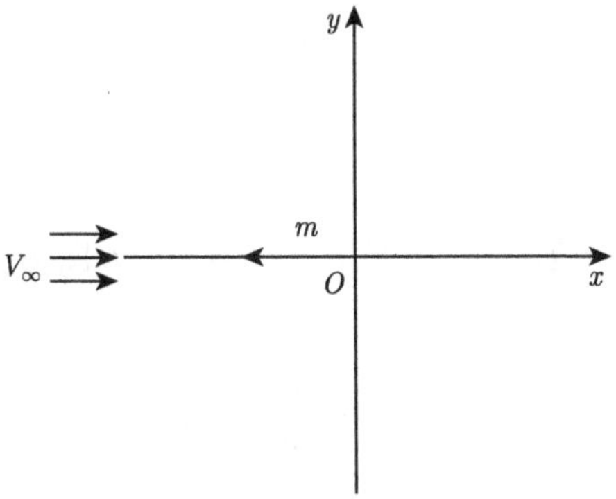

图 6-13 均匀流与偶极子的组合流动

此组合流动的复势为

$$\begin{aligned} W(z) &= V_\infty z + \frac{m}{2\pi}\frac{1}{z} = V_\infty r\mathrm{e}^{\mathrm{i}\theta} + \frac{m}{2\pi}\frac{1}{r}\mathrm{e}^{-\mathrm{i}\theta} \\ &= \left(V_\infty r\cos\theta + \frac{m}{2\pi r}\cos\theta\right) + \mathrm{i}\left(V_\infty r\sin\theta - \frac{m}{2\pi r}\sin\theta\right) \end{aligned} \tag{6-81}$$

其速度势和流函数分别为

$$\varphi = V_\infty r\cos\theta + \frac{m}{2\pi r}\cos\theta \tag{6-82}$$

$$\psi = V_\infty r\sin\theta - \frac{m}{2\pi r}\sin\theta \tag{6-83}$$

令 $\psi=0$，即固体边界，可得组合流动的形状为圆柱绕流，如图 6-14 所示。

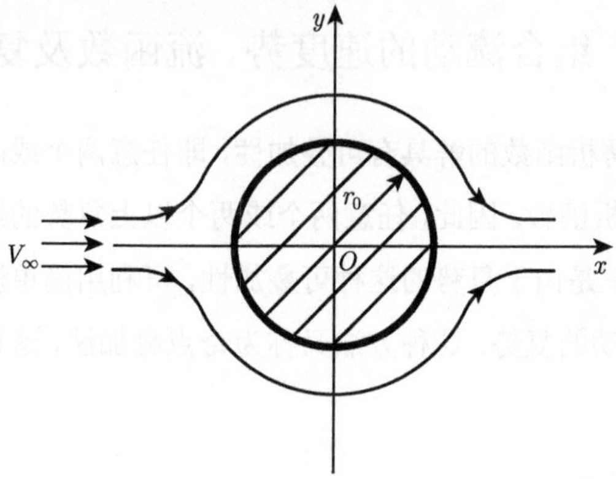

图 6-14　无环量圆柱绕流

另外，设圆柱的半径为 r_0，偶极子的强度可表示成：

$$m=2\pi V_\infty r_0^2 \tag{6-84}$$

6.3.2　有环量圆柱绕流

如果在无环量圆柱绕流的原点再放置一个点涡，如图 6-15 所示，则组合流动的复势可表示成：

$$W(z)=V_\infty z+\frac{m}{2\pi}\frac{1}{z}-\frac{\mathrm{i}\Gamma}{2\pi}\ln z \tag{6-85}$$

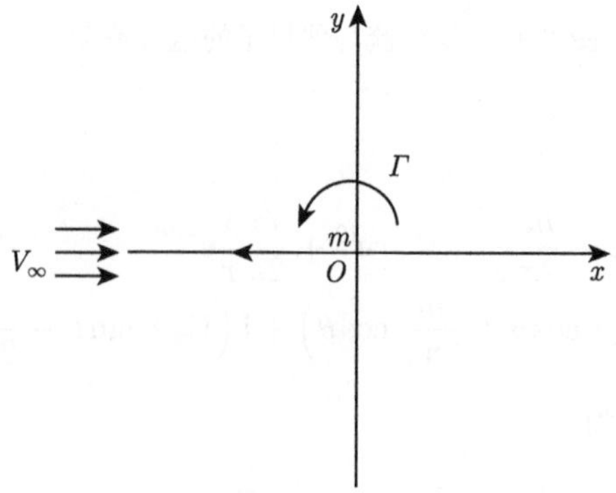

图 6-15　有环量圆柱绕流

其速度势和流函数为

$$\varphi = V_\infty r\cos\theta + \frac{m}{2\pi r}\cos\theta + \frac{\Gamma}{2\pi}\theta \tag{6-86}$$

$$\psi = V_\infty r\,\sin\theta - \frac{m}{2\pi r}\sin\theta - \frac{\Gamma}{2\pi}\ln r \tag{6-87}$$

令 $\psi = 0$，可知其组合流动代表有环量的圆柱绕流。

6.3.3 半体绕流

将均匀流与点源叠加，如图 6-16 所示，其组合流动的复势为

$$\begin{aligned}W(z) &= V_\infty z + \frac{Q}{2\pi}\ln z = V_\infty r\mathrm{e}^{\mathrm{i}\theta} + \frac{Q}{2\pi}\ln r\mathrm{e}^{\mathrm{i}\theta}\\ &= V_\infty r(\cos\theta + \mathrm{i}\sin\theta) + \frac{Q}{2\pi}(\ln r + \mathrm{i}\theta)\\ &= \left(V_\infty r\cos\theta + \frac{Q}{2\pi}\ln r\right) + \mathrm{i}\left(V_\infty r\sin\theta + \frac{Q}{2\pi}\theta\right)\end{aligned} \tag{6-88}$$

其组合流动的速度势和流函数分别为

$$\varphi = V_\infty r\cos\theta + \frac{Q}{2\pi}\ln r \tag{6-89}$$

$$\psi = V_\infty r\sin\theta + \frac{Q}{2\pi}\theta \tag{6-90}$$

令 $\psi = 0$，可得其组合流动为半体 (halfbody) 绕流 (图 6-17)，如桥墩、闸墩的前部。

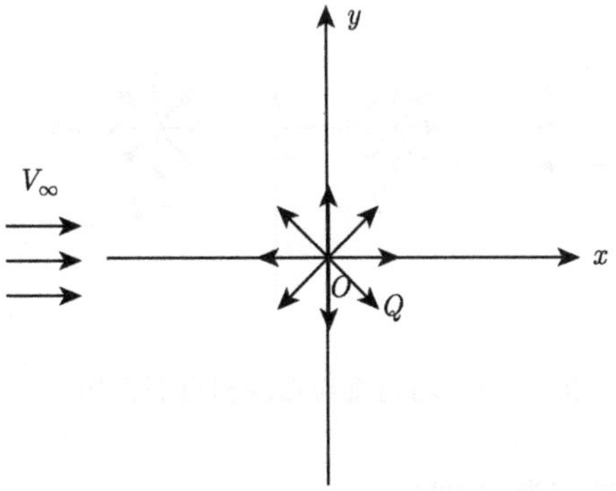

图 6-16 均匀流与点源叠加

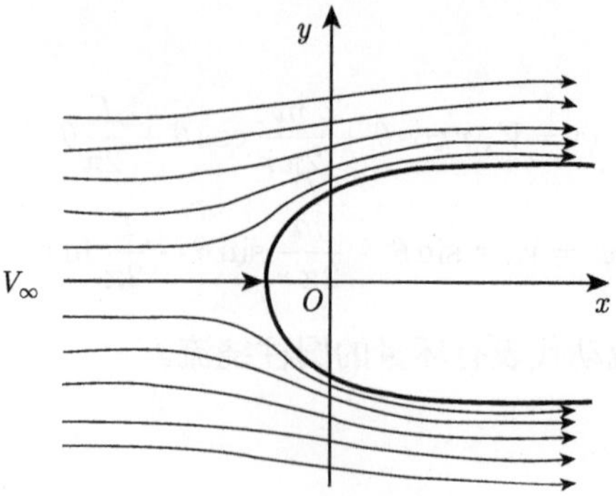

图 6-17　半体绕流

6.3.4　卵形体绕流

若将均匀流与点源和点汇叠加 (图 6-18)，其组合流动的复势为

$$\begin{aligned}W(z) &= V_\infty z + \frac{Q}{2\pi}\ln z_1 - \frac{Q}{2\pi}\ln z_2 \\ &= V_\infty r\mathrm{e}^{\mathrm{i}\theta} + \frac{Q}{2\pi}\ln r_1\mathrm{e}^{\mathrm{i}\theta_1} - \frac{Q}{2\pi}\ln r_2\mathrm{e}^{\mathrm{i}\theta_2} \\ &= V_\infty r(\cos\theta + \mathrm{i}\sin\theta) + \frac{Q}{2\pi}(\ln r_1 + \mathrm{i}\theta_1) - \frac{Q}{2\pi}(\ln r_2 + \mathrm{i}\theta_2) \\ &= \left(V_\infty r\cos\theta + \frac{Q}{2\pi}\ln\frac{r_1}{r_2}\right) + \mathrm{i}\left[V_\infty r\sin\theta + \frac{Q}{2\pi}(\theta_1 - \theta_2)\right]\end{aligned} \tag{6-91}$$

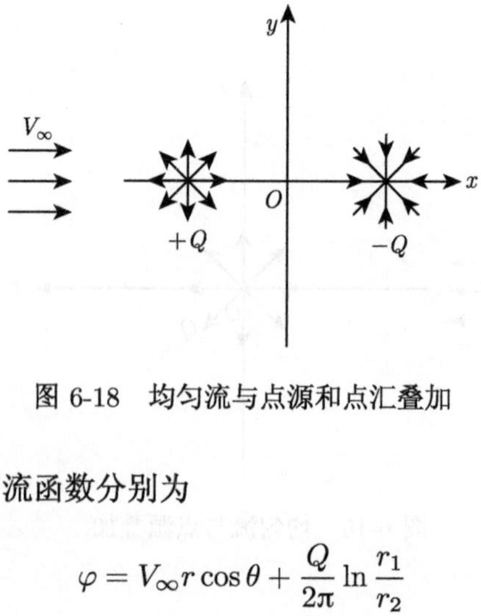

图 6-18　均匀流与点源和点汇叠加

其组合流动的速度势和流函数分别为

$$\varphi = V_\infty r\cos\theta + \frac{Q}{2\pi}\ln\frac{r_1}{r_2} \tag{6-92}$$

$$\psi = V_\infty r\sin\theta + \frac{Q}{2\pi}(\theta_1 - \theta_2) \tag{6-93}$$

式中，r, r_1, r_2 和 θ, θ_1, θ_2 分别为流场中任一点距原点、点源、点汇的极距、极角。

令 $\psi = 0$，可得其组合流动为卵形体 (oval body) 绕流，如图 6-19 所示。

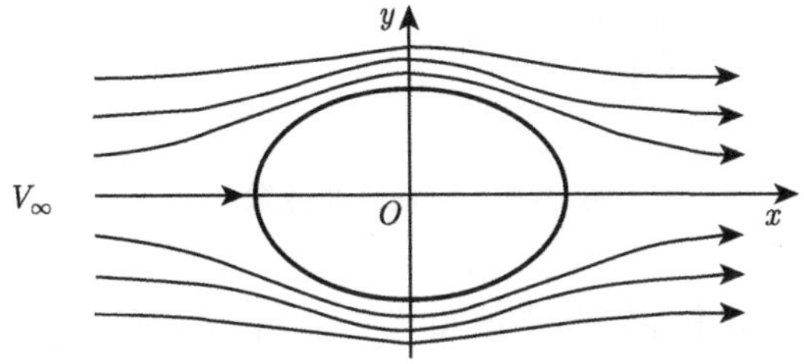

图 6-19 卵形体绕流

§6.4 平面镜像与圆柱面镜像

6.4.1 平面镜像

平面镜像定理 1 若在 $y > 0$ 的域中存在若干点源、点涡、偶极子等奇点，其复势为 $f(z)$，则在流场中插入 $y = 0$(x 轴) 的平面壁后，在 $y > 0$ 域中的复势为

$$W(z) = f(z) + \bar{f}(\bar{z}) \tag{6-94}$$

式中，$\bar{f}(\bar{z})$ 为像原复势 $f(z)$ 的镜像复势，共轭复变量 $\bar{z} = x - \mathrm{i}y$。

例如，如图 6-20 所示 $y > 0$ 的域中，在 z_j 点处有一点源 Q、在 z_k 点处有一点涡 Γ、在 z_l 点处有一偶极子 m，其复势 $f(z)$ 为

$$f(z) = \frac{Q}{2\pi}\ln(z - z_j) + \frac{\mathrm{i}\Gamma}{2\pi}\ln(z - z_k) - \frac{m}{2\pi}\frac{\mathrm{e}^{\mathrm{i}\alpha}}{z - z_l} \tag{6-95}$$

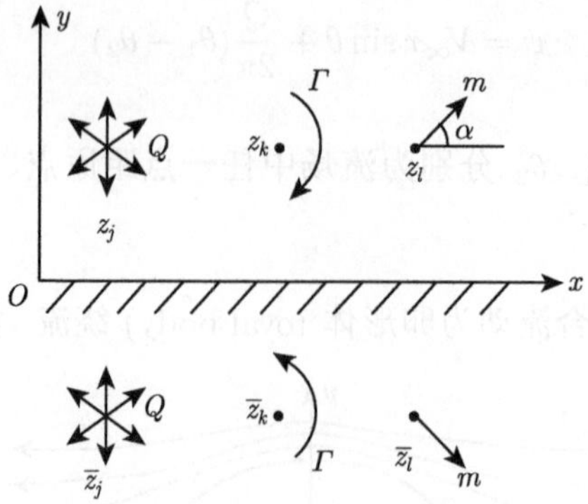

图 6-20　x 轴平面镜像

若 $y=0$ 为平面壁，则由平面镜像定理知，在 $y>0$ 域中的复势为

$$W(z)=f(z)+\bar{f}(\bar{z}) \tag{6-96}$$

其中镜像复势为

$$\bar{f}(\bar{z})=\frac{Q}{2\pi}\ln(z-\bar{z}_j)-\frac{\mathrm{i}\Gamma}{2\pi}\ln(z-\bar{z}_k)-\frac{m}{2\pi}\frac{\mathrm{e}^{-\mathrm{i}\alpha}}{z-\bar{z}_l} \tag{6-97}$$

平面镜像定理 2　若在 $x>0$ 的域中存在若干点源、点涡、偶极子等奇点，其复势为 $f(z)$，则在流场中插入 $x=0$(y 轴) 的平面壁后，在 $x>0$ 域中的复势为

$$W(z)=f(z)+\bar{f}(-\bar{z}) \tag{6-98}$$

式中，$\bar{f}(-\bar{z})$ 为像原复势 $f(z)$ 的镜像复势。

例如，如图 6-21 所示 $x>0$ 的域中，在 z_j 点处有一点源 Q、在 z_k 点处有一点涡 Γ、在 z_l 点处有一偶极子 m，其复势 $f(z)$ 为

$$f(z)=\frac{Q}{2\pi}\ln(z-z_j)-\frac{\mathrm{i}\Gamma}{2\pi}\ln(z-z_k)-\frac{m}{2\pi}\frac{\mathrm{e}^{\mathrm{i}\alpha}}{z-z_l} \tag{6-99}$$

若 $x=0$ 为平面壁，则由平面镜像定理知，在 $x>0$ 域中的复势为

$$W(z)=f(z)+\bar{f}(-\bar{z}) \tag{6-100}$$

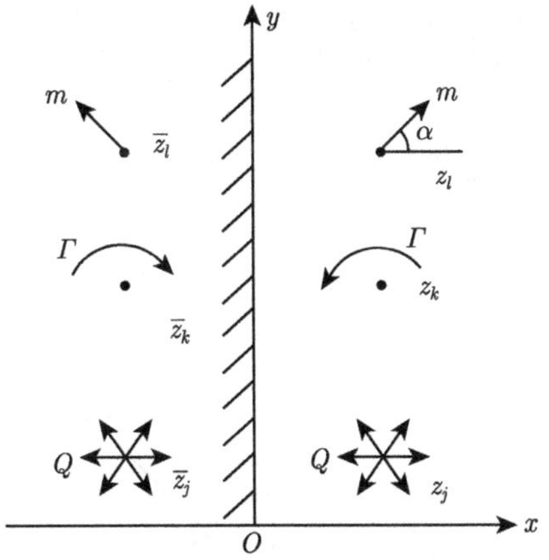

图 6-21 y 轴平面镜像

其中镜像复势为

$$\bar{f}(-\bar{z})=\frac{Q}{2\pi}\ln(-z-\bar{z}_j)+\frac{\mathrm{i}\Gamma}{2\pi}\ln(-z-\bar{z}_k)+\frac{m}{2\pi}\frac{\mathrm{e}^{-\mathrm{i}\alpha}}{-z-\bar{z}_l} \tag{6-101}$$

6.4.2 圆柱面镜像

圆柱面镜像定理 令 $f(z)$ 为没有圆边界时无界流场中的复势，且在 $|z|\leqslant r_0$ (r_0 为圆的半径) 中没有奇点，若在流场中插入 $|z|=r_0$ 的不动圆柱面，则圆柱面外的复势应为

$$W(z)=f(z)+\bar{f}\left(\frac{r_0^2}{\bar{z}}\right) \tag{6-102}$$

式中，$\bar{f}\left(\frac{r_0^2}{\bar{z}}\right)$ 为像原复势 $f(z)$ 的镜像复势。

例 6-1 如图 6-22 所示，在 $|z|=r_0$ 的圆外 $z=z_0$ 处有一点涡 Γ，求圆外复势。

解 已知圆外点涡复势为

$$f(z)=-\frac{\mathrm{i}\Gamma}{2\pi}\ln(z-z_0)$$

其镜像复势为

$$\bar{f}\left(\frac{r_0^2}{\bar{z}}\right)=\frac{\mathrm{i}\Gamma}{2\pi}\ln\left(\frac{r_0^2}{z}-\bar{z}_0\right)=\frac{\mathrm{i}\Gamma}{2\pi}\ln\left[-\frac{\bar{z}_0}{z}\left(z-\frac{r_0^2}{\bar{z}_0}\right)\right]$$

$$= \frac{\mathrm{i}\Gamma}{2\pi}\ln\frac{1}{z} + \frac{\mathrm{i}\Gamma}{2\pi}\ln(-\bar{z}_0) + \frac{\mathrm{i}\Gamma}{2\pi}\ln\left(z - \frac{r_0^2}{\bar{z}_0}\right)$$

$$= -\frac{\mathrm{i}\Gamma}{2\pi}\ln z + \frac{\mathrm{i}\Gamma}{2\pi}\ln\left(z - \frac{r_0^2}{\bar{z}_0}\right) + \mathrm{const}$$

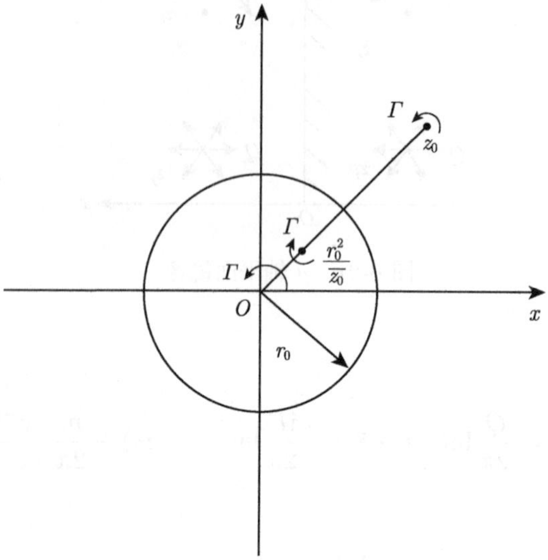

图 6-22　圆柱面镜像

因此，圆外复势为

$$W(z) = f(z) + \bar{f}\left(\frac{r_0^2}{\bar{z}}\right) = -\frac{\mathrm{i}\Gamma}{2\pi}\ln(z - z_0) - \frac{\mathrm{i}\Gamma}{2\pi}\ln z + \frac{\mathrm{i}\Gamma}{2\pi}\ln\left(z - \frac{r_0^2}{\bar{z}_0}\right) + \mathrm{const}$$

上式表明，在无界流场中插入圆柱面后其圆外复势在圆内存在两个镜像复势，一个位于圆心处，另一个则位于半径为 $r_0^2/\bar{z}_0$ 处。

§6.5　势流问题的保角变换法

前面我们对于特定形状物体的绕流问题，采用奇点叠加法直接求复势。但是除这些形状的绕流问题之外，即使对于简单边界形状 (如多边形槽道) 的复势，求解也是很困难的。因此，对于许多问题我们采用间接方法来求复势，即借助函数的变换，把某一待求的复势转化为一已知复势。常用的就是保角变换 (conformal transformation) 法或叫保角映射 (conformal mapping) 法，这种方法建立在复变函数基础上。

6.5.1 保角变换的基本思想

保角变换的基本思想可概括为以下几步：

(1) 通过一个解析变换 $z=f(\zeta)$，把物理平面 $z(z=x+\mathrm{i}\,y)$ 上比较复杂的物面边界变成辅助平面 $\zeta(\zeta=\xi+\mathrm{i}\eta)$ 上的简单形状的边界，如变成直线、圆柱等，使 z 平面上的流动区域变为 ζ 平面的上半平面、圆外区域等，如图 6-23 所示。显然，要求解析变换 $z=f(\zeta)$ 在开域内保角，边界上一一对应。

(2) 通过解析变换 $z=f(\zeta)$ 建立物理平面与辅助平面上对应的流动关系，即复势：$W(z)=W(f(\zeta))=W(\zeta)$。

(3) 在辅助平面 ζ 求流动的复势 $W(\zeta)$，通常 ζ 平面上的复势是已知的。

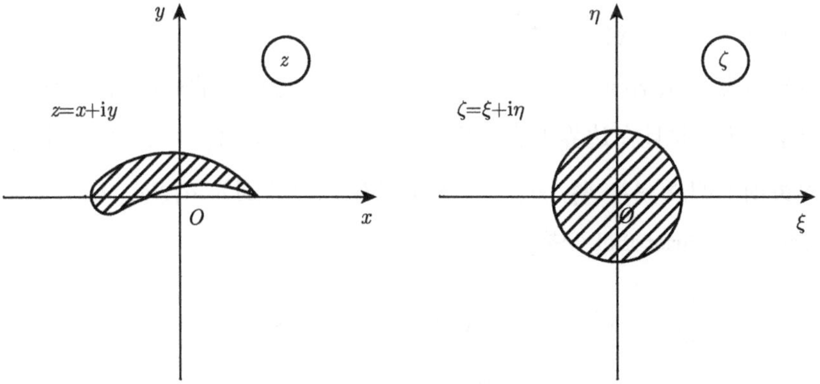

(a) 物理平面　　(b) 辅助平面

图 6-23 物理平面与辅助平面

6.5.2 物理平面与辅助平面上对应的流动关系

z 平面与 ζ 平面之间存在下列变换关系：

(1) 若已知 ζ 平面上的复势 $W(\zeta)$，则 $W(\zeta)=W(f(z))=W(z)$ 必然是 z 平面上的复势。

(2) 若在 z 平面上的复势 $W(z)$ 在 $z=z_i$ 点上有奇点，则在 ζ 平面上的复势

$W(\zeta)$ 在对应点 $\zeta=\zeta_i$ 上也有同样性质的奇点。

(3) 在 ζ 平面上的等势线和流线，对应于 z 平面上仍为等势线和流线。

(4) ζ 平面与 z 平面上的复速度存在下列关系：

$$\frac{\mathrm{d}W(\zeta)}{\mathrm{d}\zeta}=\frac{\mathrm{d}W(\zeta)}{\mathrm{d}z}\frac{\mathrm{d}z}{\mathrm{d}\zeta} \tag{6-103}$$

(5) 在 ζ 平面上的任一条封闭曲线上的速度环量及流量等于 z 平面上相应封闭曲线上的速度环量及流量。

6.5.3 Schwarz-Christoffel 变换

工程实践中，边界往往由多边形组成，若要在物理平面上直接寻求多边形的复势，将是十分困难的。19 世纪中叶，Schwarz 和 Christoffel 提出一种解析变换，可以把多边形变换为直线，把域变换为上半平面。2008 年英国帝国理工学院的 Crowdy 对 Schwarz-Christoffel 变换作了改进，弥补了只能用于不带孔洞的缺陷。

如图 6-24 所示，考察 z 平面上一个多边形，其顶点为 A_1, A_2, $A_3,\cdots,A_n$，相应的内角分别为 $\alpha_1\pi$, $\alpha_2\pi$, $\alpha_3\pi,\cdots$, $\alpha_n\pi$，若将此多边形内的域保角地变换为 ζ 平面上的上半平面，并且在边界上有对应关系：点 A_1, A_2, $A_3,\cdots,A_n$ 分别变换到 ζ 平面上的实轴上的点 A_1^*, A_2^*, $A_3^*,\cdots,A_n^*$，其坐标值分别为 a_1, a_2, $a_3,\cdots,a_n$，则可利用 Schwarz-Christoffel 变换

$$\frac{\mathrm{d}z}{\mathrm{d}\zeta}=C(\zeta-a_1)^{\alpha_1-1}(\zeta-a_2)^{\alpha_2-1}\cdots(\zeta-a_n)^{\alpha_n-1} \tag{6-104}$$

式中，C, a_1, a_2, $a_3,\cdots,a_n$ 为实常数。

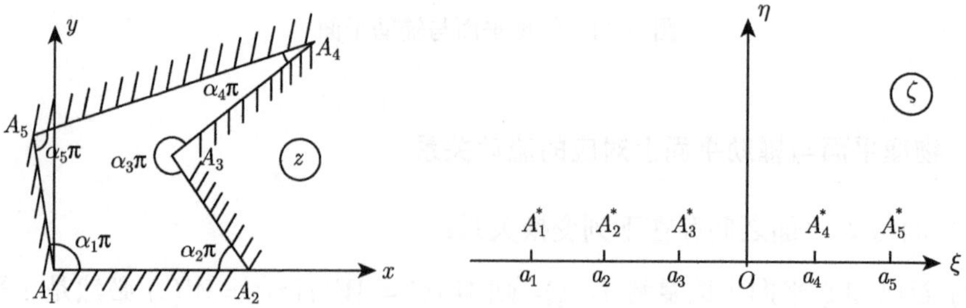

图 6-24　多边形变换

应用 Schwarz-Christoffel 变换时应注意下列规则：

(1) A_1^*, A_2^*, $A_3^*, \cdots, A_n^*$ 与 A_1, A_2, $A_3, \cdots, A_n$ 的对应关系必须符合边界与域的对应关系，如沿边界顺序行进，使域保持在边界左边；

(2) 可任意给定坐标 a_1, a_2, $a_3, \cdots, a_n$ 中的 3 个常数；

(3) 通常将一个点的常数定为 ∞，则含有无穷大的项可取为 1。

例 6-2 求图 6-25 所示流场的复势，在左下角处有一点源。

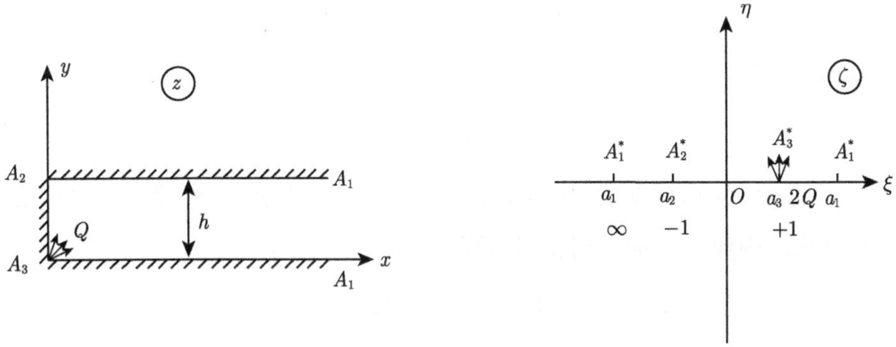

图 6-25 渠道变换

解 应用 Schwarz-Christoffel 变换将 z 平面上的多边形变换为直线。

按规则，坐标常数 a_n 中有 3 个可以任意给定，可给定 $a_1=\infty$, $a_2=-1$, $a_3=1$，这里取 -1 和 1 是为了积分方便。

各对应点的关系如下：

n	α_n	a_n
1	0	∞
2	$\frac{1}{2}$	-1
3	$\frac{1}{2}$	1

于是，Schwarz-Christoffel 变换可写成：

$$\begin{aligned}\frac{\mathrm{d}z}{\mathrm{d}\zeta} &= C(\zeta-a_1)^{\alpha_1-1}(\zeta-a_2)^{\alpha_2-1}\cdots(\zeta-a_n)^{\alpha_n-1} \\ &= C(\zeta+1)^{\frac{1}{2}-1}(\zeta-1)^{\frac{1}{2}-1} = \frac{C}{\sqrt{\zeta^2-1}}\end{aligned}$$

积分得

$$z = C\operatorname{arcch}\zeta + C_1$$

利用 A_2^*, A_3^* 与 A_2, A_3 的边界对应条件确定常数 C, C_1，即

$$z = \mathrm{i}h,\ \zeta = -1; \quad z = 0,\ \zeta = 1$$

代入上式得

$$C = \frac{h}{\pi}, \quad C_1 = 0$$

因此，有解析变换：

$$z = \frac{h}{\pi}\operatorname{arcch}\zeta$$

在 z 平面上 A_3 点有点源 Q，那么在 ζ 平面上 A_3^* 点也应有点源，但其强度为 $2Q$(平面镜像)，因而 ζ 平面上的复势可写成：

$$W(\zeta) = \frac{2Q}{2\pi}\ln(\zeta - 1) = \frac{Q}{\pi}\ln(\zeta - 1)$$

将上面的解析变换代入上式，得

$$W(z) = \frac{Q}{\pi}\ln\left(\operatorname{ch}\frac{z\pi}{h} - 1\right)$$

上式即为所求渠道流场的复势。

§6.6　茹可夫斯基变换与翼型绕流

6.6.1　茹可夫斯基变换

茹可夫斯基 (Жуковский)(1906) 变换的基本思想为通过一个解析变换 $z = f(\zeta)$，把物理平面 z 上复杂的物面边界变成辅助平面 ζ 上简单形状的边界。例如，通过这个变换可以把平板变成圆、椭圆变成圆、圆弧变成圆等。问题的关键在于如何找出这样一种解析变换。茹可夫斯基变换就具有这种性质，通过它可以把复杂的机翼绕流问题变为简单的圆柱绕流问题，如图 6-26 所示。茹可夫斯基变换的数学表达式

$$z = \frac{1}{2}\left(\zeta + \frac{b^2}{\zeta}\right) \tag{6-105}$$

式中，b 为实常数。式 (6-105) 的反函数为

$$\zeta = z \pm \sqrt{z^2 - b^2} \tag{6-106}$$

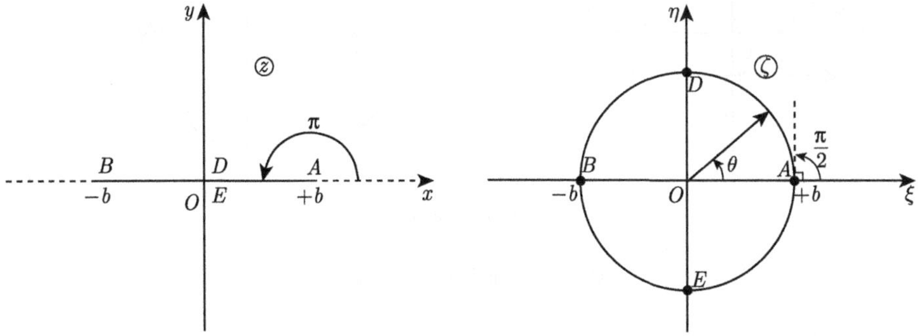

(a) 平板变圆

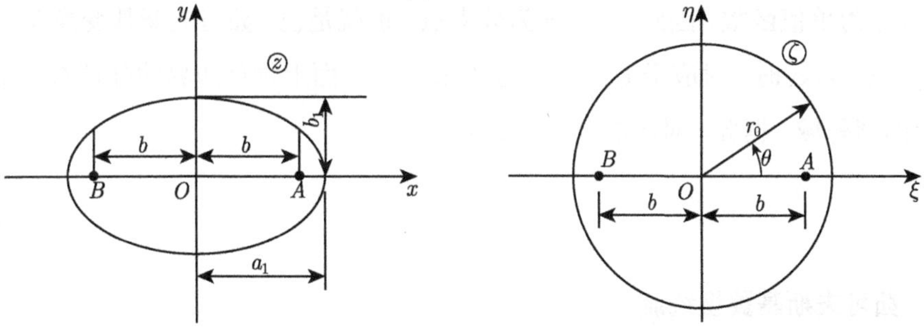

(b) 椭圆变圆

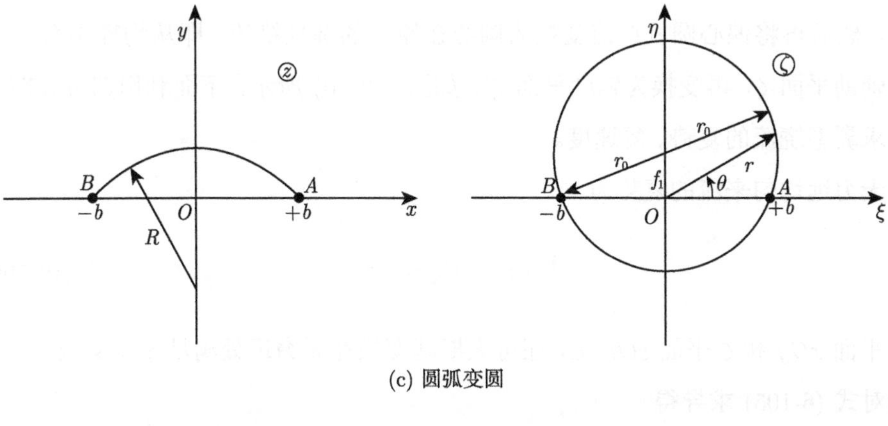

(c) 圆弧变圆

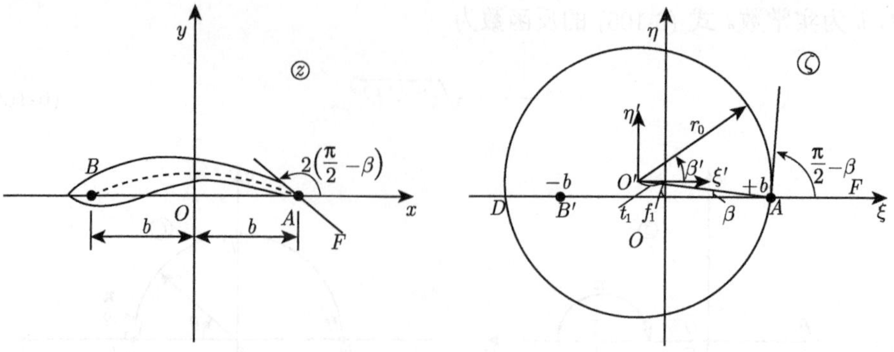

(d) 翼型变圆

图 6-26　茹可夫斯基变换

显然，ζ 为多值函数，即 z 平面上的一个点对应于 ζ 平面上的两个点，但是在 $z=\pm b$ 的点上，ζ 为单值函数，因此 $z=\pm b$ 为分支点，也就是说，茹可夫斯基变换存在分支点。当 $z\to\infty$ 时，对应于 $\zeta\to\infty$，这意味着 z 平面上物体边界的外域对应于 ζ 平面上的圆外域。据此，对应的分支函数应为

$$\zeta = z + \sqrt{z^2 - b^2} \tag{6-107}$$

6.6.2　茹可夫斯基翼型绕流

茹可夫斯基翼型 (airfoil) 绕流的基本思想为：首先将翼型绕流变换为偏心圆柱绕流，然后再将偏心圆柱绕流变换为圆心在原点的圆柱绕流，即从物理平面 z 变换为辅助平面 ζ，再变换为辅助平面 ζ'，如图 6-26(d) 所示。下面利用茹可夫斯基变换求翼型绕流的复势、复速度。

无穷远均匀来流的复势为

$$W(z) = V_\infty z \mathrm{e}^{-\mathrm{i}\alpha} \tag{6-108}$$

在 z 平面 xOy 和 ζ 平面 $\xi O\eta$ 上，茹可夫斯基变换在无穷远处满足 $z=\infty$，$\zeta=\infty$，在此对式 (6-105) 求导得

$$\left(\frac{\mathrm{d}z}{\mathrm{d}\zeta}\right)_{\zeta=\infty} = \frac{1}{2}\left(1-\frac{b^2}{\zeta^2}\right)_{\zeta=\infty} = \frac{1}{2} \tag{6-109}$$

在 z 平面上，无穷远处均匀流的复速度为

$$\left(\frac{\mathrm{d}W}{\mathrm{d}z}\right)_{z=\infty} = V_\infty \mathrm{e}^{-\mathrm{i}\alpha} \tag{6-110}$$

在 ζ 平面上，同理可写出无穷远处均匀流的复速度，并考虑到式 (6-109)、式 (6-110) 得

$$\left(\frac{\mathrm{d}W}{\mathrm{d}\zeta}\right)_{\zeta=\infty} = \left(\frac{\mathrm{d}W}{\mathrm{d}z}\cdot\frac{\mathrm{d}z}{\mathrm{d}\zeta}\right)_{\zeta=\infty} = \frac{1}{2}V_\infty \mathrm{e}^{-\mathrm{i}\alpha} \tag{6-111}$$

这样就把 z 平面上无穷远来流的翼型绕流问题变换为 ζ 平面上的偏心圆柱绕流问题，如图 6-27 所示。

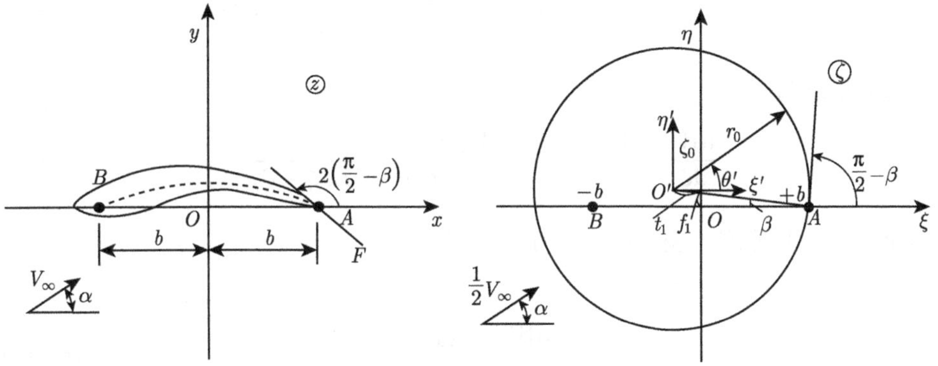

图 6-27 物理平面上翼型绕流变换为辅助平面上圆柱绕流

由 §6.3 知，对于圆心在原点的圆柱绕流问题，易于写出其组合流动的复势。如今对于偏心圆柱绕流问题，可通过平移变换将其变换为圆心在原点的圆柱绕流问题。今以圆心 ζ_0 为原点作 ζ' 平面 $\xi'O'\eta'$，如图 6-27 所示。取坐标轴平移变换如下：

$$\zeta = \zeta' + \zeta_0 \tag{6-112}$$

在 $\zeta' = \infty$ 处对式 (6-112) 求导得

$$\left(\frac{\mathrm{d}\zeta}{\mathrm{d}\zeta'}\right)_{\zeta'=\infty} = 1 \tag{6-113}$$

在 ζ' 平面上，无穷远处均匀流的复速度为

$$\left(\frac{\mathrm{d}W}{\mathrm{d}\zeta'}\right)_{\zeta'=\infty} = \left(\frac{\mathrm{d}W}{\mathrm{d}\zeta}\cdot\frac{\mathrm{d}\zeta}{\mathrm{d}\zeta'}\right)_{\zeta'=\infty} = \frac{1}{2}V_\infty \mathrm{e}^{-\mathrm{i}\alpha} \tag{6-114}$$

如此就将 ζ 平面上无穷远来流的偏心圆柱绕流问题变换为 ζ' 平面上无穷远来流的圆心在原点的圆柱绕流问题。由 §6.3 知，在 ζ' 平面上无穷远来流的圆心在原点的圆柱绕流的复势可写作

$$W(\zeta')=\frac{1}{2}V_\infty\zeta'\mathrm{e}^{-\mathrm{i}\alpha}+\frac{m}{2\pi}\frac{\mathrm{e}^{\mathrm{i}\alpha}}{\zeta'}-\frac{\mathrm{i}\Gamma}{2\pi}\ln\zeta' \tag{6-115}$$

以坐标轴平移变换表达式 (6-112)、偶极子强度 m 的表达式 (6-84) 代入上式可得 ζ 平面上的复势

$$W(\zeta)=\frac{1}{2}V_\infty(\zeta-\zeta_0)\mathrm{e}^{-\mathrm{i}\alpha}+\frac{V_\infty r_0^2\mathrm{e}^{\mathrm{i}\alpha}}{\zeta-\zeta_0}-\frac{\mathrm{i}\Gamma}{2\pi}\ln(\zeta-\zeta_0) \tag{6-116}$$

相应的复速度为

$$\frac{\mathrm{d}W}{\mathrm{d}\zeta}=\frac{1}{2}V_\infty\mathrm{e}^{-\mathrm{i}\alpha}-\frac{V_\infty r_0^2\mathrm{e}^{\mathrm{i}\alpha}}{(\zeta-\zeta_0)^2}-\frac{\mathrm{i}\Gamma}{2\pi}\frac{1}{\zeta-\zeta_0} \tag{6-117}$$

在 z 平面上的复速度可表示成 ζ 的函数，即

$$\frac{\mathrm{d}W}{\mathrm{d}z}=\frac{\dfrac{\mathrm{d}W}{\mathrm{d}\zeta}}{\dfrac{\mathrm{d}z}{\mathrm{d}\zeta}} \tag{6-118}$$

对茹可夫斯基变换式 (6-105) 求导得

$$\frac{\mathrm{d}z}{\mathrm{d}\zeta}=\frac{1}{2}\left(1-\frac{b^2}{\zeta^2}\right) \tag{6-119}$$

将式 (6-117)、式 (6-119) 代入式 (6-118) 得

$$\frac{\mathrm{d}W}{\mathrm{d}z}=\frac{\dfrac{1}{2}V_\infty\mathrm{e}^{-\mathrm{i}\alpha}-\dfrac{V_\infty r_0^2\mathrm{e}^{\mathrm{i}\alpha}}{(\zeta-\zeta_0)^2}-\dfrac{\mathrm{i}\Gamma}{2\pi}\dfrac{1}{\zeta-\zeta_0}}{\dfrac{1}{2}\left(1-\dfrac{b^2}{\zeta^2}\right)} \tag{6-120}$$

将茹可夫斯基变换反函数表达式 (6-107) 分别代入式 (6-116)、式 (6-120), 即可求得 z 平面上 (即翼型绕流) 的复势和复速度。z 平面上无穷远均匀来流的翼型绕流经茹可夫斯基变换为 ζ 平面上的偏心圆柱绕流, 如图 6-28 所示。

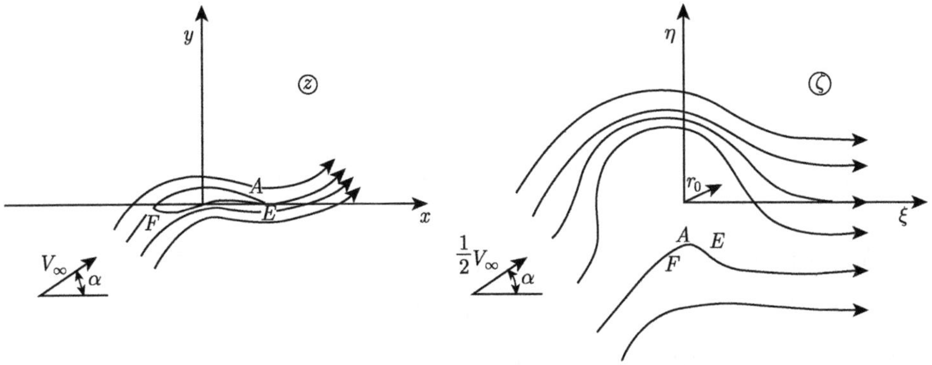

图 6-28 茹可夫斯基翼型绕流与圆柱绕流

$\Gamma < 0$, $|\Gamma| = 2\pi V_\infty r_0$

第 7 章　旋涡运动理论

旋涡 (vortex) 是工程中和自然界常见的一种流体运动现象。在一些工程中设法消除这种现象，而在另一些工程中则充分利用这种现象。在自然界，如台风、龙卷风等，则只能采取一定的防范措施积极应对。

§7.1　基本概念与基本定理

7.1.1　涡量场

涡量 (vorticity) 是流体速度 $\vec{V}$ 的旋度，以 $\vec{\Omega}$ 表示，即

$$\vec{\Omega} = \nabla \times \vec{V} = 2\vec{\omega} \tag{7-1}$$

式中，$\vec{\omega}$ 为旋转角速度。

涡量场的一个重要特性为涡量的散度为零，即

$$\nabla \cdot \vec{\Omega} = 0 \tag{7-2}$$

上式可以看作涡量的连续性方程。

7.1.2　涡线、涡管、涡通量、环量

1. 涡线

若曲线上任一点的切线方向与该点的涡量方向一致，则这条曲线称为涡线 (vortex line)。

涡线方程可表示成：

$$\vec{\Omega} \times \mathrm{d}\vec{r} = 0 \tag{7-3}$$

式中，$\vec{\Omega} = \Omega_x \vec{i} + \Omega_y \vec{j} + \Omega_z \vec{k}$。

在直角坐标系中，涡线方程可写作：

$$\frac{\mathrm{d}x}{\Omega_x}=\frac{\mathrm{d}y}{\Omega_y}=\frac{\mathrm{d}z}{\Omega_z} \tag{7-4}$$

2. 涡管

在涡量场中任取一条封闭曲线, 在同一时刻过该曲线的每一点作涡线形成的管状曲面，称之为涡管 (vortex tube)，如图 7-1 所示。

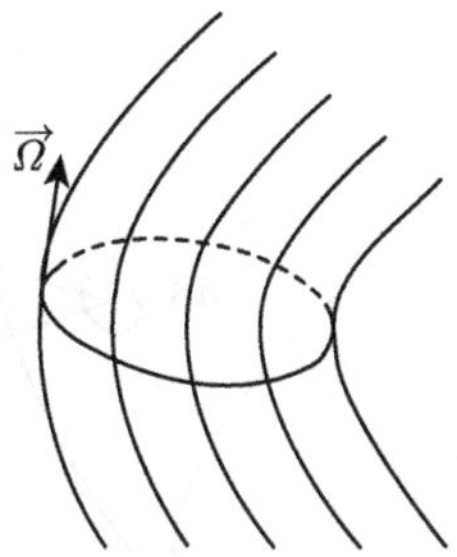

图 7-1 涡管

涡管不能始于流体或终于流体, 只能成为环状或始于边界、终于边界, 如图 7-2 所示。

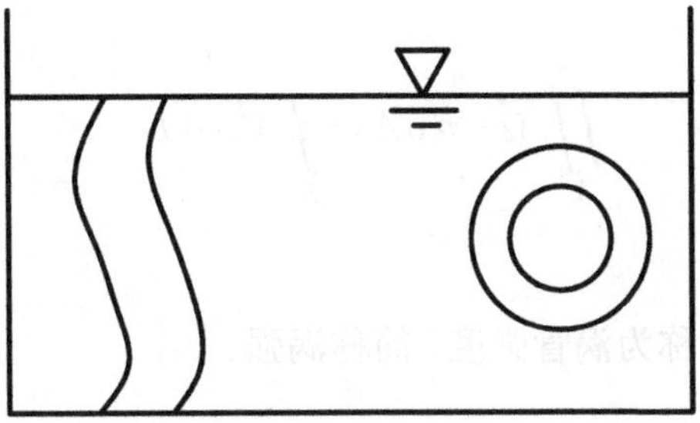

图 7-2 涡管特性

3. 涡通量

涡通量 (vorticity flux) 指通过某一开口曲面的涡量总和，如图 7-3 所示，可表示成

$$J=\iint_A \vec{\Omega}\cdot\vec{n}\,\mathrm{d}A \tag{7-5}$$

4. 速度环量

在流场中任取一封闭曲线 L, 速度沿该封闭曲线的线积分称为速度环量 (velocity circulation), 以 Γ 表示, 即

$$\Gamma = \oint_L \overrightarrow{V} \cdot \mathrm{d}\overrightarrow{L} = \oint_L (u\mathrm{d}x + v\mathrm{d}y + w\mathrm{d}z) \tag{7-6}$$

规定速度环量沿逆时针方向为正。

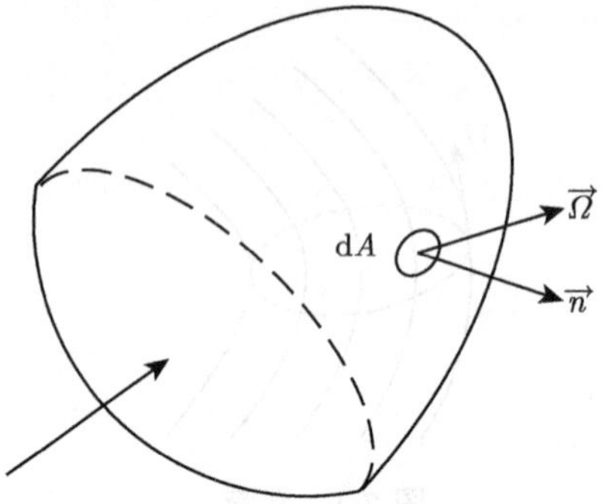

图 7-3　涡通量

5. 涡通量与速度环量之间的关系

由 Stokes 定律知,

$$\iint_A \overrightarrow{\Omega} \cdot \overrightarrow{n}\mathrm{d}A = \oint_L \overrightarrow{V} \cdot \mathrm{d}\overrightarrow{L} \tag{7-7}$$

7.1.3　涡管强度

通过涡管的涡通量称为涡管强度，简称涡强。

7.1.4　正压流体与斜压流体

正压流体 (barotropic fluid)：指流体的密度 ρ 仅是压力 p 的函数，即

$$\rho = f(p) \tag{7-8}$$

斜压流体 (baroclinic fluid)：指流体的密度 ρ 不仅是压力 p 的函数，而且还是其他因子 (如气温 T、海水盐度 S 等) 的函数，即

$$\rho = f(p, T, S, \cdots) \tag{7-9}$$

7.1.5 Kelvin-Thomson 定理

在质量力有势、流场正压 ($\rho=\rho(p)$) 条件下的理想流体的流动中，沿任一条封闭流体线的速度环量不随时间变化或等于此封闭流体线的加速度环量，其数学表达式为

$$\frac{\mathrm{D}\Gamma}{\mathrm{D}t}=0 \quad \text{或} \quad \frac{\mathrm{D}\Gamma}{\mathrm{D}t}=\frac{\mathrm{D}}{\mathrm{D}t}\oint_L \vec{V}\cdot\mathrm{d}\vec{L}=\oint_L \frac{\mathrm{D}\vec{V}}{\mathrm{D}t}\cdot\mathrm{d}\vec{L}=\oint_L \vec{a}\cdot\mathrm{d}\vec{L} \tag{7-10}$$

7.1.6 Lagrange 定理

在质量力有势、流场正压条件下的理想流体的流动中，若流体的某一部分没有涡旋，则该部分流体始终不会有涡旋，其数学表达式为

$$\oint_L \vec{V}\cdot\mathrm{d}\vec{L}=0 \tag{7-11}$$

7.1.7 Helmholtz 定理

Helmholtz 定理即涡线、涡管保持性定理。如果流体是理想的，流场是正压的，且质量力有势，则在某一时刻构成涡线的流体质点，在以后任何时刻仍将构成涡线，并且涡管的强度在运动过程中保持不变，其数学表达式为

$$\Gamma=\oint_L \vec{V}\cdot\mathrm{d}\vec{L}=\text{const} \tag{7-12}$$

§7.2 涡量输运方程

7.2.1 不可压缩黏性流体的涡量输运方程

流体质点加速度可写成：

$$\vec{a}=\frac{\partial\vec{V}}{\partial t}+\left(\vec{V}\cdot\nabla\right)\vec{V}=\frac{\partial\vec{V}}{\partial t}+\nabla\left(\frac{V^2}{2}\right)-\vec{V}\times\left(\nabla\times\vec{V}\right) \tag{7-13}$$

对上式取旋度，有

$$\nabla\times\vec{a}=\nabla\times\frac{\partial\vec{V}}{\partial t}+\nabla\times\nabla\left(\frac{V^2}{2}\right)-\nabla\times\left[\vec{V}\times\left(\nabla\times\vec{V}\right)\right]$$

$$= \frac{\partial \vec{\Omega}}{\partial t} - \nabla \times \left(\vec{V} \times \vec{\Omega}\right) = \frac{\mathrm{D}\vec{\Omega}}{\mathrm{D}t} - \vec{\Omega} \cdot \nabla \vec{V} \tag{7-14}$$

从而

$$\frac{\mathrm{D}\vec{\Omega}}{\mathrm{D}t} = \nabla \times \vec{a} + \vec{\Omega} \cdot \nabla \vec{V} \tag{7-15}$$

若质量力有势，即 $\vec{f} = -\nabla U$，则 N-S 方程可写成：

$$\vec{a} = \frac{\mathrm{D}\vec{V}}{\mathrm{D}t} = -\nabla U - \frac{1}{\rho}\nabla p + \nu \nabla^2 \vec{V} \tag{7-16}$$

对上式取旋度，有

$$\nabla \times \vec{a} = \nu \nabla^2 \vec{\Omega} \tag{7-17}$$

将式 (7-17) 代入式 (7-15)，得

$$\frac{\mathrm{D}\vec{\Omega}}{\mathrm{D}t} = \vec{\Omega} \cdot \nabla \vec{V} + \nu \nabla^2 \vec{\Omega} \tag{7-18}$$

上式即为不可压缩黏性流体的涡量输运方程。

7.2.2　理想流体的涡量输运方程

由 Euler 方程知

$$\frac{\partial \vec{V}}{\partial t} + \left(\vec{V} \cdot \nabla\right) \vec{V} = \vec{f} - \frac{1}{\rho}\nabla p \tag{7-19}$$

考虑到 $\nabla \left(\frac{V^2}{2}\right) = \left(\vec{V} \cdot \nabla\right) \vec{V} + \vec{V} \times \left(\nabla \times \vec{V}\right)$，上式变为

$$\frac{\partial \vec{V}}{\partial t} + \nabla \left(\frac{V^2}{2}\right) - \vec{V} \times \vec{\Omega} = \vec{f} - \frac{1}{\rho}\nabla p \tag{7-20}$$

对式 (7-20) 取旋度，得

$$\frac{\mathrm{D}\vec{\Omega}}{\mathrm{D}t} - \left(\vec{\Omega} \cdot \nabla\right) \vec{V} + \vec{\Omega} \left(\nabla \cdot \vec{V}\right) = \nabla \times \vec{f} - \frac{1}{\rho^2} \left(\nabla \rho \times \nabla p\right) \tag{7-21}$$

在质量力有势、流场正压的条件下，有

$$\nabla \times \vec{f} = 0, \quad \nabla \rho \times \nabla p = 0 \tag{7-22}$$

代入式 (7-21) 得

$$\frac{\mathrm{D}\vec{\Omega}}{\mathrm{D}t} - \left(\vec{\Omega} \cdot \nabla\right) \vec{V} + \vec{\Omega} \left(\nabla \cdot \vec{V}\right) = 0 \tag{7-23}$$

这就是理想流体的涡量输运方程，也称作 Helmholtz 方程。

对于不可压缩流体，式 (7-23) 退化为

$$\frac{\mathrm{D}\vec{\Omega}}{\mathrm{D}t}-\left(\vec{\Omega}\cdot\nabla\right)\vec{V}=0 \tag{7-24}$$

§7.3 旋涡诱导速度

在实际流场中，有些流场的涡量集中分布在一条线的附近区域，如龙卷风 (图 7-4)、台风、漏斗旋涡等，可将这种旋涡概化为涡线。类似于电磁场理论中的电流感应磁场，这条涡线会诱导速度场，诱导速度可用 Biot-Savart 公式计算：

$$\vec{V}=\frac{\Gamma}{4\pi}\int\limits_{l}\frac{\mathrm{d}l\times\vec{r}}{r^3} \tag{7-25}$$

式中，l 为涡线长度；Γ 为涡线强度；$\vec{r}$ 为涡线微分长度 dl 至空间点的矢径；r 为 $\vec{r}$ 的模。

图 7-4 龙卷风

对于直线涡 (line vortex)，如图 7-5 所示，Biot-Savart 公式可简化为

$$V=\frac{\Gamma}{4\pi}\int_{l}\frac{\sin\alpha}{r^2}\mathrm{d}l \tag{7-26}$$

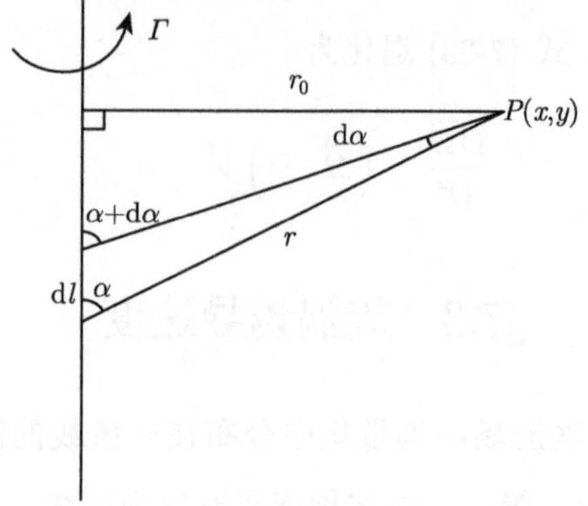

图 7-5　直线涡

考虑到 $r=\dfrac{r_0}{\sin\alpha}$,　$\sin\alpha=\dfrac{r\mathrm{d}\alpha}{\mathrm{d}l}$，其中 r_0 为 $P(x,\ y)$ 点到线涡的垂直距离。因此，式 (7-26) 还可写成：

$$V=\frac{\Gamma}{4\pi r_0}\int_{\alpha_1}^{\alpha_2}\sin\alpha\,\mathrm{d}\alpha=\frac{\Gamma}{4\pi r_0}(\cos\alpha_1-\cos\alpha_2)\tag{7-27}$$

对于无限长直线涡，如图 7-6 所示，$\alpha_1=0$,　$\alpha_2=\pi$，那么 P 点的诱导速度为

$$V=\frac{\Gamma}{2\pi r_0}\tag{7-28}$$

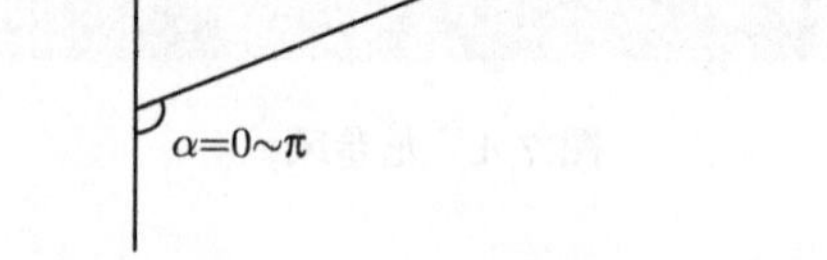

图 7-6　无限长直线涡

对于半无限长直线涡 (图 7-7)，$\alpha_1=\dfrac{\pi}{2},\alpha_2=\pi$，则 P 点的诱导速度为

$$V=\frac{\Gamma}{4\pi r_0}\tag{7-29}$$

应当指出，旋涡诱导速度场类似于电磁场理论中的电流感应磁场，下面对线涡诱导的速度场与导线感应的磁场作一对比：

涡线：	导线：
速度环量：$\Gamma = \oint \vec{V} \cdot \mathrm{d}\vec{l}$	电流强度：$I = \oint \vec{H} \cdot \mathrm{d}\vec{l}$
诱导速度：$V = \dfrac{\Gamma}{2\pi r_0}$	磁场强度：$H = \dfrac{I}{2\pi r_0}$

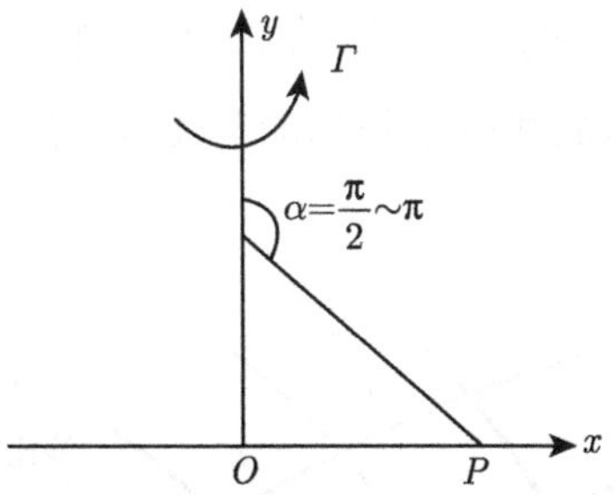

图 7-7 半无限长直线涡

§7.4 斜压流体的旋涡

本节讨论由于流场非正压形成的旋涡。

7.4.1 Bjerknes 定理

由 §7.1 的 Kelvin-Thomson 定理知，沿任一封闭流体线 L 的速度环量随时间的变化率等于该封闭流体线的加速度环量，即

$$\frac{\mathrm{D}\Gamma}{\mathrm{D}t} = \frac{\mathrm{D}}{\mathrm{D}t}\oint_L \vec{V} \cdot \mathrm{d}\vec{L} = \oint_L \frac{\mathrm{D}\vec{V}}{\mathrm{D}t} \cdot \mathrm{d}\vec{L} \tag{7-30}$$

对于理想流体，由 Euler 方程知

$$\frac{\mathrm{D}\vec{V}}{\mathrm{D}t} = \vec{f} - \frac{1}{\rho}\nabla p \tag{7-31}$$

在质量力有势的条件下，$\vec{f} = -\nabla U$，代入式 (7-30)，整理得

$$\frac{\mathrm{D}\Gamma}{\mathrm{D}t} = -\oint_L \frac{1}{\rho}\mathrm{d}p = -\oint_L \forall \mathrm{d}p \tag{7-32}$$

式中，$\forall = \dfrac{1}{\rho}$，称为比容，即单位质量流体所占的容积。由式 (7-32) 知，一封闭流体线的速度环量对时间的变化率取决于 $\oint_L \forall \mathrm{d}p$。

为了计算 $\oint_L \forall \mathrm{d}p$，Bjerknes 引进等压等比容单位管的概念。如图 7-8 所示，在流场中作一系列等压面，而这些等压面的 p 值依次各相差 1 个单位；同样，还作一系列等比容面，这些等比容面的 $\forall$ 值依次也相差 1 个单位。这样全部流场被分隔成一系列由两个相邻的等压面和两个相邻的等比容面所构成的管子，把这种管子称为等压等比容单位管。

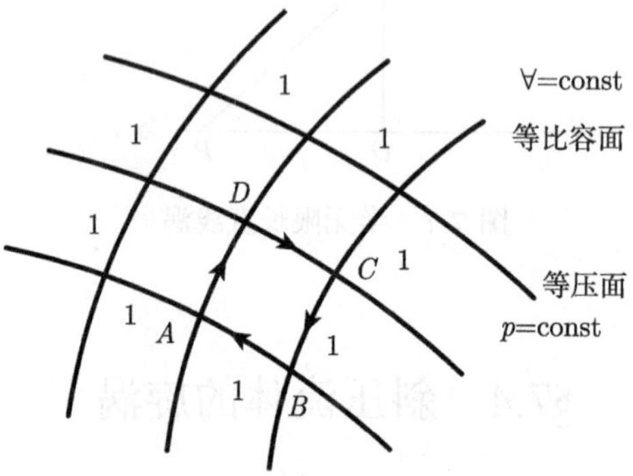

图 7-8 等压等比容单位管

显然，若流场是正压的，即有 $\rho = \rho(p)$，则等压面与等比容面将重合，不存在等压等比容单位管。

今把 Bjerknes 定理叙述如下：

若流体是理想的，且质量力有势，则沿着任何封闭流体线 L 的速度环量对时间的质点导数等于穿过此周线 L 的正的和负的等压等比容单位管数目之差。

由 Bjerknes 定理知，等压面与等比容面交错会形成旋涡。

7.4.2 贸易风、海流及洋流

1. 贸易风

热带地区与极地地区的大气下层的空气温度相差甚大，同样高度时，热带地区的温度高于极地地区的温度，而压力变化则不大。在同样高度时，热带地区的空气比容大于极地地区的比容，大气中等压面与等比容面如图 7-9(a) 所示，从 ∇p 到 $\nabla\forall$ 的方向可得逆时针方向的旋涡，产生如图 7-9(b) 所示的旋涡运动，在气象学上称之为贸易风。

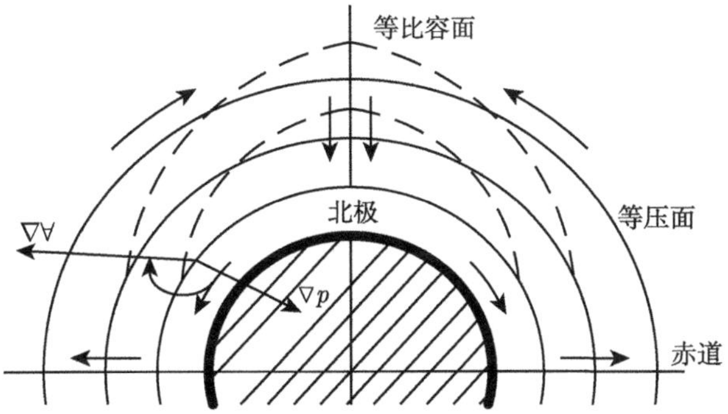

(a) 大气中等压面与等比容面

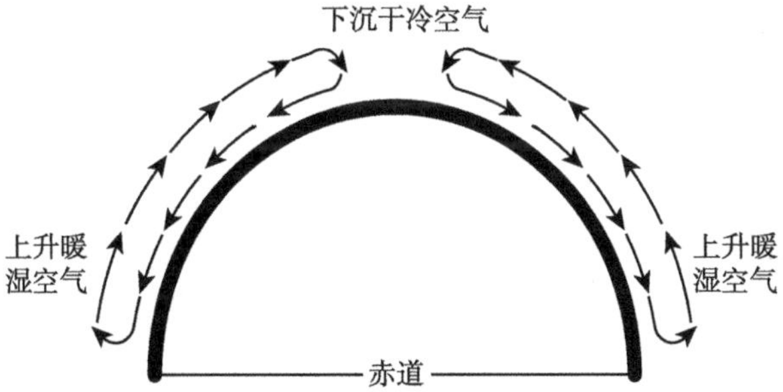

(b) 从赤道至北极的大尺度旋涡

图 7-9 贸易风

2. *海流及洋流*

海水密度一方面受压力的影响，另一方面又随盐度变化。等压面为水平面，若盐度沿空间变化则会形成旋涡。如地中海的盐度高，黑海的盐度低，于是地中海的海水从底部经博斯普鲁斯海峡流入黑海，而黑海较轻的水则从表面流向地中海；又如地中海与大西洋之间也有这种流动，地中海较重的水从底部经直布罗陀海峡流入大西洋，而较轻的大西洋水则从表面流入地中海。此外，洋流也是如此，如北太平洋存在一个横跨亚洲与北美洲以顺时针方向旋转的大尺度旋涡。值得一提的是，2012 年 6 月 8 日，日本一座长 20m、宽 5.8m、高 2.13m 的浮码头漂抵美国

Oregon 州 Newport 市海滩，码头上的一块金属标牌上刻着码头编号和制造商名称等信息。这座码头原本位于日本青森县三泽市的一个港口，在 2011 年 3 月大地震海啸中遭冲毁。码头重达 165t，青森县距 Oregon 州大约 8800km。

第 8 章　气体动力学

前面各章我们把流体视作不可压缩的，假定流体密度在运动过程中保持不变，这样处理对于低速流动的气体是正确的。但是，对于高速流动的气体，密度将发生显著的变化，不能再视作不可压缩流体，必须考虑气体的可压缩性，作为可压缩流体处理。气体动力学 (gas dynamics) 研究压缩性起重要作用时气体的运动规律，因此气体动力学也叫做可压缩流体动力学 (compressible fluid dynamics)。

§8.1　热力学基础

研究气体动力学离不开热力学 (thermodynamics)，本节先简单回顾一下热力学的基本概念。

8.1.1　焓

焓 (enthalpy) 指单位质量气体所含的热量，以 i 表示，对应于热力学第一定律。

8.1.2　熵

热量 δq 与热力学温度 T 的商，即 $\delta q/T$ 称为熵 (entropy)，即单位温度气体所含的热量，以 S 表示，对应于热力学第二定律。自然界物质的变化总是一种熵增过程，即 $\mathrm{d}S > 0$，如人会变老、树木变枯等。

8.1.3　定容比热、定压比热及比热比

比热(specific heat)：指单位质量的气体温度每升高一度所需的热量，即

$$c = \lim_{\Delta T \to 0} \frac{\delta q}{\Delta T} = \frac{\mathrm{d}q}{\mathrm{d}T} \tag{8-1}$$

定容 (constant volume) **比热**：当气体的比容保持不变时的比热，以 c_v 表示。

定压 (constant pressure) **比热**：当气体的压力保持不变时的比热，以 c_p 表示。

比热比 (ratio of specific heat)：定压比热与定容比热之比，即 $\gamma = c_p/c_v$，也称绝热指数。如在标准状态下，空气的比热比 $\gamma = 1.4$。

8.1.4　Clapeyron 方程

Clapeyron 方程也称气体状态方程，即

$$\frac{p}{\rho} = RT \tag{8-2}$$

若以比容 $\forall = 1/\rho$ 表示，则 Clapeyron 方程还可表示成

$$p\forall = RT \tag{8-3}$$

式中，R 为气体常数，对不同的气体取不同的值，$R = R_0/M$，R_0 为普适气体常数，对所有气体均相同，$R_0 = 8312\text{J}/(\text{kmol} \cdot \text{K})$，$M$ 为气体的分子量，对于空气，$R = 287\text{J}/(\text{kmol} \cdot \text{K})$；$T$ 为热力学温度。

完全气体(perfect gas)：满足 Clapeyron 方程的气体称为完全气体，如空气就可看作完全气体。

对于等温过程，完全气体存在下面的等温关系式：

$$\frac{p}{\rho} = \text{const} \tag{8-4}$$

对于等熵过程，完全气体的等熵关系式为

$$\frac{p}{\rho^\gamma} = \text{const} \tag{8-5}$$

§8.2　声速与马赫数

8.2.1　声速

在密度有变化的流场中，相邻两点之间的密度差与它们的压力差密切相关。压力对密度的变化率是分析可压缩流动的一个重要参数。压力对密度的变化率与声音的传播速度有关，由物理学知，声波是一种小扰动 (small disturbance) 波，声速 (speed of sound) 即为小扰动波在介质中的传播速度。

下面分析一下小扰动波的传播过程。如图 8-1 所示，在等截面管道中有一活塞，管道内充满气体，管内气体原先处于静止状态。若推动活塞以微小速度 $\mathrm{d}V$ 向右运动，则紧贴活塞右侧的气体也伴随它向右运动，并且产生微小的压力增量 $\mathrm{d}p$；向右运动的气体又推动它右侧的气体向右运动，并形成小扰动波向右传播。设小扰动波的传播速度为 a，在小扰动波通过之前，气体处于静止状态，其密度为 ρ，压力为 p；在小扰动波通过之后，气体的速度变为 $\mathrm{d}V$，密度变为 $\rho+\mathrm{d}\rho$，压力变为 $p+\mathrm{d}p$。将小扰动波的扰动区与未扰动区的交界面称作波面。

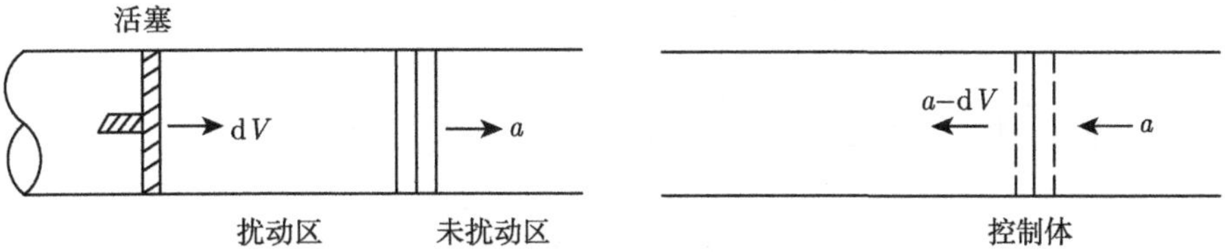

图 8-1 小扰动波传播

若把坐标系固定在小扰动波的波面上，从扰动波上观察，相当于波面不动，气体在运动，如图 8-1 所示。这样，波面右侧原来静止的气体将以速度 a 向左运动，左侧流体将以速度 $a-\mathrm{d}V$ 向左运动。今对波面取控制体，当波面两侧的控制面无限靠近时，控制体积趋于零。由质量守恒原理得

$$\rho aA=(\rho+\mathrm{d}\rho)(a-\mathrm{d}V)A \tag{8-6}$$

略去二阶小量得

$$\frac{\mathrm{d}\rho}{\rho}=\frac{\mathrm{d}V}{a} \tag{8-7}$$

又由动量守恒原理，注意到控制体的体积为零，得

$$pA-(p+\mathrm{d}p)A=\rho aA[(a-\mathrm{d}V)-a] \tag{8-8}$$

整理得

$$\mathrm{d}p=\rho a\mathrm{d}V \tag{8-9}$$

联立式 (8-7)、式 (8-9)，消去 $\mathrm{d}V$，可得

$$a=\sqrt{\frac{\mathrm{d}p}{\mathrm{d}\rho}} \tag{8-10}$$

这就是流体声速的计算公式，对气体和液体都适用。

由于小扰动波在传播过程中，流体的密度、压力及温度的变化很小，因此可以假定这个过程为等熵过程，于是声速公式可写成：

$$a=\sqrt{\left(\frac{\partial p}{\partial \rho}\right)_S} \tag{8-11}$$

对于完全气体，对等熵关系式 (8-5) 关于 ρ 求导，并考虑到 Clapeyron 方程得

$$\frac{\mathrm{d}p}{\mathrm{d}\rho}=C\gamma\rho^{\gamma-1}=\gamma\frac{p}{\rho}=\gamma RT \tag{8-12}$$

式中，C 为常数。将式 (8-12) 代入声速公式 (8-11) 得

$$a=\sqrt{\gamma RT} \tag{8-13}$$

该式最早由 Laplace 提出，故称为 Laplace 声速公式。将空气的比热比、气体常数代入式 (8-13) 得

$$a=20\sqrt{T} \tag{8-14}$$

若气温为 15℃，即 $T=273+15=288\mathrm{K}$，代入式 (8-14) 可得声速 $a=340\mathrm{m/s}$。

最后应当指出，在推导声速公式时，我们假定小扰动波的传播过程是等熵过程，试验表明，这个假定是正确的。实际上，最早计算声音传播速度者是牛顿，他假定小扰动波的传播过程为等温过程，采用等温关系式 (8-4) 推导出声速的计算公式：

$$a=\sqrt{\frac{p}{\rho}} \tag{8-15}$$

由此求出声音在空气中的传播速度为 280m/s。为了验证其提出的声速公式的正确性，牛顿曾在伦敦附近的一个炮兵训练场实际测量了声速，他从远处观察了放炮时的闪光和听到炮声的时间差，并认为光速与声速相比为无穷大，从测量出的时间差，牛顿确定的声速为 330m/s，理论与实验相差 18%，他认为此误差主要由于空气中存在杂质、水分，其实不然。后来 Laplace 纠正了牛顿的错误，认为声速的传播过程是绝热的，即等熵过程，从而得出上面的 Laplace 声速公式 (8-13)。

8.2.2 马赫数

今定义当地速度与当地声速之比为马赫数 (Mach number)，即

$$M = \frac{V}{a} \tag{8-16}$$

若 $M < 1$，则为亚声速流 (subsonic flow)；若 $M = 1$，则为跨声速流 (transonic flow)；若 $M > 1$，则为超声速流 (supersonic flow)；若 $M > 5$，则为高超声速流 (hypersonic flow)(由著名流体力学家钱学森提出)。应当指出，最早是由奥地利流体力学家马赫 (Mach) 于 1887 年提出用流速与声速之比来划分流体可压缩性的，但当时并不叫马赫数，后来为了纪念他对空气动力学 (aerodynamics) 的卓越贡献，才以其名字命名。

在日常生活中经常会遇到一些亚声速流和超声速流问题，如民航飞机以亚声速飞行，在很远的地方就能听到飞机的嗡嗡声，但抬头一看飞机离我们还有很远。战斗机以超声速飞行，当飞过我们的头顶之后才听到其声音。

8.2.3 小扰动波的传播特性

设扰动源位于 O 点，如图 8-2 所示，分为几种情形：

(1) 若在静止大气中，即 $V_\infty = 0$，扰动波将以声速向四周对称传播，不同时刻 (如 t=1, 2, 3s) 形成的波面为一族同心圆，如图 8-2 所示。

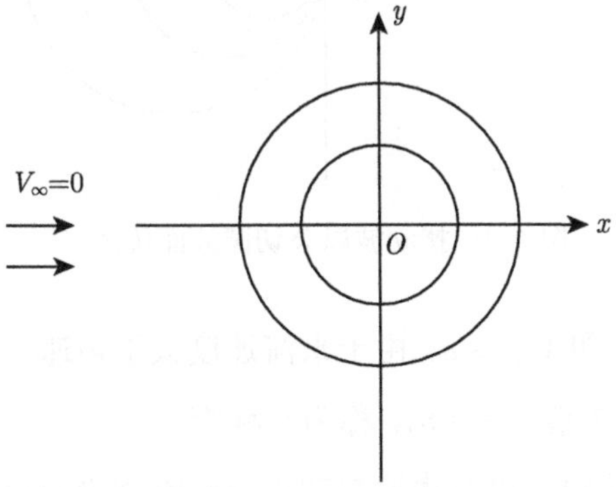

图 8-2 扰动波以同心圆波面传播

(2) 在亚声速流中，即 $V_\infty < a$，扰动波以声速向外传播，同时又被气流以来流速度 V_∞ 带向下游，不同时刻形成的波面为一族偏心圆，如图 8-3 所示。

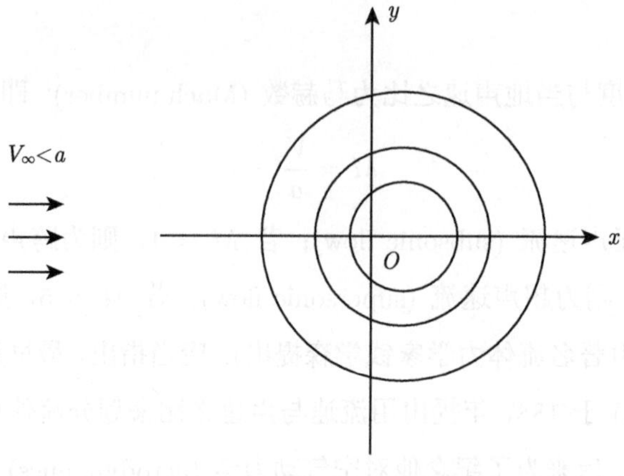

图 8-3　扰动波以偏心圆波面传播

(3) 在跨声速流中，即 $V_\infty = a$，由于来流速度等于声速，扰动波只能传播到扰动源下游的半无限空间内，不同时刻形成的波面为一族公切圆，如图 8-4 所示。

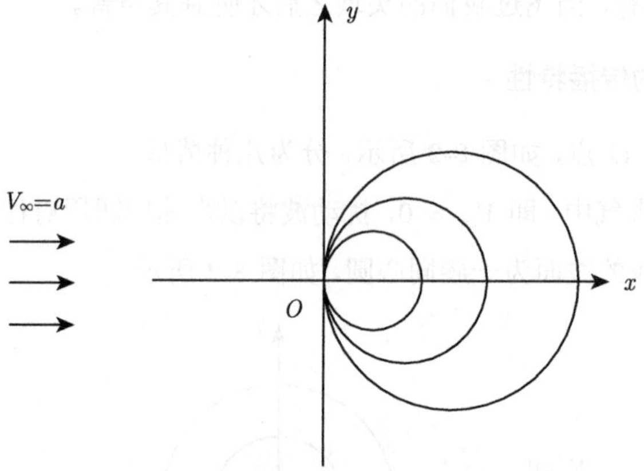

图 8-4　扰动波以公切圆波面传播

(4) 在超声速流中，即 $V_\infty > a$，由于来流速度大于声速，扰动波只能在以扰动源为顶点的圆锥空间内传播 (图 8-5)，称为马赫锥。

以上各种流动差别很大，以亚声速与超声速在收缩段的流动为例，对于收缩段内的亚声速流，其流速增大、压力减小；而对于收缩段内的超声速流，则流速减小、压力增大。亚声速流时，会产生压缩波；超声速流时，则会产生激波、膨胀波。

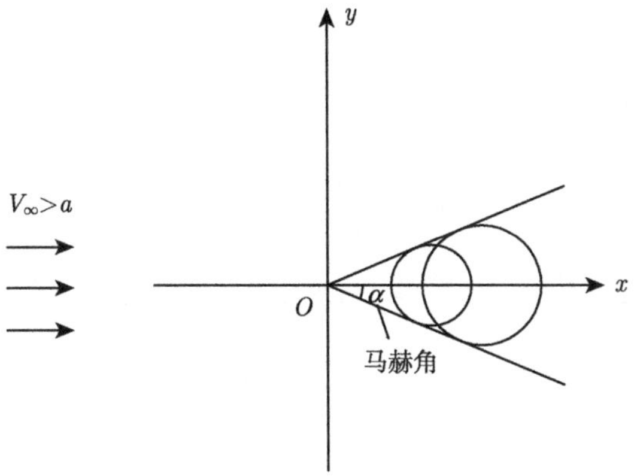

图 8-5 扰动波在马赫锥内传播

§8.3 气体一维定常流动

8.3.1 一维定常流动的基本方程

如图 8-6 所示，在变截面管流中取一微分管段作为控制体，对控制体分别写出连续性方程、动量方程和能量方程。

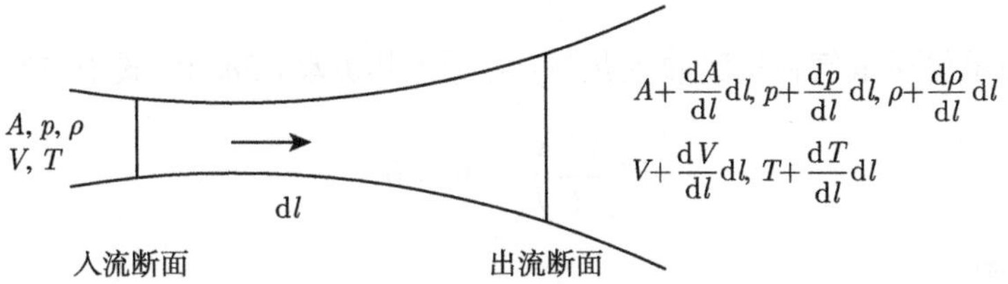

图 8-6 变截面管流

1. 连续性方程

根据质量守恒原理，质量流量为

$$Q_m = VA\rho = \left(V + \frac{\mathrm{d}V}{\mathrm{d}l}\mathrm{d}l\right)\left(A + \frac{\mathrm{d}A}{\mathrm{d}l}\mathrm{d}l\right)\left(\rho + \frac{\mathrm{d}\rho}{\mathrm{d}l}\mathrm{d}l\right) \tag{8-17}$$

整理上式，略去高阶小量可得

$$\frac{\mathrm{d}\rho}{\rho} + \frac{\mathrm{d}V}{V} + \frac{\mathrm{d}A}{A} = 0 \tag{8-18}$$

2. 动量方程

根据动量守恒原理，有

$$V\mathrm{d}V+\frac{\mathrm{d}p}{\rho}+\frac{F_f}{A\rho}=0 \tag{8-19}$$

式中，F_f 为摩擦阻力。对于理想流体 (可逆过程)，则 $F_f=0$，有

$$V\mathrm{d}V+\frac{\mathrm{d}p}{\rho}=0 \tag{8-20}$$

进一步可写成:

$$\mathrm{d}\left(\frac{V^2}{2}\right)+\frac{\mathrm{d}p}{\rho}=0 \tag{8-21}$$

3. 能量方程

根据能量守恒原理，有

$$V\mathrm{d}V+\mathrm{d}\left(e+\frac{p}{\rho}\right)=\delta q \tag{8-22}$$

或

$$\mathrm{d}\left(\frac{V^2}{2}\right)+\mathrm{d}i=\delta q \tag{8-23}$$

式中，δq 为单位质量气体所吸收的热量，对于绝热流动，$\delta q=0$，式 (8-23) 可写成:

$$\mathrm{d}\left(\frac{V^2}{2}\right)+\mathrm{d}i=0 \tag{8-24}$$

积分上式，得

$$\frac{V^2}{2}+i=\mathrm{const} \tag{8-25}$$

8.3.2　完全气体的等熵一维定常流动

对于完全气体，存在下列关系式:

$$\frac{p}{\rho}=RT \tag{8-26a}$$

$$i=c_pT \tag{8-26b}$$

$$c_p-c_v=R \tag{8-26c}$$

$$\frac{c_p}{c_v} = \gamma \tag{8-26d}$$

$$c_p = \frac{\gamma}{\gamma - 1} R \tag{8-26e}$$

$$a = \sqrt{\gamma RT} \tag{8-26f}$$

这样，完全气体的焓可表示成下列形式：

$$i = c_p T = \frac{\gamma}{\gamma - 1} RT = \frac{\gamma}{\gamma - 1} \frac{p}{\rho} = \frac{a^2}{\gamma - 1} \tag{8-27}$$

因此，能量方程可写成下列几种形式：

$$\frac{V^2}{2} + c_p T = \text{const} \tag{8-28a}$$

$$\frac{V^2}{2} + \frac{\gamma}{\gamma - 1} RT = \text{const} \tag{8-28b}$$

$$\frac{V^2}{2} + \frac{\gamma}{\gamma - 1} \frac{p}{\rho} = \text{const} \tag{8-28c}$$

$$\frac{V^2}{2} + \frac{a^2}{\gamma - 1} = \text{const} \tag{8-28d}$$

8.3.3 任意两截面上物理量之间的关系

任意两截面上物理量如图 8-7 所示。利用 Laplace 声速公式 (8-13) 和能量方程 (8-28b) 可得

$$\frac{T_2}{T_1} = \frac{1 + \dfrac{\gamma - 1}{2} M_1^2}{1 + \dfrac{\gamma - 1}{2} M_2^2} \tag{8-29}$$

利用等熵关系式 (8-5) 和 Clapeyron 方程 (8-2)，可得

$$\frac{p_2}{p_1} = \left(\frac{T_2}{T_1}\right)^{\left(\frac{\gamma}{\gamma - 1}\right)} \tag{8-30}$$

利用马赫数的定义和能量方程 (8-28b)，可得

$$\frac{V_2}{V_1} = \frac{M_2}{M_1} \left(\frac{T_2}{T_1}\right)^{\frac{1}{2}} \tag{8-31}$$

利用等熵关系式 (8-5) 和任意两截面的压力比关系式 (8-30)，可得

$$\frac{\rho_2}{\rho_1}=\left(\frac{T_2}{T_1}\right)^{\frac{1}{\gamma-1}} \tag{8-32}$$

利用连续性方程 (8-18) 和任意两截面的速度比关系式 (8-31)、密度比关系式 (8-32)，可得

$$\frac{A_2}{A_1}=\frac{M_1}{M_2}\left(\frac{T_2}{T_1}\right)^{\frac{\gamma+1}{2(\gamma-1)}} \tag{8-33}$$

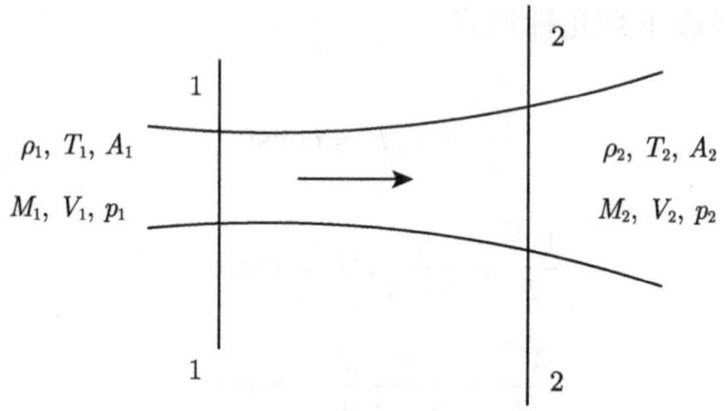

图 8-7　任意两截面上物理量

8.3.4　任意截面上物理量与参考状态物理量之间的关系

气体动力学中常用滞止状态、临界状态等参考状态。

1. 任意截面上物理量与滞止状态物理量之间的关系

滞止状态是流速为零的状态，即 $V=0$ 或 $M=0$ 的状态，以下标 “0” 表示，可令任意两截面之间关系式 (8-29)、式 (8-30)、式 (8-32) 中下标 “2” 为 “0”，可得

$$\frac{T_0}{T}=1+\frac{\gamma-1}{2}M^2 \tag{8-34}$$

$$\frac{p_0}{p}=\left(\frac{T_0}{T}\right)^{\frac{\gamma}{\gamma-1}} \tag{8-35}$$

$$\frac{\rho_0}{\rho}=\left(\frac{T_0}{T}\right)^{\frac{1}{\gamma-1}} \tag{8-36}$$

2. 任意截面上物理量与临界状态物理量之间的关系

临界状态是流速等于声速的状态，以下标 “*” 表示，由任意两截面之间关系式 (8-29)～ 式 (8-32) 可得

$$\frac{T}{T_*}=\frac{\gamma+1}{2+(\gamma-1)M^2} \tag{8-37}$$

$$\frac{p}{p_*}=\left(\frac{T}{T_*}\right)^{\frac{\gamma}{\gamma-1}} \tag{8-38}$$

$$\frac{\rho}{\rho_*}=\left(\frac{T}{T_*}\right)^{\frac{1}{\gamma-1}} \tag{8-39}$$

$$\frac{V}{V_*}=\left(\frac{T}{T_*}\right)^{\frac{1}{2}} \tag{8-40}$$

8.3.5 气体的质量流量公式

利用连续性方程 (8-18) 和滞止状态的关系式 (8-34)～式 (8-36)，可得质量流量的表达式：

$$Q_m=AM\sqrt{\gamma p_0\rho_0}\left(1+\frac{\gamma-1}{2}M^2\right)^{-\frac{\gamma+1}{2(\gamma-1)}} \tag{8-41}$$

将流量对马赫数求导，令 $\frac{\mathrm{d}Q_m}{\mathrm{d}M}=0$，可得 M=1 时流量最大，以 M=1 代入式 (8-41) 得

$$(Q_m)_{\max}=A_*\sqrt{\gamma p_0\rho_0}\left(\frac{2}{\gamma+1}\right)^{\frac{\gamma+1}{2(\gamma-1)}} \tag{8-42}$$

利用式 (8-41)、式 (8-42) 可对气体在管道中的流动进行计算，如煤气管道、天然气管道、供热管道等。

8.3.6 变截面喷管中的等熵流动

变截面喷管流动 (如风洞工作段) 在气体动力学中有重要的意义，如飞行器、航天器需在喷管中进行试验研究。下面推导变截面喷管流动中速度与截面积的关系。根据连续性方程 (8-18)

$$\frac{\mathrm{d}\rho}{\rho}+\frac{\mathrm{d}V}{V}+\frac{\mathrm{d}A}{A}=0$$

由可逆过程的动量方程 (8-20) 得

$$V\mathrm{d}V = -\frac{\mathrm{d}p}{\rho} = -\frac{\mathrm{d}p}{\mathrm{d}\rho}\frac{\mathrm{d}\rho}{\rho} = -a^2\frac{\mathrm{d}\rho}{\rho} \tag{8-43}$$

由 $M = V/a$，式 (8-43) 可写成：

$$\frac{\mathrm{d}\rho}{\rho} = -M^2\frac{\mathrm{d}V}{V} \tag{8-44}$$

将式 (8-44) 代入连续性方程 (8-18) 得

$$\frac{\mathrm{d}V}{V} = \frac{1}{M^2-1}\frac{\mathrm{d}A}{A} \tag{8-45}$$

这就是喷管流动中速度与截面积的变化关系式，由该式可知：对于亚声速流，即 $M<1$，上式等号两端具有相反的符号，表明截面积的增加将导致速度的下降，与不可压缩流体相似；对于超声速流，即 $M>1$，上式等号两端符号相同，表明截面积的增加将导致速度的上升；对于跨声速流，即 M=1，只能 $\mathrm{d}A/A=0$，由此可见，在变截面喷管中，声速只能发生在 $\mathrm{d}A=0$ 的截面上，也即只能发生在最小截面上 (喉部)。

§8.4　简单波与激波

8.4.1　简单波

1. 简单波的产生和分类

简单波 (simple wave) 分为压缩波 (compression wave) 和稀疏波 (rarefaction wave)。

在 §8.2 中讨论声速 a 时，知道声速是一种小扰动波的传播速度。在等截面长直管道中 (图 8-1)，活塞以速度 $\mathrm{d}V$ 向右运动时，会产生小扰动波。今同样在等截面长直管道中，若活塞由静止开始向右做加速运动，那么在活塞右边的气体将受到压缩，以小扰动波的形式向右传播，其传播的速度为声速。由于活塞不断加速，将不断产生小扰动波，气体也不断被压缩，因此这种波称为压缩波。与此同时，活塞左边的气体同样受到扰动，由于活塞向右运动而使活塞左边的气体变得稀疏，以小扰动波的形式向左传播 (其传播速度也是声速)，这种波称为稀疏波。简单波的物理图像如图 8-8 所示，由图可见，压缩波为一族收敛的直线，而稀疏波则为一族发散的直线。

2. 简单波的基本关系

波面的迹线方程为

$$\frac{\mathrm{d}x}{\mathrm{d}t}=u\pm a \tag{8-46}$$

波区两边气流参数的关系为

$$u\pm\frac{2a}{\gamma-1}=\text{const} \tag{8-47}$$

式中，对于压缩波取 "+"；稀疏波取 "−"。

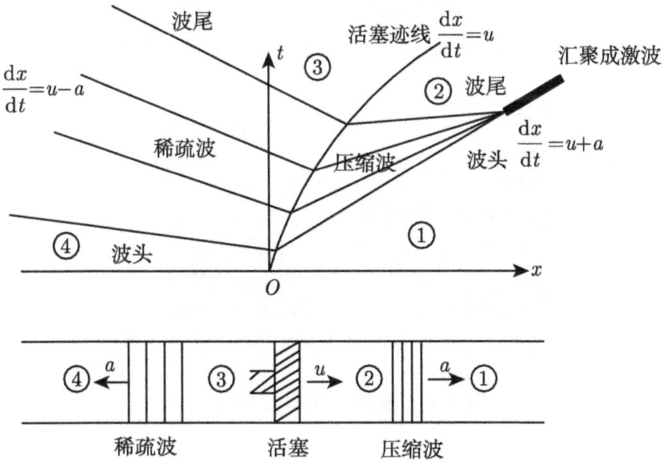

图 8-8 简单波的物理图像

8.4.2 激波形成的物理过程

当气流速度很高时，会将气流前面的气体压缩为一个薄层，其厚度只有气体分子自由程那样厚，但其威力巨大，这个薄层称为激波 (shock wave)，如图 8-9 所示。

波前气流马赫数 $M>1$，波后气流 $M<1$，类似于水力学中的水跃，跃前 Froude 数 $Fr>1$，跃后 $Fr<1$，如图 8-10、图 8-11 所示。

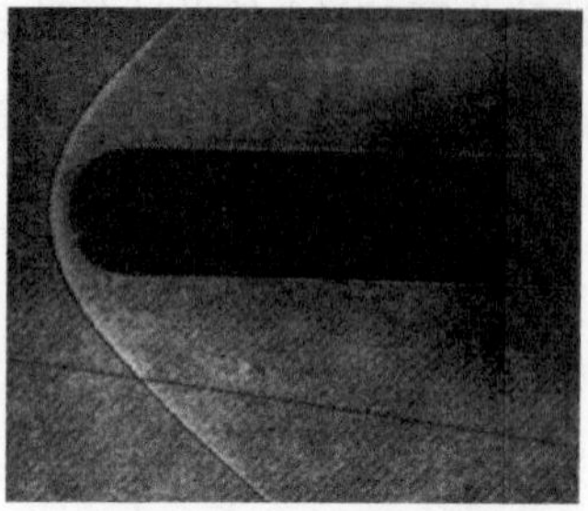

(a) 圆柱体前头激波

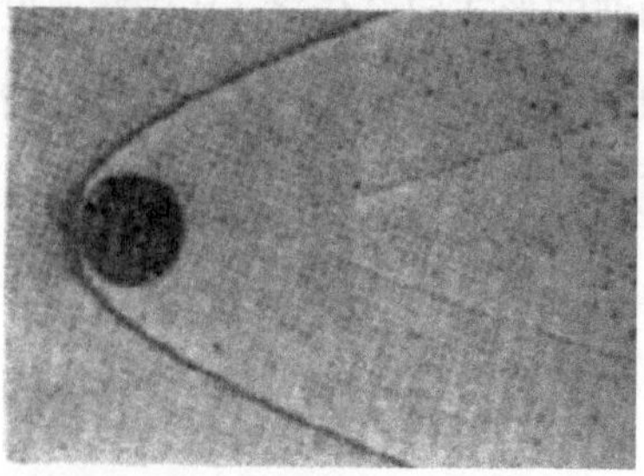

(b) 球体前头激波

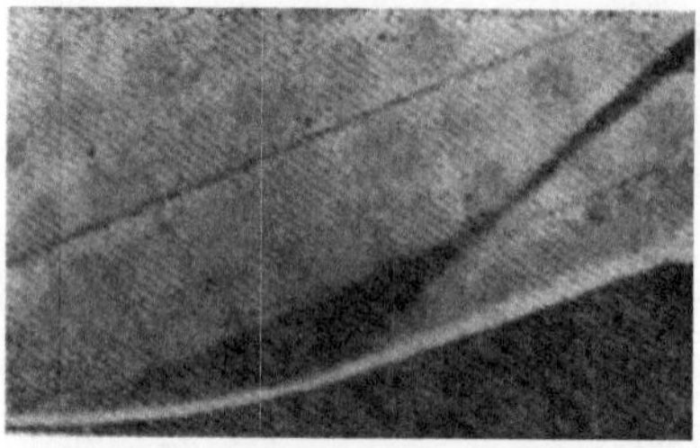

(c) 超声速气流流过凹曲面形成压缩波并汇聚成激波

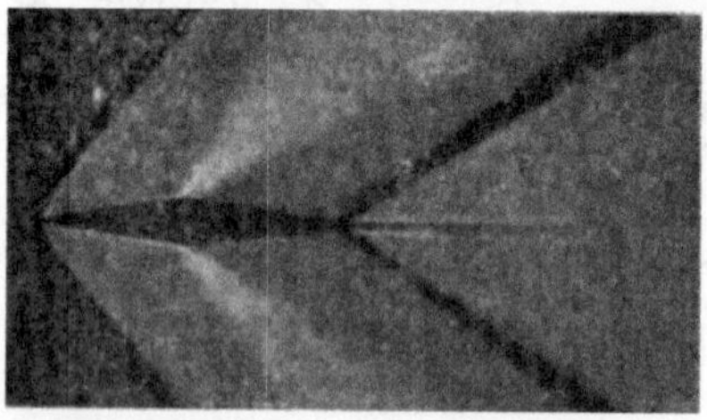

(d) 超声速气流流过菱形翼形成激波和膨胀波(白色)

图 8-9　激波与简单波现象

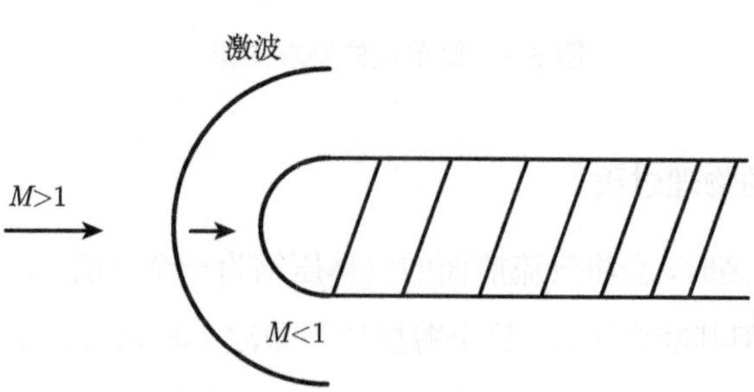

图 8-10　钝头体前头激波

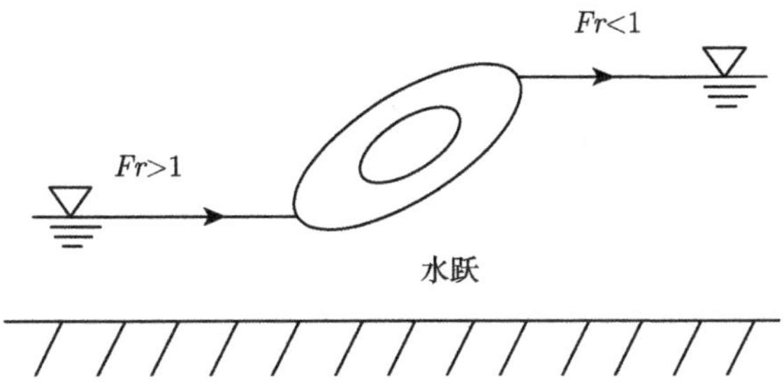

图 8-11 水跃

8.4.3 激波的基本方程

如图 8-12 所示，运动激波的传播速度为 W，波前气流参数分别为 V_1, ρ_1, p_1, i_1，相应的波后气流参数分别为 V_2, ρ_2, p_2, i_2，取随激波一起运动的动坐标系，并围绕激波取控制体分析，可建立激波前后的连续性方程、动量方程及能量方程如下。

连续性方程：

$$\rho_1 V_1 = \rho_2 V_2 \tag{8-48}$$

动量方程：

$$p_1 + \rho_1 V_1^2 = p_2 + \rho_2 V_2^2 \tag{8-49}$$

能量方程：

$$i_1 + \frac{V_1^2}{2} = i_2 + \frac{V_2^2}{2} \tag{8-50}$$

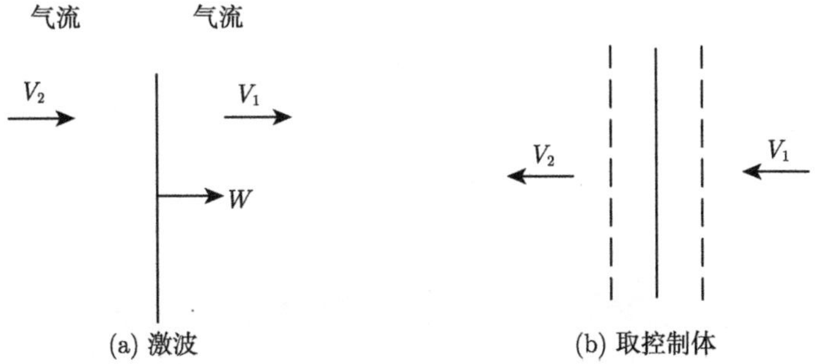

图 8-12 激波控制体

8.4.4　激波前、后物理量之间的关系

利用激波的连续性方程、动量方程及能量方程，可得出激波前、后物理量之间的关系：

$$\frac{p_2}{p_1}=1+\frac{2\gamma}{\gamma+1}(M_1^2-1) \tag{8-51}$$

$$\frac{T_2}{T_1}=\frac{\left[2\gamma M_1^2-(\gamma-1)\right]\left[(\gamma-1)M_1^2+2\right]}{(\gamma+1)^2M_1^2} \tag{8-52}$$

从激波前后的压力比关系式 (8-51)、温度比关系式 (8-52) 可知，气流经激波后的压力会骤然增大，温度会骤然升高。

第9章　非牛顿流体力学

在城市河道、湖泊的整治中，我们经常会遇到非牛顿流体问题，如在疏浚河道、湖泊污泥的管道输送中，若充满泥浆的输送管道停车后，再启动时需要多大的压力才能使泥浆流动？此外，在城市水厂、污水处理厂的污泥处置中也会遇到类似的非牛顿流体力学问题。另外，在其他工业部门以及我们的日常生活中，有很大一类流体是属于非牛顿流体的，如油漆、涂料、纸浆及其他高分子聚合物溶液；食品中的糊状物如奶油、蛋清、蜂蜜；焦化厂的泥煤；机械中的润滑油、润滑脂；印刷用油墨；搪瓷釉浆；生物流体中的血液、淋巴、黏液；化妆卫生用品的洗发精、化妆品、牙膏等。与牛顿流体相比较，非牛顿流体有一些独特的力学性质，如受剪切后变稀、Weissenberg 效应、射流鼓胀、无管虹吸及聚合物减阻等现象。了解并利用非牛顿流体的这些特性，可以更好地为工程服务。由于非牛顿流体的种类繁多，难以用一个本构方程来描述所有的非牛顿流体，因此不同类型的非牛顿流体对应有不同的本构方程。

§9.1　非牛顿流体的异常特性与本构方程

根据非牛顿流体的表观黏度是否随时间变化，可分为时变性与非时变性非牛顿流体。非时变性非牛顿流体又可分为宾厄姆流体 (Bingham fluid)、拟塑性流体 (pseudoplastic fluid)、膨胀性流体 (dilatant fluid) 及卡森流体 (Casson fluid) 等。时变性非牛顿流体又可分为触变性流体 (thixotropic fluid)、震凝性流体 (rheopectic fluid) 及黏弹性流体 (viscoelastic fluid)。对于不同的非牛顿流体，相应的本构方程各异。实验观察表明，非牛顿流体存在剪切稀化、爬杆、射流鼓胀及无管虹吸等现象。

9.1.1　非牛顿流体实验观察

非牛顿流体的黏度远较牛顿流体高。我们知道，在常温下水的黏度为 10^{-3}Pa·s，而非牛顿流体可高达 10Pa · s，并且非牛顿流体的黏度是一个变量，是流体微团变形速率的函数。下面介绍几个非牛顿流体所特有的现象。

1. 剪切稀化现象

取两个直径、长度均相同的玻璃管子，一个盛牛顿流体，另一个盛非牛顿流体，如图 9-1 所示。当底板同时抽去后，可以发现非牛顿流体先流完，表明黏度不是一个常数，而是变形速率的函数。

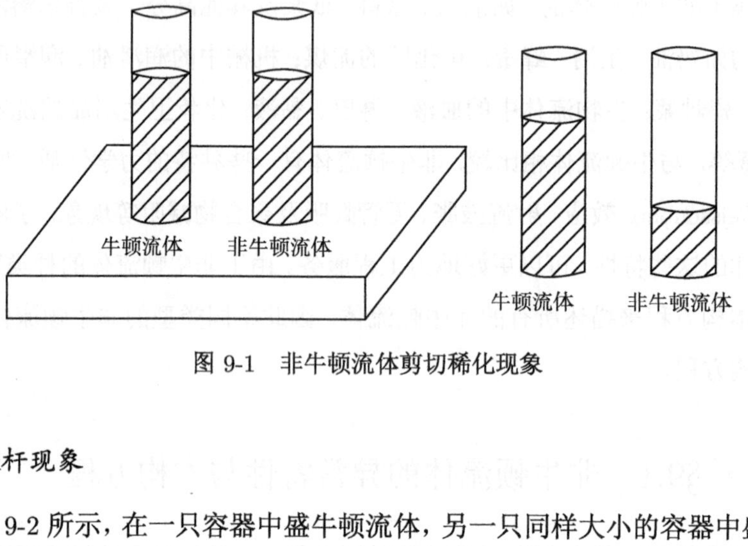

图 9-1　非牛顿流体剪切稀化现象

2. 爬杆现象

如图 9-2 所示，在一只容器中盛牛顿流体，另一只同样大小的容器中盛非牛顿

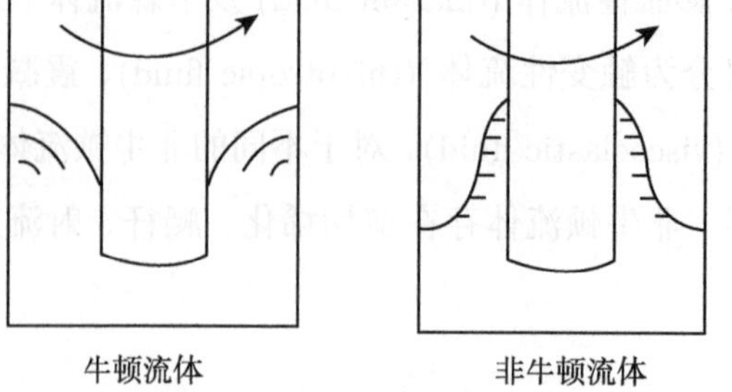

图 9-2　非牛顿流体爬杆现象

流体 (黏弹性流体)。当轴转动后，牛顿流体受离心力作用，中心液面下凹，而非牛顿流体则沿杆上爬，并且离心力作用越大，爬杆越高。该现象是由 Weissenberg 于 1944 年在英国伦敦帝国理工学院首先发现的，故又称之为 Weissenberg 效应。

3. 射流鼓胀现象

如图 9-3 所示，当牛顿流体和非牛顿流体分别从喷嘴射出时，牛顿流体发生收缩，而非牛顿流体则发生鼓胀，也称为 Barus 效应。这对聚合物加工的模口设计尤为重要。若要求产品截面为矩形，则模口形状就不能设计成矩形。

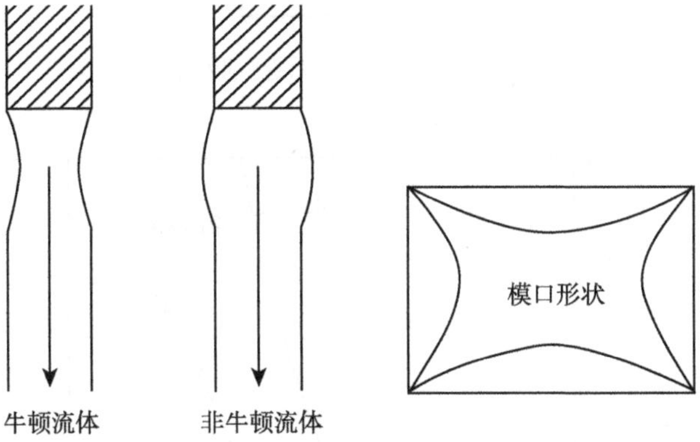

图 9-3 非牛顿流体射流鼓胀现象

4. 无管虹吸现象

若将一根管子浸没在盛有黏弹性流体的容器里，并将流体吸入管中。在流动过程中，将管子慢慢地从容器里抽出，可以看到，虽然管子已不再插在流体里，但流体仍然继续往管子里流 (图 9-4)，反映了黏弹性流体的拉伸黏度。

5. 非牛顿流体减阻现象

在长链聚合物的水溶液中，人们发现有减阻现象。当设计输送黏弹性流体的管道系统时，有必要了解这种特性。Toms(1948) 在研究聚甲基丙烯酸盐的一氯代苯溶液中最早发现这种减阻现象，通常称之为 Toms 效应。Seyer 和 Metzner(1969) 在管径为 25mm 的水管中添加少量聚丙烯酰胺高分子聚合物，发现压降 (水头损失)

减少很多，如图 9-5 所示。实际上，这种非牛顿流体的表观黏度约为水 (牛顿流体) 的 10 倍，在层流时其水头损失要比水大 10 倍之多。

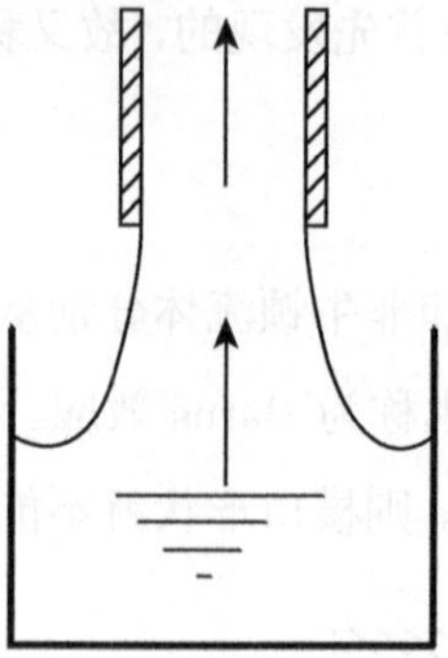

图 9-4　非牛顿流体的无管虹吸现象

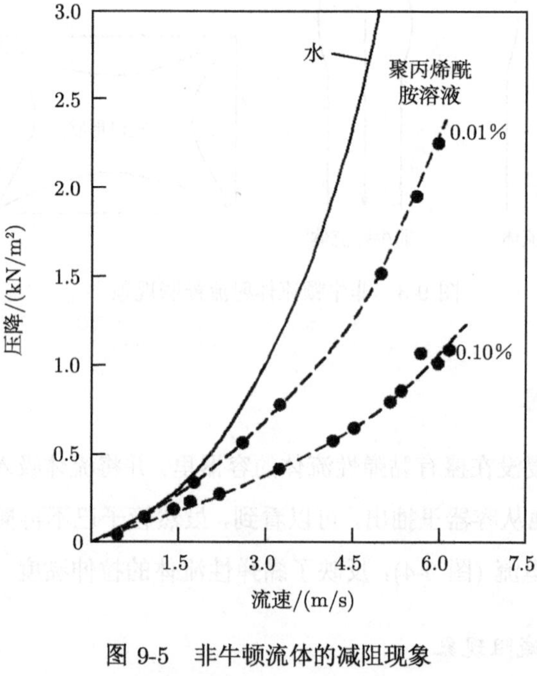

图 9-5　非牛顿流体的减阻现象

9.1.2　非牛顿流体的分类与本构方程

根据流体流动时的切应力与流速梯度之间的关系，可将流体分为牛顿流体和非牛顿流体两种。凡是流体流动时的切应力与流速梯度之间的关系符合牛顿内摩

擦定律的，称为牛顿流体；否则为非牛顿流体。牛顿内摩擦定律可表示为

$$\tau = \mu \frac{\mathrm{d}u}{\mathrm{d}y} = \mu\varepsilon \tag{9-1}$$

式中，τ 为切应力；μ 为动力黏度；ε 为流速梯度，即变形速率或称应变速率。若以切应力为纵坐标，流速梯度为横坐标，则牛顿流体的应力应变关系就是通过原点的一条直线，如图 9-6 所示。直线的斜率就代表动力黏度 μ 值。由图可见，牛顿流体是这样一种流体，当其受切应力作用时，无论该力多么小，都会发生流动，并且流动时的流速梯度与切应力成正比。或者说，在恒温恒压下，牛顿流体在不同流速梯度下的动力黏度为常数。

对于非牛顿流体，亦可仿照牛顿流体那样，将切应力与变形速率之比定义为非牛顿流体的表观黏度 μ_a(apparent viscosity)，即 $\mu_\mathrm{a} = \tau/\varepsilon$。根据表观黏度是否随时间变化，又可将非牛顿流体分为表观黏度随时间变化和不随时间变化两大类。不随时间变化的非牛顿流体主要包括：拟塑性流体、膨胀性流体、宾厄姆流体、卡森流体等。随时间变化的非牛顿流体大致分为触变性流体、震凝性流体及黏弹性流体。

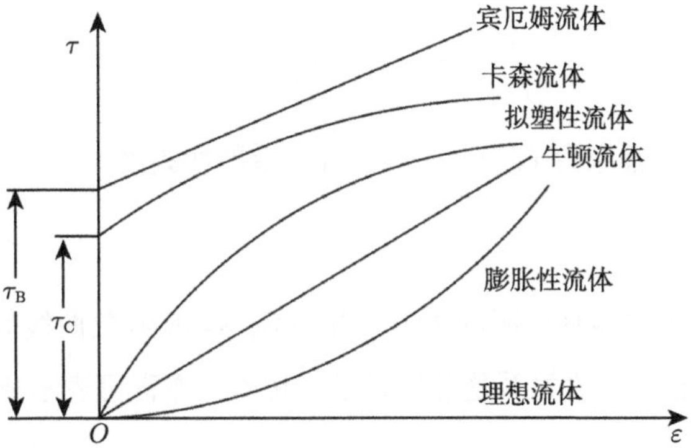

图 9-6 牛顿与非牛顿流体的应力应变关系

1. 拟塑性流体和膨胀性流体

拟塑性流体在日常生活和工程上应用极为广泛，如流质食品、高分子胶体溶液等。其表观黏度 μ_a(曲线的斜率) 随变形速率 ε 的增长而减小，如图 9-6 所示，即变形速率越大，表观黏度越小，流动性就越好。因此，拟塑性流体亦称为剪切稀化

流体。当变形速率较高或较低时，表观黏度接近于常数。膨胀性流体的特点为表观黏度随变形速率的增长而增加，如乳胶、悬浮液等。

拟塑性流体和膨胀性流体的本构方程可表示成下面的形式：

$$\tau = k\varepsilon^n \tag{9-2}$$

式中，k 为流变系数；n 为流变指数。

若 $n<1$，则为拟塑性流体，表现为剪切稀化 (shear thinning)；

若 $n>1$，则为膨胀性流体，表现为剪切稠化 (shear thickening)；

若 $n=1$，则为牛顿流体，可看作一个特例。

通常，将具有上面幂律形式的流体，称为幂律 (power law) 流体。

2. 宾厄姆流体

如图 9-6 所示，宾厄姆流体为塑性流体，具有一个屈服应力 τ_{B}，小于 τ_{B} 时表现为固体，只有克服 τ_{B} 以后才开始流动，如污泥、牙膏、水泥砂浆等，流动过程中的特性和牛顿流体一样，仍为一条直线。宾厄姆流体的本构方程可表示为

$$\tau = \tau_{\mathrm{B}} + \mu_{\mathrm{p}}\varepsilon \tag{9-3}$$

式中，τ_{B} 为宾厄姆屈服应力 (yield stress)；μ_{p} 为塑性黏度。

3. 卡森流体

卡森流体亦是一种具有屈服应力的非牛顿流体，其流变曲线如图 9-6 所示。由图可见，应力与变形速率的关系是非线性的，其本构方程可表示成

$$\varepsilon = \frac{1}{\mu_{\mathrm{C}}}\left(\sqrt{\tau} - \sqrt{\tau_{\mathrm{C}}}\right)^2 \tag{9-4}$$

式中，μ_{C} 为卡森黏度；τ_{C} 为卡森屈服应力。

卡森流体在涂料、塑料等工业中有着广泛的应用。卡森流体的本构方程亦能较准确地反映人或动物血液的流变特性。

上述四种表观黏度不随时间变化的非牛顿流体，即拟塑性流体、膨胀性流体、宾厄姆流体及卡森流体，若用表观黏度表示后，可统一写成与牛顿流体类似的本构

方程，即

$$\tau = \mu_{\rm a}\varepsilon \tag{9-5}$$

式中，表观黏度 $\mu_{\rm a}$ 可归纳为

拟塑性流体：$\mu_{\rm a} = k\varepsilon^{n-1}$, $n < 1$

膨胀性流体：$\mu_{\rm a} = k\varepsilon^{n-1}$, $n > 1$

宾厄姆流体：$\mu_{\rm a} = \mu_{\rm p} + \dfrac{\tau_{\rm B}}{\varepsilon}$

卡森流体：$\mu_{\rm a} = \left(\sqrt{\mu_{\rm C}} + \sqrt{\dfrac{\tau_{\rm C}}{\varepsilon}}\right)^2$

4. 触变性和震凝性流体

前面我们讨论的是流体的流变性与时间无关的非牛顿流体，得到的表观黏度只是变形速率的函数，而与时间无关。也就是说，当变形速率改变后，流体内部结构的调整是在瞬间完成的，可立即得到相应于变形速率的切应力和表观黏度。但是有些流体，其结构的调整是较缓慢的。由于流体的力学性质受结构变化的影响，因此在结构调整的时段内，流变性质亦随时间变化，直至形成新的平衡结构为止。触变性流体在一定的剪切作用下，其表观黏度随时间的增长而减小，如油漆、油墨、钻井泥浆等；震凝性流体则随时间的增长而增大，如溶胶、石灰浆等，如图 9-7 所示。关于流体的触变性，其本构方程迄今尚未完全弄清楚。

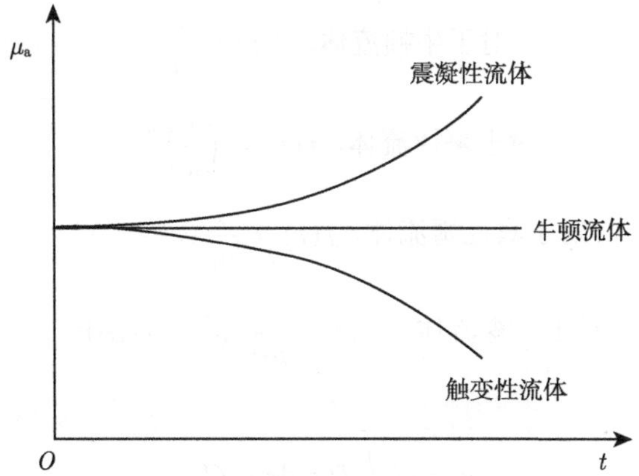

图 9-7 表观黏度随时间变化

5. 黏弹性流体

顾名思义，黏弹性流体具有黏性和弹性双重特性。与黏性流体的主要区别在于外力消除后有部分变形恢复，而与弹性固体的主要区别是徐变。黏弹性流体除了黏度随时间变化外，还存在法向应力差效应，而牛顿流体则无此效应。如面团、沥青等属于此类流体。

§9.2　黏性流体的层流运动

非牛顿流体的黏度往往较大，管流中雷诺数较低，一般为层流。Hagen(1839) 和 Poiseuille(1846) 最早研究了圆管中黏性流体的层流运动。Hagen 是位德国工程师，对圆管中的层流进行了试验研究；Poiseuille 是位法国医生，研究了血管中的流动问题。因此，圆管层流也称为 Hagen-Poiseuille 流动。

9.2.1　黏性流体流速和流量的一般表达式

黏性流体的本构方程可表示成：

$$\varepsilon = f(\tau) = -\frac{\mathrm{d}u}{\mathrm{d}r} \tag{9-6}$$

式中，负号表示 $\mathrm{d}u/\mathrm{d}r < 0$，即 u 随 r 的增加而减小。函数 $f(\tau)$ 的形式因流体性质而异：

$$\text{对于牛顿流体，} f(\tau) = \frac{\tau}{\mu} \tag{9-7}$$

$$\text{对于幂律流体，} f(\tau) = \left(\frac{\tau}{k}\right)^{\frac{1}{n}} \tag{9-8}$$

$$\text{对于宾厄姆流体，} f(\tau) = \frac{1}{\mu_{\mathrm{p}}}(\tau - \tau_{\mathrm{B}}) \tag{9-9}$$

$$\text{对于卡森流体，} f(\tau) = \frac{1}{\mu_{\mathrm{C}}}(\sqrt{\tau} - \sqrt{\tau_{\mathrm{C}}})^2 \tag{9-10}$$

对式 (9-6) 积分得

$$u = -\int f(\tau)\mathrm{d}r + C \tag{9-11}$$

由边界条件确定积分常数，设圆管半径为 r_0，在管壁处，$r = r_0$，$u = 0$，代入上式，

得 $C=\int_0^{r_0} f(\tau)\mathrm{d}r$，代入式 (9-11) 得

$$u=\int_r^{r_0} f(\tau)\mathrm{d}r \tag{9-12}$$

由水力学中均匀流基本方程知，

$$\tau_0=\gamma RJ=\gamma\frac{r_0}{2}J=\frac{\Delta p r_0}{2l} \tag{9-13}$$

$$\frac{\tau}{\tau_0}=\frac{r}{r_0} \tag{9-14}$$

上式表明，断面上切应力呈线性分布，与圆管半径成正比，且在轴线处切应力为零，在壁面上最大。式中，γ, R, J、τ_0 及 Δp 分别为水的重度、水力半径、水力坡度、壁面切应力及压降。将式 (9-14) 以 r 代入式 (9-12) 得

$$u=\frac{r_0}{\tau_0}\int_\tau^{\tau_0} f(\tau)\mathrm{d}\tau \tag{9-15}$$

这就是黏性流体做圆管层流运动时流速分布的一般表达式，只要将 $f(\tau)$ 的具体形式代入，便可得相应的流速分布。例如，对于牛顿流体，将式 (9-7)、式 (9-13) 代入式 (9-15) 可得

$$u=\frac{\gamma J}{4\mu}\left(r_0^2-r^2\right) \tag{9-16}$$

这就是牛顿流体圆管层流的流速分布，服从抛物线规律。

黏性流体通过管道的流量 Q 可表示成：

$$Q=\int_0^{r_0} 2\pi r\,u\mathrm{d}r=2\pi\int_0^{r_0} ru\mathrm{d}r \tag{9-17}$$

对上式分部积分得

$$Q=\pi r^2 u|_0^{r_0}-\int_0^{r_0}\pi r^2\frac{\mathrm{d}u}{\mathrm{d}r}\mathrm{d}r \tag{9-18}$$

管壁处 $r=r_0$ 时，$u=0$，因此 $\pi r^2 u|_0^{r_0}=0$，考虑到式 (9-6)，代入上式得

$$Q=\int_0^{r_0}\pi r^2 f(\tau)\mathrm{d}r \tag{9-19}$$

将式 (9-14) 以 r 代入上式，则流量 Q 可表示成：

$$Q=\pi\left(\frac{r_0}{\tau_0}\right)^3\int_0^{\tau_0}f(\tau)\tau^2\mathrm{d}\tau \tag{9-20}$$

上式即为黏性流体流量 Q 的一般表达式。只要 $f(\tau)$ 已知，即可求出流量的具体表达式。对于牛顿流体，以式 (9-6)、式 (9-16) 代入式 (9-20) 积分得

$$Q=\frac{\pi\gamma J}{8\mu}r_0^4=\frac{\pi\gamma J}{128\mu}D^4 \tag{9-21}$$

此式表明，圆管层流的流量 Q 与管径 D 的 4 次方成比例。若以压降 Δp 表示，式 (9-21) 还可进一步写成：

$$Q=\frac{\pi r_0^4\Delta p}{8\mu l} \tag{9-22}$$

那么，压降 Δp 可表示成

$$\Delta p=\frac{8\mu Ql}{\pi r_0^4}=\frac{8\mu Ul}{r_0^2} \tag{9-23}$$

管道中断面平均流速可表示成：

$$U=\frac{\int_A u\mathrm{d}A}{A}=\frac{Q}{A} \tag{9-24}$$

将式 (9-15) 代入上式，并考虑到圆形面积 $A=r_0^2\pi$，则圆管中断面平均流速可写成：

$$U=\frac{r_0}{\tau_0^3}\int_0^{\tau_0}f(\tau)\tau^2\mathrm{d}\tau \tag{9-25}$$

最后应当指出，只要流体黏性系数不随时间变化，上述各式对牛顿流体和非牛顿流体均适用。

9.2.2 Rabinowitsch-Mooney 公式

Rabinowitsch(1929)，Mooney(1931) 推导出圆管壁面处流体微团变形速率的一般表达式。由均匀流基本方程知，壁面切应力与压降之间的关系可表示成：

$$\tau_0=\frac{\Delta p r_0}{2l}=\frac{\Delta pD}{4l} \tag{9-26}$$

将压降表达式 (9-23) 代入上式得

$$\tau_0 = \mu \frac{4Q}{\pi r_0^3} = \mu \frac{8U}{D} \tag{9-27}$$

与牛顿内摩擦定律对比，可得壁面处流体微团的变形速率：

$$\varepsilon_0 = \frac{4Q}{\pi r_0^3} = \frac{8U}{D} \tag{9-28}$$

对于牛顿流体，只要建立 $\Delta pD/4l$ 与 $8U/D$ 之间的关系，就可得到牛顿流体的本构方程，并可绘出其流动曲线，式中 Δp, D, l, U 都是管道流动中容易量测的物理量。然而，对于非牛顿流体，是否亦可建立 $\Delta pD/4l$ 与 $8U/D$ 之间的关系呢？下面我们就此进行讨论。

将黏性流体在管道中流动的断面平均流速表达式 (9-25) 代入变形速率关系式 (9-28) 得

$$\varepsilon_0 = \frac{8U}{D} = \frac{4}{\tau_0^3} \int_0^{\tau_0} \tau^2 f(\tau) \mathrm{d}\tau \tag{9-29}$$

上式对所有黏性流体均适用。方程右端仅为 τ_0 的函数，即

$$\varepsilon_0 = f(\tau_0) = f\left(\frac{\Delta pD}{4l}\right) \tag{9-30}$$

对于非时变性非牛顿流体，切应力与变形速率之间存在上述函数关系。现在找出其具体的函数关系。将式 (9-29) 改写成：

$$\frac{8Q}{\pi D^3} \tau_0^3 = \int_0^{\tau_0} \tau^2 f(\tau) \mathrm{d}\tau \tag{9-31}$$

上式等号两端对 τ_0 求导得

$$\frac{\mathrm{d}}{\mathrm{d}\tau_0}\left(\frac{8Q}{\pi D^3}\right)\tau_0^3 + \frac{8Q}{\pi D^3}\frac{\mathrm{d}\tau_0^3}{\tau_0} = \tau_0^2 f(\tau_0) \tag{9-32}$$

亦即

$$\frac{1}{4}\frac{\mathrm{d}}{\mathrm{d}(\ln \tau_0)}\left[\ln\left(\frac{8U}{D}\right)\right]\frac{8U}{D} + \frac{3}{4}\frac{8U}{D} = f(\tau_0) \tag{9-33}$$

令

$$\frac{\mathrm{d}\,(\ln \tau_0)}{\mathrm{d}\left[\ln\left(\frac{8U}{D}\right)\right]} = n' \tag{9-34}$$

则式 (9-33) 可表示成

$$f(\tau_0)=\frac{1+3n'}{4n'}\frac{8U}{D} \tag{9-35}$$

上式即为 Rabinowitsch-Mooney 公式，即表示非时变性非牛顿流体壁面处变形速率的一般表达式。实际上，上式对于牛顿流体、宾厄姆流体、拟塑性流体及膨胀性流体均适用。

若 n' 为常数，则由 n' 的定义表达式 (9-34) 积分得

$$\tau_0=k'\left(\frac{8U}{D}\right)^{n'}=\frac{\Delta pD}{4l} \tag{9-36}$$

式中，k', n' 分别为反映流变特性的系数和指数，通常称之为流变系数和流变指数，可由管式流变仪测定。式 (9-36) 可用于所有非时变性非牛顿流体的层流计算，并且用起来很方便。

9.2.3　Metzner-Reed 雷诺数

若将式 (9-36) 写成 Darcy-Weisbach 公式的形式，即

$$h_f=\lambda\frac{l}{D}\frac{U^2}{2g} \tag{9-37}$$

$$h_f=\frac{\Delta p}{\gamma}=\frac{4k'}{\gamma}\frac{l}{D}\left(\frac{8U}{D}\right)^{n'}=\frac{2^{3n'+3}k'gU^{n'-2}}{\gamma D^{n'}}\frac{l}{D}\frac{U^2}{2g} \tag{9-38}$$

对比式 (9-37) 与式 (9-38)，并考虑到层流时 $\lambda=64/Re$，得

$$\lambda=\frac{2^{3n'+3}k'gU^{n'-2}}{\gamma D^{n'}}=\frac{64}{Re_{\mathrm{MR}}} \tag{9-39}$$

式中，Re_{MR} 为 Metzner-Reed 雷诺数 (Metzner and Reed,1955)，可表示成

$$Re_{\mathrm{MR}}=\frac{\rho U^{2-n'}D^{n'}}{8^{n'-1}k'} \tag{9-40}$$

Metzner-Reed 雷诺数亦称作广义雷诺数。对于牛顿流体，若取 $n'=1$，$k'=\mu$，代入式 (9-40) 可得 $Re_{\mathrm{MR}}=UD/\nu$，这就是我们熟知的牛顿流体的雷诺数。应用 Metzner-Reed 雷诺数，可把牛顿流体与非牛顿流体做层流运动的计算公式统一起来。大量

试验研究结果表明，非牛顿流体与牛顿流体在层流区的阻力系数满足下式：

$$f = \frac{16}{Re_{\mathrm{MR}}} \tag{9-41}$$

式中，f 为化学工程中常用的 Fanning 阻力系数，与 Darcy-Weisbach 阻力系数 λ 的关系为 $f = \lambda/4$。把 f 与 Re_{MR} 的关系点绘在双对数坐标纸上，如图 9-8 所示。由图可见，所有试验点均落在同一条直线上。由阻力系数与雷诺数之间的关系可知，非牛顿流体和牛顿流体都遵循统一的变化规律。但是，由于非牛顿流体的黏性一般要比牛顿流体大得多，在一定的管径中以层流流态输送某流量时，非牛顿流体所承受的阻力也要比牛顿流体大得多。因此，以层流流态输送非牛顿流体一般是不经济的。另外，流速过大会大大增加水泵的动力。因此，从动力经济角度考虑，把非牛顿流体均质浆液维持在从层流过渡到紊流的临界状态较为合理。

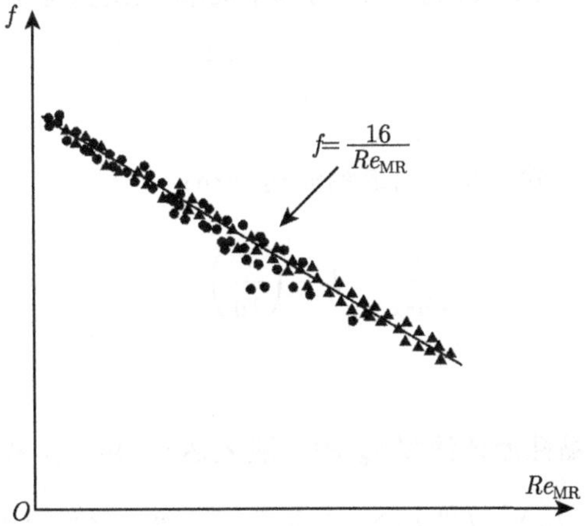

图 9-8 f 与 Re_{MR} 的相关关系

§9.3 拟塑性和膨胀性流体的流动

由 §9.1 知，拟塑性流体和膨胀性流体的本构方程具有相同的形式，均可表示成幂函数形式：

$$\varepsilon = \left(\frac{\tau}{k}\right)^{1/n} = f(\tau) \tag{9-42}$$

若 $n<1$，表示剪切稀化，为拟塑性流体；若 $n>1$，表示剪切稠化，为膨胀性流体。

9.3.1　流速分布

将式 (9-42) 代入黏性流体流速分布的一般表达式 (9-15)，得

$$u=\frac{r_0}{\tau_0}\int_{\tau}^{\tau_0}\left(\frac{\tau}{k}\right)^{1/n}\mathrm{d}\tau=\frac{r_0}{\tau_0}\left(\frac{1}{k}\right)^{1/n}\frac{n}{n+1}\left(\tau_0^{\frac{n+1}{n}}-\tau^{\frac{n+1}{n}}\right) \tag{9-43}$$

以 $\tau_0=\dfrac{r_0\Delta p}{2l}$，$\tau=\dfrac{r\Delta p}{2l}$ 代入上式，得

$$u=\frac{n}{n+1}\left(\frac{\Delta p}{2kl}\right)^{1/n}\left(r_0^{\frac{n+1}{n}}-r^{\frac{n+1}{n}}\right) \tag{9-44}$$

上式即为拟塑性流体和膨胀性流体统一的流速分布表达式。

在管道轴线上，$r=0$，代入式 (9.44) 可得断面上最大流速：

$$u_{\max}=\frac{n}{n+1}\left(\frac{\Delta p}{2kl}\right)^{1/n}r_0^{\frac{n+1}{n}} \tag{9-45}$$

式 (9-44) 与式 (9-45) 相除，可得无量纲流速分布：

$$\frac{u}{u_{\max}}=1-\left(\frac{r}{r_0}\right)^{\frac{n+1}{n}} \tag{9-46}$$

9.3.2　流量

将式 (9-42) 代入黏性流体流量 Q 的一般表达式 (9-20)，得

$$Q=\pi\left(\frac{r_0}{\tau_0}\right)^3\int_0^{\tau_0}\left(\frac{\tau}{k}\right)^{1/n}\tau^2\mathrm{d}\tau=\frac{n}{3n+1}\left(\frac{\tau_0}{k}\right)^{1/n}\pi r_0^3 \tag{9-47}$$

若以 $\tau_0=\dfrac{r_0\Delta p}{2l}$ 代入上式，可得

$$Q=\frac{n\pi}{3n+1}\left(\frac{\Delta p}{2kl}\right)^{1/n}r_0^{\frac{3n+1}{n}} \tag{9-48}$$

这就是拟塑性流体和膨胀性流体的流量表达式。我们不妨对上式作一简单分析。

对于流变指数 $n<1$ 的拟塑性流体，若取 $n=0.5$，代入式 (9-48) 得

$$Q=\frac{\pi}{5}\left(\frac{\Delta p}{2kl}\right)^2 r_0^5 \tag{9-49}$$

对于 $n=1$ 的牛顿流体，其流量为

$$Q=\frac{\pi}{4}\left(\frac{\Delta p}{2\mu l}\right)r_0^4 \tag{9-50}$$

对比式 (9-49)、式 (9-50) 不难看出，若压降增加一倍，即 Δp 增至 $2\Delta p$，牛顿流体流量则由 Q 增到 $2Q$；然而，对于拟塑性流体的流量，则由 Q 增至 $4Q$。这表明增大压降后，拟塑性流体流量的增大幅度比牛顿流体大得多。因此，不能把以牛顿流体压降原理设计的流量计应用于拟塑性流体和膨胀性流体。

9.3.3 断面平均流速

以流量表达式 (9-48) 代入断面平均流速的定义式，即

$$U=\frac{Q}{A}=\frac{Q}{\pi r_0^2}=\left(\frac{\Delta p}{2kl}\right)^{1/n}\frac{n}{3n+1}r_0^{\frac{n+1}{n}} \tag{9-51}$$

若以管径 D 表示，则上式可写作

$$\frac{2(3n+1)}{n}\frac{U}{D}=\frac{1}{k}\left(\frac{D\Delta p}{4l}\right)^{1/n} \tag{9-52}$$

对于牛顿流体，取 $k=\mu$，$n=1$，上式退化为 Hagen-Poiseuille 流动的本构方程

$$\frac{8U}{D}=\frac{D\Delta p}{4\mu l} \tag{9-53}$$

将式 (9-44) 与式 (9-51) 相除得

$$\frac{u}{U}=\left(\frac{3n+1}{n+1}\right)\left[1-\left(\frac{r}{r_0}\right)^{\frac{n+1}{n}}\right] \tag{9-54}$$

不同指数 n 下流速分布的比较如图 9-9 所示。从图中不难看出，拟塑性流体的流速分布比牛顿流体更为均匀，膨胀性流体则恰恰相反，随着指数 n 的增大，逐渐向三角形的流速分布逼近，管道轴线处的流速显著凸出。当指数 n 较小时，在管道轴线附近的流速变化很小，存在着类似于宾厄姆流体和卡森流体的“栓塞”现象 (见 §9.4、§9.5)，只有管壁附近的流体才有变形，此时的流速分布与宾厄姆流体或卡森流体的流速分布几乎相同。

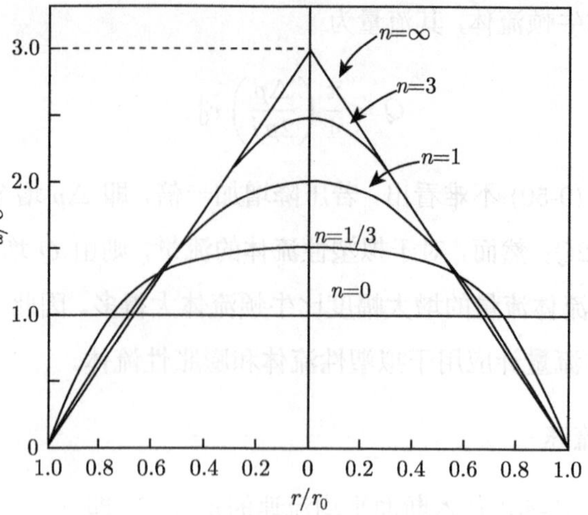

图 9-9　幂律流体流速分布比较

9.3.4　压降

由流量公式 (9-48) 可导出压降的计算式:

$$\Delta p = \frac{2kl}{r_0^{3n+1}}\left(\frac{Q}{\pi}\frac{3n+1}{n}\right)^n \tag{9-55}$$

由此可知，$\Delta p \sim lQ^n/r_0^{3n+1}$，这样可得出以下几点重要结论:

(1) 对于牛顿流体，即 $n=1$，于是

$$\Delta p = \frac{8lQ\mu}{\pi r_0^4} \tag{9-56}$$

若保持流量不变，则 $\Delta p \sim r_0^{-4}$，也就是说，若管径稍有变化，就会引起压降的骤然改变，压降对管径的变化是极为敏感的。因此，实际工程可通过调整管径来改变压降。相反，对于 $n<1$ 的拟塑性流体，尤其是高拟塑性流体，即 $n \to 0$，则 $\Delta p \sim r_0^{-1}$，这意味着欲使压降作同样比例的减少，必须选用很大的管径。显然，通过调整管径来改变压降的方法就不那么有效了。

(2) 高拟塑性流体在管道内流动的压降几乎与流量无关，这意味着只要加快水泵的转速，就可以有效地增加管路的输送能力。

(3) 对于高拟塑性流体，利用一定长度的管道压降来测量流量是不适宜的。

将式 (9-48) 进一步写成:

$$\frac{8U}{D}=\frac{4n}{(3n+1)k^{1/n}}\left(\frac{D\Delta p}{4l}\right)^{1/n} \tag{9-57}$$

对于拟塑性流体在管道中做层流运动的情形，$\dfrac{D\Delta p}{4l}$ 与 $\dfrac{8U}{D}$ 之间的关系仅与流体的黏性有关，而与管径无关。这样，我们就可用毛细管的量测结果，直接推算在各种管道中输送拟塑性流体层流时的阻力损失。Behn 和 Shane (1963) 曾对比了泥浆在管道中和毛细管中的流动特性。

§9.4　宾厄姆流体的流动

由黏性流体在管道内的切应力分布知，切应力在管道轴线上为零，在管壁处最大，在断面上的切应力呈直线分布。由宾厄姆 (Bingham) 流体的本构方程知

$$\tau=\tau_{\mathrm{B}}+\mu_{\mathrm{p}}\varepsilon$$

宾厄姆流体为塑性流体，存在一个屈服应力 τ_{B}，小于 τ_{B} 时表现为固体，只有克服 τ_{B} 以后才开始流动。若壁面切应力 τ_0 小于屈服应力 τ_{B}，则整个断面上流速都等于零。因此，对于管道内的宾厄姆流体，其流动的条件应为 $\tau_0>\tau_{\mathrm{B}}$，即

$$\frac{r_0}{2l}\Delta p>\tau_{\mathrm{B}} \tag{9-58}$$

宾厄姆流体的本构方程还可写作：

$$\varepsilon=f(\tau)=\frac{1}{\mu_{\mathrm{p}}}(\tau-\tau_{\mathrm{B}})$$

从切应力的角度来考察，管道内宾厄姆流体的流动可分为两个区，即栓塞区 (或称流核区) 和近壁区 (或称速度梯度区)，如图 9-10 所示。

当 $0<\tau<\tau_{\mathrm{B}}$ 时，

$$f(\tau)=0$$

当 $\tau_{\mathrm{B}}<\tau<\tau_0$ 时，

$$f(\tau)=\frac{\tau-\tau_{\mathrm{B}}}{\mu_{\mathrm{p}}}$$

设在径向 r_{p} 处的切应力等于宾厄姆流体的屈服应力 τ_{B}，若在 $r>r_{\mathrm{p}}$ 的区域内，其切应力大于屈服应力，即 $\tau>\tau_{\mathrm{B}}$，则会产生流动，称之为近壁区；若 $r\leqslant r_{\mathrm{p}}$，

则 $\tau < \tau_{\mathrm{B}}$，流体不能产生相对运动，而是像一根门栓一样以定常速度 U_0 向前滑动，称此区为栓塞区。

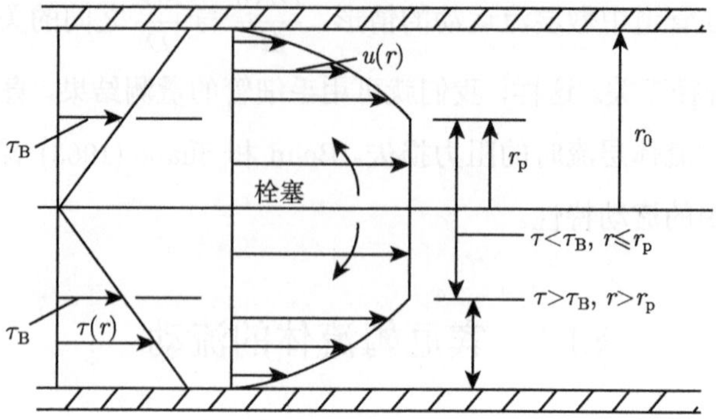

图 9-10　管道内宾厄姆流体分区

当 $r = r_{\mathrm{p}}$ 时，$\tau = \tau_{\mathrm{B}}$，由均匀流基本方程 (9-13) 可得

$$r_{\mathrm{p}} = \frac{2l\tau_{\mathrm{B}}}{\Delta p} \tag{9-59}$$

上式表明，随着压降 Δp 的增大，栓塞区逐渐缩小，近壁区逐渐扩大。设壁面切应力 τ_0 等于宾厄姆屈服应力 τ_{B} 时的压降为 Δp_y，则

$$\tau_{\mathrm{B}} = \frac{r_{\mathrm{p}}\Delta p_y}{2l} \tag{9-60}$$

考虑到 $\tau_0 = \dfrac{r_0 \Delta p}{2l}$，与上式相除得

$$\frac{\tau_{\mathrm{B}}}{\tau_0} = \frac{\Delta p_y}{\Delta p}\frac{r_{\mathrm{p}}}{r_0} \tag{9-61}$$

下面推求管道内宾厄姆流体流动的流速分布、流量、断面平均流速、压降及阻力系数的表达式。

9.4.1　速度分布

对于近壁区的宾厄姆流体，有

$$f(\tau) = \frac{1}{\mu_{\mathrm{p}}}(\tau - \tau_{\mathrm{B}}) \tag{9-62}$$

将其代入黏性流体流速分布的一般表达式 (9-15)，得

$$u = \frac{r_0}{\tau_0}\int_{\tau}^{\tau_0} f(\tau)\mathrm{d}\tau = \frac{r_0}{\tau_0}\int_{\tau}^{\tau_0}\frac{\tau - \tau_{\mathrm{B}}}{\mu_{\mathrm{p}}}\mathrm{d}\tau = \frac{r_0}{3\mu_{\mathrm{p}}\tau_0}\left[\tau_0^2 - \tau^2 - 2\tau_{\mathrm{B}}(\tau_0 - \tau)\right] \tag{9-63}$$

将 $\tau = \dfrac{r\Delta p}{2l}$ 和 $\tau_0 = \dfrac{r_0\Delta p}{2l}$ 代入上式整理后，得

$$u = \frac{\Delta p}{4l\mu_{\rm p}}(r_0^2 - r^2) - \frac{\tau_{\rm B}}{\mu_{\rm p}}(r_0 - r) \tag{9-64}$$

对于栓塞区，$f(\tau) = 0$，设以门栓形式滑动的固体速度为 U_0，则

$$U_0 = \frac{\Delta p}{2l\mu_{\rm p}r}\left(r_0 - \frac{2l\tau_{\rm B}}{\Delta p}\right) \tag{9-65}$$

9.4.2 流量

根据宾厄姆流体在管道内的流动特征，总流量为近壁区、栓塞区的流量之和，即

$$Q = U_0\pi r_{\rm p}^2 + \int_{r_{\rm p}}^{r_0} 2\pi r u {\rm d}r \tag{9-66}$$

将近壁区、栓塞区的流速分布代入后，得

$$Q = \frac{\pi r_0^4\Delta p}{8l\mu_{\rm p}}\left[1 - \frac{4}{3}\frac{r_{\rm p}}{r_0} + \frac{1}{3}\left(\frac{r_{\rm p}}{r_0}\right)^4\right] \tag{9-67}$$

此式是由 Buckingham 于 1921 年首先提出，通常称之为 Buckingham 公式。

若以 $\dfrac{r_{\rm p}}{r_0} = \dfrac{\Delta p_y}{\Delta p}$ 代入 Buckingham 公式，则得

$$Q = \frac{\pi r_0^4\Delta p}{8l\mu_{\rm p}}\left[1 - \frac{4}{3}\frac{\Delta p_y}{\Delta p} + \frac{1}{3}\left(\frac{\Delta p_y}{\Delta p}\right)^4\right] \tag{9-68}$$

该式表明宾厄姆流体的流量 Q 与压降 Δp 之间为非线性关系，如图 9-11 所示。

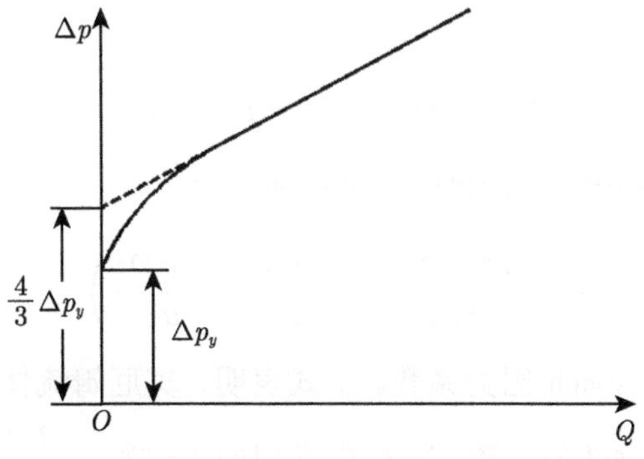

图 9-11 宾厄姆流体 Q-Δp 关系曲线

9.4.3 断面平均流速和压降

当流量较大时，$r_{\rm p} \ll r_0$，Buckingham 公式中的 4 次方项可略去不计，近似表示成

$$Q = \frac{\pi r_0^4 \Delta p}{8 l \mu_{\rm p}}\left(1 - \frac{4}{3}\frac{r_{\rm p}}{r_0}\right) = \frac{\pi r_0^4}{8 l \mu_{\rm p}}\left(\Delta p - \frac{4}{3}\Delta p_y\right) \tag{9-69}$$

上式表明，流量 Q 与压降 Δp 之间呈线性关系，见图 9-11 中的虚线。将上式两端同除以圆形面积 πr_0^2，可得断面平均流速的计算式：

$$U = \frac{r_0^2 \Delta p}{8 l \mu_{\rm p}}\left(1 - \frac{4}{3}\frac{r_{\rm p}}{r_0}\right) \tag{9-70}$$

若以式 (9-59) 代入上式，得

$$U = \frac{r_0^2}{8 l \mu_{\rm p}}\left(\Delta p - \frac{8}{3}\frac{l}{r_0}\tau_{\rm B}\right) \tag{9-71}$$

由上式可解出压降 Δp：

$$\Delta p = \frac{32 l \mu_{\rm p} U}{D^2} + \frac{16}{3}\frac{l}{D}\tau_{\rm B} \tag{9-72}$$

上式表明，管道宾厄姆流体流动的压降由两部分组成，一部分为黏性引起的压降，即式中等号右端第一项；另一部分为屈服应力引起的压降，即式中等号右端第二项。

9.4.4 阻力系数

1. 基于 Hedstrom 数的阻力系数

Hedstrom(1952) 根据宾厄姆流体在管道中的流动特性，认为压降 Δp 与下列因素有关：

$$\Delta p = f(\rho,\ \mu_{\rm p},\ \tau_{\rm B},\ D,\ U,\ l) \tag{9-73}$$

式中符号意义与前文相同。通过量纲分析得到

$$\lambda = \frac{D\Delta p / l}{\rho U^2/2} = f\left(\frac{\rho U D}{\mu_{\rm p}},\ \frac{\rho \tau_{\rm B} D^2}{\mu_{\rm p}^2}\right) \tag{9-74}$$

式中，λ 为 Darcy-Weisbach 阻力系数。上式表明，宾厄姆流体通过管道的阻力系数实际上是两个无量纲数的函数，一个为常用的雷诺数，$\dfrac{\rho U D}{\mu_{\rm p}} = Re$，另一个为 Hedstrom 数：

$$He=\frac{\rho\tau_{\mathrm{B}}D^2}{\mu_{\mathrm{p}}^2} \tag{9-75}$$

这样可将流量与压降 (压力损失) 的关系式 (9-68) 写成以阻力系数 λ、雷诺数 Re 及 Hedstrom 数 He 三个无量纲数表示的形式：

$$\frac{1}{Re}=\frac{\lambda}{64}-\frac{1}{6}\frac{He}{Re^2}+\frac{64}{3\lambda^2}\frac{He^4}{Re^8} \tag{9-76}$$

上式由 Hedstrom 推导而得，所以通常称之为 Hedstrom 阻力系数表达式。

2. 基于Шищенко雷诺数的阻力系数

希辛柯 (Шищенко, 1951) 试图建立宾厄姆流体表观黏度与阻力系数之间的关系。首先求出管道内宾厄姆流体近壁区 ($r_{\mathrm{p}}<r<r_0$) 的平均流速梯度：

$$\left|\frac{\mathrm{d}u}{\mathrm{d}r}\right|_m=-\frac{\Delta p}{4l\mu_{\mathrm{p}}}(r_0-r_{\mathrm{p}}) \tag{9-77}$$

宾厄姆流体的表观黏度可表示成：

$$\mu_{\mathrm{a}}=\mu_{\mathrm{p}}+\frac{\tau_{\mathrm{B}}}{\varepsilon}=\mu_{\mathrm{p}}+\frac{\tau_{\mathrm{B}}}{\mathrm{d}u/\mathrm{d}r} \tag{9-78}$$

其断面平均表观黏度可写成：

$$\bar{\mu}_{\mathrm{a}}=\mu_{\mathrm{p}}\left[1+\frac{4l\tau_{\mathrm{B}}}{\Delta p(r_0-r_{\mathrm{p}})}\right]=\mu_{\mathrm{p}}\frac{r_0+r_{\mathrm{p}}}{r_0-r_{\mathrm{p}}} \tag{9-79}$$

希辛柯建议宾厄姆流体的雷诺数可表示成如下形式：

$$Re_{\text{Ш}}=\frac{\rho U(D-2r_{\mathrm{p}})}{\bar{\mu}_{\mathrm{a}}}=Re\frac{(\bar{r}-1)^2}{\bar{r}\,(\bar{r}+1)} \tag{9-80}$$

式中，$Re_{\text{Ш}}$ 为希辛柯雷诺数；$\bar{r}=r_0/r_{\mathrm{p}}$；$Re=\dfrac{\rho UD}{\mu_{\mathrm{p}}}$。作为一级近似，上式可简化成

$$Re_{\text{Ш}}=Re\frac{\bar{r}-1}{\bar{r}+1} \tag{9-81}$$

Darcy-Weisbach 阻力系数与希辛柯雷诺数的关系如图 9-12 所示，图中为泥浆及泥煤的试验结果。由图可见，在层流范围内，阻力系数 λ 与希辛柯雷诺数 $Re_{\text{Ш}}$ 的关系可拟合成如下关系式：

$$\lambda=\frac{64}{Re_{\text{Ш}}} \tag{9-82}$$

由此可知，层流状态时宾厄姆流体与牛顿流体的阻力公式具有相同的结构形式，只要以希辛柯雷诺数 Re_{III} 代替通常的雷诺数 Re 即可。

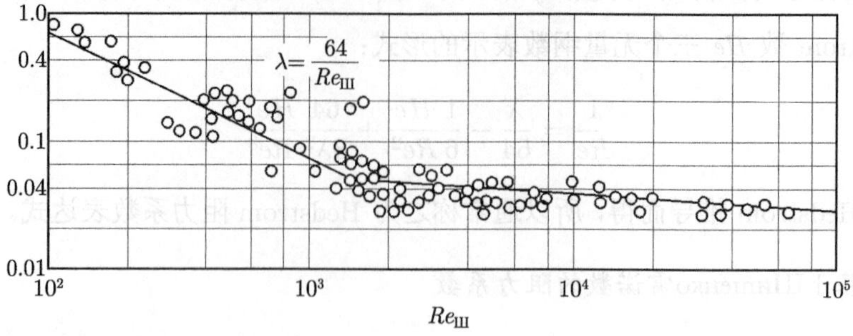

图 9-12　阻力系数 λ 与希辛柯雷诺数 Re_{III} 的关系

§9.5　卡森流体的流动

卡森流体也是一种具有屈服应力的非牛顿流体。设卡森流体的屈服应力为 τ_{C}，欲使卡森流体在管道内流动，则要求壁面切应力 $\tau_0 > \tau_{\text{C}}$。与宾厄姆流体类似，卡森流体在管道内亦分为两个区，即栓塞区 $(r \leqslant r_{\text{p}})$ 和近壁区 $(r > r_{\text{p}})$，其中 r_{p} 为卡森流体切应力 τ 等于其屈服应力 τ_{C} 时所对应的半径。

9.5.1　流速分布

对于近壁区，即 $r > r_{\text{p}}$，由卡森流体的本构方程知

$$f(\tau) = \frac{1}{\mu_{\text{C}}}(\sqrt{\tau} - \sqrt{\tau_{\text{C}}})^2$$

将上式代入黏性流体速度分布的一般表达式 (9-15)，得

$$u = \frac{r_0}{\tau_0}\int_{\tau_{\text{C}}}^{\tau_0} \frac{\left(\sqrt{\tau} - \sqrt{\tau_{\text{C}}}\right)^2}{\mu_{\text{C}}}\mathrm{d}\tau \tag{9-83}$$

以 $\tau = \dfrac{r\Delta p}{2l}$，$\tau_{\text{C}} = \dfrac{r_{\text{p}}\Delta p}{2l}$ 代入上式积分得

$$u = \frac{\Delta p}{4l\mu_{\text{C}}}\left[r_0^2 - r^2 - \frac{8}{3}r_{\text{p}}^{1/2}\left(r_0^{3/2} - r^{3/2}\right) + 2r_{\text{p}}\left(r_0 - r\right)\right] \tag{9-84}$$

上式即为卡森流体圆管层流近壁区的流速分布。

对于栓塞区，即 $r \leqslant r_{\mathrm{p}}$，以 $r = r_{\mathrm{p}}$ 代入式 (9-84) 可得

$$\begin{aligned} U_0 &= \frac{\Delta p}{4l\mu_{\mathrm{C}}}\left(\sqrt{r_0} - \frac{8}{3}\sqrt{r_{\mathrm{p}}}\sqrt{r_0^3} + 2r_{\mathrm{p}}r_0 - \frac{1}{3}r_{\mathrm{p}}^2\right) \\ &= \frac{\Delta p}{4l\mu_{\mathrm{C}}}\left(\sqrt{r_0} - \sqrt{r_{\mathrm{p}}}\right)^3\left(\sqrt{r_0} + \frac{1}{3}\sqrt{r_{\mathrm{p}}}\right) \end{aligned} \tag{9-85}$$

上式为卡森流体圆管层流栓塞区的流速分布。卡森流体在管道内的流速分布类似于图 9-10。

9.5.2 流量

将卡森流体的本构方程 (9-10) 代入黏性流体流量 Q 的一般表达式 (9-20)，可得

$$Q = \frac{\pi r_0^3}{\tau_0^3}\int_{\tau_{\mathrm{C}}}^{\tau_0} f(\tau)\tau^2 \mathrm{d}\tau = \frac{\pi r_0^3}{\tau_0^3}\int_{\tau_{\mathrm{C}}}^{\tau_0} \frac{\left(\sqrt{\tau} - \sqrt{\tau_{\mathrm{C}}}\right)^2}{\mu_{\mathrm{C}}}\tau^2 \mathrm{d}\tau \tag{9-86}$$

积分上式得

$$Q = \frac{\pi r_0^3 \tau_0}{4\mu_{\mathrm{C}}}\left[1 - \frac{16}{7}\left(\frac{\tau_{\mathrm{C}}}{\tau_0}\right)^{1/2} + \frac{4}{3}\left(\frac{\tau_{\mathrm{C}}}{\tau_0}\right) - \frac{1}{21}\left(\frac{\tau_{\mathrm{C}}}{\tau_0}\right)^4\right] \tag{9-87}$$

类似于宾厄姆流体情形，设壁面切应力 τ_0 等于卡森屈服应力 τ_{C} 时的管道压降为 Δp_y，即 $\Delta p_y = \dfrac{2l\tau_{\mathrm{C}}}{r_0}$，则有 $\dfrac{r_{\mathrm{p}}}{r_0} = \dfrac{\Delta p_y}{\Delta p}$，代入式 (9-87) 得

$$Q = \frac{\pi r_0^4 \Delta p}{8l\mu_{\mathrm{C}}}\left[1 - \frac{16}{7}\left(\frac{\Delta p_y}{\Delta p}\right)^{1/2} + \frac{4}{3}\left(\frac{\Delta p_y}{\Delta p}\right) - \frac{1}{21}\left(\frac{\Delta p_y}{\Delta p}\right)^4\right] \tag{9-88}$$

令 $\xi = \Delta p_y/\Delta p$，则上式方括号项可表示成：

$$F(\xi) = 1 - \frac{16}{7}\xi^{1/2} + \frac{4}{3}\xi - \frac{1}{21}\xi^4 \tag{9-89}$$

将式 (9-89) 代入式 (9-88)，可得卡森流体流量 Q 的计算式：

$$Q = \frac{\pi r_0^4 \Delta p}{8l\mu_{\mathrm{C}}}F(\xi) \tag{9-90}$$

$F(\xi)$ 的关系曲线如图 9-13 所示，由图可见，当 $\xi=0$ 时，$F(\xi)=1.0$，这相当于卡森流体的屈服应力 $\tau_{\mathrm{C}}=0$ 的情形，即牛顿流体的流量公式。$F(\xi)$ 随 ξ 的增加而减小，表明屈服应力增大将使流量减少。当 $\xi=1.0$ 时，$F(\xi)=0$，即流量为零。

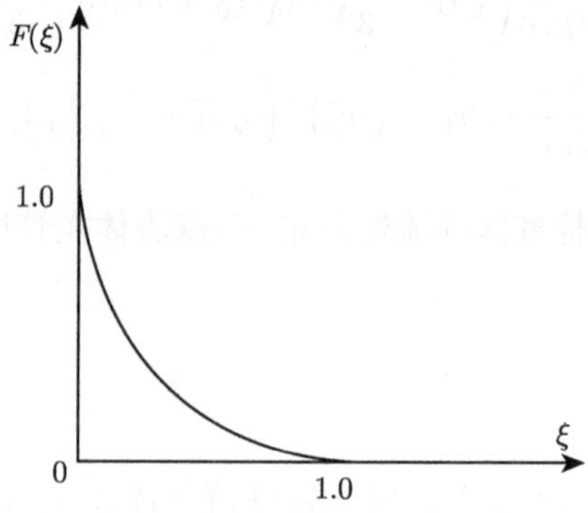

图 9-13 $F(\xi)$-ξ 关系曲线

9.5.3 断面平均流速

以式 (9-88) 代入断面平均流速的定义，即

$$U=\frac{Q}{A}=\frac{Q}{\pi r_0^2}=\frac{r_0^2\Delta p}{8l\mu_{\mathrm{C}}}\left[1-\frac{16}{7}\left(\frac{\Delta p_y}{\Delta p}\right)^{1/2}+\frac{4}{3}\left(\frac{\Delta p_y}{\Delta p}\right)-\frac{1}{21}\left(\frac{\Delta p_y}{\Delta p}\right)^4\right] \tag{9-91}$$

上式即为卡森流体断面平均流速的计算式。

§9.6 非牛顿流体流态的判据

对于不同的非牛顿流体，由层流向紊流过渡时的雷诺数是不同的。§9.2 介绍的 Metzner-Reed 雷诺数虽然可以把牛顿流体与非牛顿流体做层流运动的计算公式统一起来，但不能用作非牛顿流体流态的判据。下面就幂律流体和宾厄姆流体流态的判据作一介绍。

9.6.1 幂律流体流态的判据

牛顿流体的雷诺数是惯性力与黏性力之比，惯性力为 ρu^2，黏性力为 $\mu\dfrac{\mathrm{d}u}{\mathrm{d}y}$，其量纲分别为 $[\rho V^2]$ 和 $[\mu V/L]$，因而其比值的量纲可表示成 $\left[\dfrac{\rho VL}{\mu}\right]=\left[\dfrac{VL}{\nu}\right]=Re$。

流动型态开始转变时的雷诺数叫做临界雷诺数。临界雷诺数又分为上临界雷诺数和下临界雷诺数。大量的试验研究表明，上临界雷诺数是不稳定的，其数值变化范围很大，但下临界雷诺数却是比较稳定的。因此，用牛顿流体的下临界雷诺数作为流态的判别标准。

对于非牛顿流体的雷诺数，判别则较困难。通常，假设在半径为 r 处某层流体首先发生紊流，并用该层流体的雷诺数来代替整个断面上的雷诺数，以作为流态的判据。

今设半径 r 处的流速为 u，非牛顿幂律流体的表观黏度为 $\mu_{\rm a}$，那么根据雷诺数的定义，可写出半径 r 处的雷诺数 Re_r

$$Re_r=\frac{\rho\,ur}{\mu_{\rm a}} \tag{9-92}$$

显然，Re_r 在管道轴线处 $(r=0)$ 和管道壁面上 $(u=0)$ 均为零，其极大值必然在管轴与管壁之间。

对于拟塑性流体和膨胀性流体，即幂律流体，其表观黏度可表示为

$$\mu_{\rm a}=k\varepsilon^{n-1} \tag{9-93}$$

考虑到幂律流体的本构方程及切应力的表达式，上式可写成:

$$\mu_{\rm a}=k\left(\frac{\tau}{k}\right)^{\frac{n-1}{n}}=k\left(\frac{\Delta p}{2k}\frac{r}{l}\right)^{\frac{n-1}{n}} \tag{9-94}$$

幂律流体在管道内流动的速度分布如式 (9-44) 所示:

$$u=\frac{n}{n+1}\left(\frac{\Delta p}{2kl}\right)^{\frac{1}{n}}\left(r_0^{\frac{n+1}{n}}-r^{\frac{n+1}{n}}\right)$$

将式 (9-94)、式 (9-44) 代入式 (9-92) 整理后得

$$Re_r=\frac{n}{n+1}\frac{\rho}{k}\left(\frac{\Delta p}{2kl}\right)^{\frac{2-n}{n}}\left(r_0^{\frac{n+1}{n}}r^{\frac{1}{n}}-r^{\frac{n+2}{n}}\right) \tag{9-95}$$

欲求紊动最大的流层，可对 Re_r 求极值，即

$$\frac{{\rm d}Re_r}{{\rm d}r}=0 \tag{9-96}$$

由此得

$$r=\left(\frac{1}{n+2}\right)^{\frac{n}{n+1}}r_0 \tag{9-97}$$

把式 (9-97) 代入式 (9-95)，可得在 r 处流层发生紊流的雷诺数：

$$\begin{aligned}(Re_r)_{\max}&=\frac{n}{n+1}\frac{\rho}{k}\left(\frac{\Delta p}{2kl}\right)^{\frac{2-n}{n}}\left[\left(\frac{1}{n+2}\right)^{\frac{n}{n+1}}r_0\right]^{\frac{1}{n}}\left(r_0^{\frac{n+1}{n}}-\frac{1}{n+2}r_0^{\frac{n+1}{n}}\right)\\&=n\left(\frac{1}{n+2}\right)^{\frac{n+2}{n+1}}\frac{\rho}{k}\left(\frac{\Delta p}{2kl}\right)^{\frac{2-n}{n}}r_0^{\frac{n+2}{n}}\end{aligned} \tag{9-98}$$

考虑到幂律流体的断面平均流速，如式 (9-51) 所示:

$$U=\left(\frac{\Delta p}{2kl}\right)^{\frac{1}{n}}\frac{n}{3n+1}r_0^{\frac{n+1}{n}}$$

将式 (9-51) 代入式 (9-98) 得

$$(Re_r)_{\max}=\frac{\rho U^2}{r_0\Delta p/2l}n\left(\frac{3n+1}{n}\right)^2\left(\frac{1}{n+2}\right)^{\frac{n+2}{n+1}} \tag{9-99}$$

令

$$\varphi(n)=n\left(\frac{3n+1}{n}\right)^2\left(\frac{1}{n+2}\right)^{\frac{n+2}{n+1}} \tag{9-100}$$

考虑到 $\tau_0=\dfrac{r_0\Delta p}{2l}$，则式 (9-99) 可写作：

$$(Re_r)_{\max}=\frac{\rho U^2}{\tau_0}\varphi(n) \tag{9-101}$$

又由于阻力系数 $C_{\mathrm{D}}=\dfrac{\tau_0}{\rho U^2/2}$，代入上式得

$$(Re_r)_{\max}=\frac{2\varphi(n)}{C_{\mathrm{D}}} \tag{9-102}$$

若 C_{D} 取 Fanning 阻力系数 f，即 $f=16/Re_{\mathrm{c}}$，其中 Re_{c} 为牛顿流体的临界雷诺数，则可定义幂律流体半径 r 处的临界雷诺数如下：

$$(Re_r)_{\mathrm{c}}=\frac{2\varphi(n)}{f} \tag{9-103}$$

已知流变指数 n 值时，由上式可确定幂律流体从层流过渡到紊流的临界雷诺数。

9.6.2 宾厄姆流体流态的判据

1. 基于雷诺数的流态判据

由 §9.4 知，宾厄姆流体流量的 Buckingham 公式可近似写成：

$$Q=\frac{\pi r_0^4\Delta p}{8\mu_{\rm p}l}\left(1-\frac{4}{3}\frac{r_{\rm p}}{r_0}\right) \tag{9-104}$$

考虑到 $\frac{r_{\rm p}}{r_0}=\frac{\tau_{\rm B}}{\tau_0}$，$A=\pi r_0^2$ 及 $\tau_0=\frac{r_0\Delta p}{2l}$，则上式可写成：

$$\tau_0-\frac{4}{3}\tau_{\rm B}=\mu_{\rm p}\frac{8U}{D} \tag{9-105}$$

定义宾厄姆流体的雷诺数为

$$Re_{\rm B}=\frac{\rho UD}{\mu_{\rm e}} \tag{9-106}$$

式中，$\mu_{\rm e}$ 为有效黏度，由式 (9-27) 知

$$\mu_{\rm e}=\frac{\tau_0}{\dfrac{8U}{D}} \tag{9-107}$$

把式 (9-105) 代入式 (9-107)，可得

$$\mu_{\rm e}=\mu_{\rm p}\left(1+\frac{1}{6}\frac{\tau_{\rm B}D}{\mu_{\rm p}U}\right) \tag{9-108}$$

对于直径较大的管道 ($D>25$mm)，上式等号右端括号内第二项比 1 大得多，于是有

$$\mu_{\rm e}=\frac{\tau_{\rm B}D}{6U} \tag{9-109}$$

将式 (9-109) 代入式 (9-106)，整理得

$$Re_{\rm B}=\frac{6\rho U^2}{\tau_{\rm B}} \tag{9-110}$$

其临界雷诺数可写作

$$(Re_{\rm B})_{\rm c}=\frac{6\rho U_{\rm c}^2}{\tau_{\rm B}} \tag{9-111}$$

式中，$U_{\rm c}$ 为临界流速。将屈服应力 $\tau_{\rm B}$ 代入上式，则可确定宾厄姆流体的临界雷诺数。

2. 基于 Hedstrom 数的流态判据

Hanks(1963) 认为，宾厄姆流体由层流过渡到紊流的临界条件主要取决于 Hedstrom 数 He，即

$$He=\frac{\rho\tau_{\mathrm{B}}D^2}{\mu_{\mathrm{p}}^2}=\left(\frac{\rho UD}{\mu_{\mathrm{p}}}\right)\cdot\left(\frac{\tau_{\mathrm{B}}D}{U\mu_{\mathrm{p}}}\right)=Re_{\mathrm{B}}\cdot Y_{\mathrm{B}} \tag{9-112}$$

式中，Re_{B}, Y_{B} 分别为宾厄姆流体的雷诺数和屈服数。Hanks 建议宾厄姆流体的临界雷诺数可表示成：

$$(Re_{\mathrm{B}})_{\mathrm{c}}=\frac{He}{8a_{\mathrm{c}}}\left(1-\frac{4}{3}a_{\mathrm{c}}+\frac{1}{3}a_{\mathrm{c}}^4\right) \tag{9-113}$$

上式称为 Hanks 雷诺数，其中 $a_{\mathrm{c}}=\tau_{\mathrm{B}}/\tau_{0\mathrm{c}}$，与 Hedstrom 数存在如下关系：

$$\frac{a_{\mathrm{c}}}{(1-a_{\mathrm{c}})^3}=\frac{He}{16800} \tag{9-114}$$

几种宾厄姆流体 (水泥砂浆、污泥及石灰浆体等) 的临界雷诺数与 Hedstrom 数的关系如图 9-14 所示，图中实线为式 (9-113)、式 (9-114) 的计算结果。从图中不难看出，Hanks 雷诺数的计算值与实测值吻合良好。

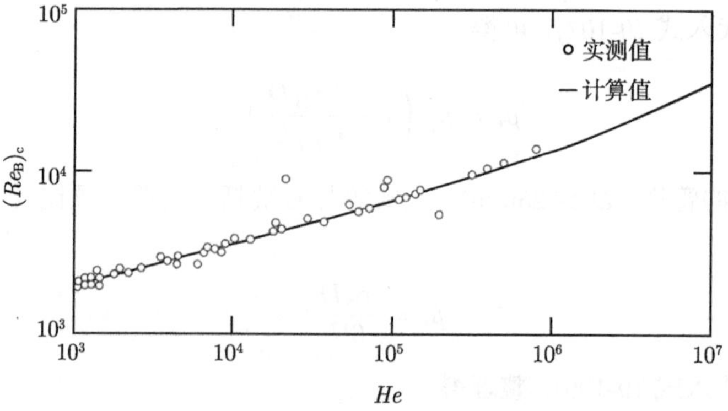

图 9-14 临界雷诺数与 Hedstrom 数的关系

§9.7 非牛顿流体的紊流运动

目前关于非牛顿流体在管道内的紊流运动的研究，主要限于紊流光滑区。一是由于非牛顿流体黏度较大，在管道中流动时雷诺数较低；二是为了减少阻力，节省

动力，一般都尽量采用光滑区。

9.7.1 流速分布

Dodge 和 Metzner(1959) 参照牛顿流体的对数流速分布公式，推导出适用于光滑管道中幂律流体的流速分布公式。对于主流区，有

$$
\begin{aligned}
u^+ =& \frac{5.66}{n^{0.75}} \lg y^+ - \frac{0.4}{n^{1.2}} \\
&+ \frac{2.458}{n^{0.75}} \left[1.960 + 1.255n - 1.628n \lg\left(3 + \frac{1}{n}\right)\right]
\end{aligned} \tag{9-115}
$$

式中，$u^+ = \dfrac{u}{u_*}$，u_* 为摩阻流速，即 $u_* = \sqrt{\dfrac{\tau_0}{\rho}}$；$y^+ = \dfrac{\rho u_*^{2-n} y^n}{k}$；$k$，$n$ 为流变系数和流变指数。对于壁面层，有

$$
u^+ = \left(y^+\right)^{1/n} \tag{9-116}
$$

图 9-15 为 $n = 0.377$，$Re_{\mathrm{MR}} = 4876$ 时的流速分布。由图可见，非牛顿流体的紊流流速分布比其层流流速分布要平坦得多。

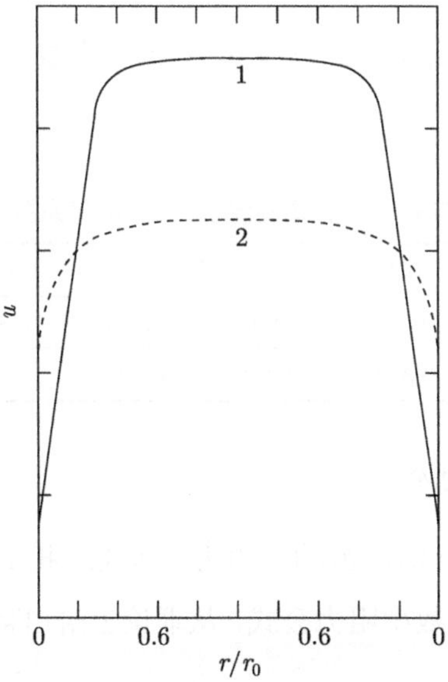

图 9-15 非牛顿流体紊流与层流流速分布比较

1. 层流情形；2. 紊流情形

Brodkey 等 (1961) 基于 Pai(1956) 从雷诺方程导出的主流区、壁面层的牛顿流体流速分布公式，将其推广到非牛顿流体，导出光滑管流的流速分布：

$$\frac{u}{u_{\max}}=1+\frac{s-\alpha}{\alpha-\dfrac{n+1}{2n}}\left(\frac{r_0-r}{r_0}\right)^{\frac{n+1}{n}}+\frac{\dfrac{n+1}{2n}-s}{\alpha-\dfrac{n+1}{2n}}\left(\frac{r_0-r}{r_0}\right)^{2\alpha} \tag{9-117}$$

式中，$s=\dfrac{\left(\rho r_0^n u_*^{2-n}/k\right)^{1/n}}{2u_{\max}/u_*}$；$\alpha$ 由试验确定。

9.7.2 阻力

1. Blasius 型阻力公式

与牛顿流体紊流光滑区类似，非牛顿流体也可采用具有 Blasius 形式的公式来计算沿程阻力系数，即

$$\lambda=\frac{a}{Re^b} \tag{9-118}$$

式中，λ 为 Darcy-Weisbach 阻力系数。对于牛顿流体，$a=0.3164$, $b=1/4$；对于宾厄姆流体，若采用希辛柯雷诺数，则 $a=0.72$, $b=1/6$；对于牛顿与非牛顿流体，若采用 Metzner-Reed 雷诺数式 (9-40)，则流变指数 n 与系数 a, b 的关系列于表 9-1 中。

表 9-1 牛顿与非牛顿流体的流变指数 n 与系数 a, b 的关系

n	0.2	0.3	0.4	0.6	0.8	1.0	1.4	2.0
a	0.258	0.274	0.285	0.296	0.304	0.316	0.322	0.330
b	0.349	0.325	0.307	0.281	0.263	0.250	0.231	0.213

2. Dodge-Metzner 阻力公式

对于幂律流体在紊流光滑区流动的阻力，Dodge 和 Metzner (1959) 基于牛顿流体的 Prandtl-Karman 对数型阻力公式，从理论上给出幂律流体光滑紊流区的阻力公式

$$\frac{1}{\sqrt{\lambda}}=A\lg\left(Re_{\mathrm{MR}}\sqrt{\left(\frac{\lambda}{4}\right)^{1-n}}\right)+B \tag{9-119}$$

式中，$A=\dfrac{2.0}{n^{0.75}}$；$B=-\dfrac{0.2}{n^{1.2}}$；λ 为 Darcy-Weisbach 阻力系数。图 9-16 绘出式 (9-119) 所描述的阻力系数 λ 与 Metzner-Reed 雷诺数 Re_{MR} 之间的关系。由图可见，在紊流范围内，幂律流体的阻力系数随雷诺数的变化规律相同，但拟塑性流体的阻力系数小于牛顿流体，膨胀性流体的阻力系数则大于牛顿流体。层流转变为紊流的临界雷诺数 Re_{MR} 随流变指数 n 减小而增大，如 $n=1$ 时，Re_{MR}=2100；$n=0.4$ 时，Re_{MR}=3000。Dodge 和 Metzner 的研究还表明，若用壁面切应力来确定流变指数 n，则式 (9-119) 可用于非幂律流体 (如黏土悬浮液等) 的阻力计算。

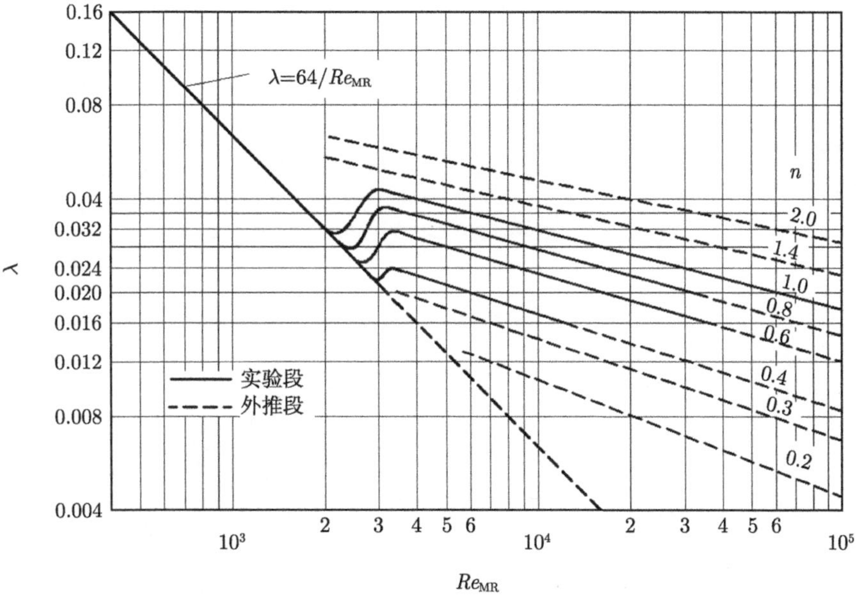

图 9-16 阻力系数 λ 与 Metzner-Reed 雷诺数 Re_{MR} 的关系

应当指出，虽然人们发现许多非牛顿流体基本满足 Dodge-Metzner 阻力公式 (9-119)，但某些高分子聚合物溶液在做紊流运动时，其阻力系数却比式 (9-119) 的计算值小得多。在紊流区阻力系数随 Metzner-Reed 雷诺数的变化不是趋缓，而是像层流一样继续下降，仿佛紊动受到了抑制或推迟向紊流的转捩。有些非牛顿流体的这种变化趋势会一直持续下去，直至其阻力系数比清水的阻力系数还低一个数量级，如用以降低抽排流体阻力的瓜尔胶和某些聚合物就具有这个特性。此外，由固体与水组成的浆体在管内做紊流运动时，其阻力系数甚至比清水的阻力系数还小。在管壁附近，液相与固相分离形成边界层，浆体中更稠的主流区像栓塞一样运动，由于边界层与主流区之间动量的紊动输运减弱，所以层流边界层增厚，阻力系数比清水流动时更小，如高浓度煤浆的阻力系数比清水低很多，高浓度纸浆做紊流运动时的阻力系数也比清水低。

参考文献

董志勇. 1997. 冲击射流. 北京: 海洋出版社.

董志勇. 2005. 射流力学. 北京: 科学出版社.

董志勇. 2015. 环境流体力学. 北京: 科学出版社.

董志勇, 吕阳泉. 2003. 非牛顿流体的异常特性与本构关系//水力学与水利信息学进展. 北京: 中国标准出版社: 105-108.

窦国仁. 1981. 紊流力学 (上册). 北京: 人民教育出版社.

窦国仁. 1987. 紊流力学 (下册). 北京: 高等教育出版社.

南京工学院数学教研组. 1982. 积分变换. 北京: 高等教育出版社.

欧特尔 H, 等. 2008. 普朗特流体力学基础. 朱自强, 等译. 北京: 科学出版社.

潘文全. 1980. 流体力学基础 (上册). 北京: 机械工业出版社.

潘文全. 1980. 流体力学基础 (下册). 北京: 机械工业出版社.

钱宁, 万兆惠. 1983. 泥沙运动力学. 北京: 科学出版社.

沈仲棠, 刘鹤年. 1989. 非牛顿流体力学及其应用. 北京: 高等教育出版社.

是勋刚. 1994. 湍流. 天津: 天津大学出版社.

童秉纲, 等. 1990. 气体动力学. 北京: 高等教育出版社.

吴望一. 1982. 流体力学 (上册). 北京: 北京大学出版社.

吴望一. 1983. 流体力学 (下册). 北京: 北京大学出版社.

夏震寰. 1990. 现代水力学 (一)—— 控制流动的原理. 北京: 高等教育出版社.

夏震寰. 1990. 现代水力学 (二)—— 分析流动的理论. 北京: 高等教育出版社.

夏震寰. 1992. 现代水力学 (三)—— 紊动力学. 北京: 高等教育出版社.

夏震寰. 1992. 现代水力学 (四)—— 波浪力学. 北京: 高等教育出版社.

张瑜. 1983. 膨胀波与激波. 北京: 北京大学出版社.

张长高. 1993. 水动力学. 北京: 高等教育出版社.

周光坰, 严宗毅, 许世雄, 等. 2000. 流体力学 (上册). 2 版. 北京: 高等教育出版社.

周光坰, 严宗毅, 许世雄, 等. 2000. 流体力学 (下册). 2 版. 北京: 高等教育出版社.

庄礼贤, 尹协远, 马晖扬. 1991. 流体力学. 合肥: 中国科学技术大学出版社.

Albertson M L, Dai Y B, Jensen R A, et al. 1950. Diffusion of submerged jets. Transactions ASCE, 115: 639-664.

Batchelor G K. 1953. Theory of Homogeneous Turbulence. London: Cambridge University Press.

Beavers G S, Wilson T A. 1970. Vortex growth in jets. Journal of Fluid Mechanics, 44: 97-112.

Behn V C, Shane R M. 1963. Capillary versus pipeline on determining sludge flow of digested sewage sludge. Water and Sewage Works, 110: 272-274.

Birkhoff G D. 1931. Proof of the ergodic theorem. Proceedings of the National Academy of Sciences, 17(12): 656-660.

Blasius H. 1908. Grenzschichten in flussigkeiten mit kleiner reibung. Z. Math. Phys., 56: 1-37.

Blasius H. 1913. Das Aehnlichkeitsgesetz bei Reibungsvorgängen in Flüssigkeiten. In Mitteilungen Über Forschungsarbeiten Auf Dem Gebiete Des Ingenieurwesens. Berlin: Springer.

Boussinesq J. 1877. Essai sur la theorie des eaux courantes. Memoires presentes par divers savants a l'Academie des Sciences de l'Institut National de France, Tome XXIII, No 1. Imprimerie Nationale, Paris.

Brodkey. R S, Lee J, Chase R C. 1961. A generalized velocity distribution for non-Newtonian fluids. AIChE Journal, 7(3): 392-393.

Brown G L, Roshko A. 1974. On the density effects and large scale structure in the turbulent mixing layer. Journal of Fluid Mechanics, 64: 775-816.

Brown G B. 1935. On vortex motion in gaseous jets and he origin of their sensitivity to sound. Proceedings of the Physical Society, 47: 703-732.

Chou P Y. 1945. On velocity correlations and the solutions of the equations of turbulent fluctuation. The Quarterly Journal of Applied Mathematics, 3(1): 38-54.

Coles D. 1956. The law of the wake in the turbulent boundary layer. Journal of Fluid Mechanics, 1: 191-226.

Crow S C, Champagne F H. 1971. Orderly structure in jet turbulence. Journal of Fluid

Mechanics, 43: 547-591.

Davidov B I. 1961. On the statistical dynamics of an incompressible turbulent fluid. Dokl. Akad. Nauk SSSR, 136: 47-50.

Davies P O A L, Fisher M J, Barratt M J. 1963. The characteristics of the turbulence in the mixing region of a round jet. Journal of Fluid Mechanics, 15: 337-367.

Dodge D W, Metzner A B. 1959. Turbulent flow of non-Newtonian systems. AIChE Journal, 5(2): 189-204.

Frthmann E. Über turbulente strahlausbreitung. Archive of Applied Mechanics, 1934, 5(1): 42-54.

Forthmann E. 1934.Turbulent jet expansion. Ingenieur-Archive, 5(1): 42-54.

Gibson M M, Launder B E. 1978. Ground effects on pressure fluctuations in the atmospheric boundary layer. Journal of Fluid Mechanics, 86: 491-511.

Görtler H. 1942. Berechnung von Aufgaben der freien Turbulenz auf Grund eines neuen Naherungsansatzes. ZAMM-Journal of Applied Mathematics and Mechanics, 22: 244-254.

Görtler H. 1954. Decay of swirl in an axially symmetrical jet far from the orifice. Revista Matematica Hispano Americanas, 14(4-5): 143-178.

Gruschwitz E. 1931. Die turbulente Reibungsschicht in ebener Strömung bei Uruchabfall und Druckanstieg. Archive of Applied Mechanics, 2: 321-346.

Hagen G H L. 1839. Uber die Bewegung des Wassers in engen zylindrischen Röhren. Annalen der Physik, 122(3): 423-442.

Han Z Y, Yin X Z. 1993. Shock Dynamics. Beijing: Science Press.

Hanjalic K. 1970. Two-dimensional asymmetric turbulent flow in ducts. London: University of London.

Hanks R W. 1963. The laminar turbulent transition for fluids with a yield stress. AIChE Journal, 9(3): 306-309.

Hedstrom B O A. 1952. Flow of plastic materials in pipes. Industrial & Engineering Chemistry, 44(3): 651-656.

Heisenberg W. 1948. Zur Statistischen Theorie der Turbulenz. Zeitschrift Für Physik, 124: 628-657.

Helmholtz H. 1858. Über Integrale der hydrodynamischen Gleichungen, Welche den Wirbelbewegungen entsprechen. Journal Für Die Reine und Angewandte Mathematik, 55: 25-55.

Hinze J O. 1975. Turbulence. 2nd ed. New York: McGraw-Hill Book Company.

Howarth L. 1938. On the solution of the boundary layer equations. Proc. Roy. Soc. London, A164: 547-579.

Hughes W F, Brighton J A. 1999. Schaum's outlines of theory and problems of fluid dynamics. New York: McGraw-Hill Book Company.

Hussain A K M F. 1983. Coherent structures—Reality and myth. Physics of Fluids, 26(10): 2816-2849.

Johnson D A, King L S. 1985. A mathematically simple turbulence closure model for attached and separated turbulent boundary layers. AIAA Journal, 23: 1684-1692.

Jones W P, Launder B E. 1972. The prediction of laminarization with a two-equation model of turbulence. Int. J. Heat Mass Transfer, 15: 301-314.

Keulegan G H. 1938. Laws of turbulent flow in open channels. Journal of Research of the National Bureau of Standards, 21: 707-741.

Kolmogorov A N. 1942. Equations of turbulent motion of in an incompressible fluid. Izvestiya Akademii Nauk SSR, Seriya Fizicheskaya, 6(1-2): 56-58.

Laufer J. 1954. The structure of turbulence in fully developed pipe flow. NACA Technical Reports No. NACA-TR-1174. United States: National Bureau of Standards.

Launder B E, Spalding D B. 1972. Lectures in Mathematical Models of Turbulence. London: Academic Press.

Launder B E, Reece G I, Rodi W. 1975. Progress in the development of a Reynolds stress turbulence closure. Journal of Fluid Mechanics, 68: 537-566.

Launder B E. 1975. On the effects of a gravitational field on the turbulent transport of heat and momentum. Journal of Fluid Mechanics, 67: 569-581.

Lin C C. 1949. Remarks on the spectrum of turbulence//Proc. Symposia Appl. Math., Vol. I, American Mathematical Society, New York, NY: 81-86.

Metzner A B, Reed J C. 1955. Flow of non-Newtonian fluids—Correlation of the laminar transition, and turbulent-flow regions. AIChE Journal, 1(4): 434-440.

Mooney M. 1931. Explicit formulas for slip and fluidity. Journal of Rheology, 2(2): 210.

Neumann J V. 1932. Proof of the quasi-ergodic hypothesis. Proceedings of the National Academy of Sciences of USA, 18: 70-82.

Nezu I, Rodi W. 1986. Open-channel flow measurements with a LDA. ASCE Journal of Hydraulic Engineering, 112(5): 335-355.

Nezu I. 1977. Turbulent structure in open-channel flows. Japan: Kyoto University.

Olsson R G. 1936. Geschwindigkeits- und Temperaturverteilung hinter einem Gitter bei turbulenter Strömung. Zeitschrift Für Angewandte Mathematik und Mechanik, 16(5): 257-274.

Pai S I. 1956. Viscous Flow Theory I: Laminar Flow. London: D Van Nostrand.

Patankar S V. 1980. Numerical Heat Transfer and Fluid Flow. New York: CRC Press.

Poiseuille J L M. 1846. Recherches experimentales sur Ie mouvement des liquides dans les tubes de tres-petits diametres//Memoires presentes par divers savants a l'Academie Royale des Sciences de l'Institut de France, IX: 433-544.

Prandtl L, Tietjens O G. 1934. Fundamentals of Hydro- and Aeromechanics. New York: Dover Publications.

Prandtl L. 1925. Über die ausgebildete Turbulenz. ZAMM, 5: 136-139.

Prandtl L. 1942. Bemerkungen zur Theorie der freien Tubulenz. ZAMM, 22: 241-143.

Prandtl L. 1945. Über ein neues Formelsystem fur die ausgebildete Turbulenz. Nachr. Akad. Wiss. Gottingen, Math. -Phys. Kl. Math. -Phys. -Chem. Abt. : 6-19.

Prandtl L. 1904. Über Flussigkeitsbewegung bei sehr kleiner Reibung. International Mathematical Congress, Heidelberg: 484-491.

Rabinowitsch B. 1929. Über die viskosität und elastizität von solen. Z. Physik Chem., 145: 1-26.

Reichardt H. 1942. Gesetzmäßigkeiten der freien Turbulenz. VDI-Forschungsheft, 414.

Richardson E G. 1954. Mechanism of the disruption of liquid jets. Applied Scientific Research, 4(5-6): 374-380.

Rodi W. 1972. The prediction of free turbulent boundary layers by use of a two-equation model of turbulence. London: Imperial College at University of London.

Rodi W. 1982. Turbulent Buoyant Jets and Plumes. London: Pergamon Press.

Rodi W. 1984. Turbulence Models and Their Application in Hydraulics: A state-of-the-art Review. 2nd ed. New York: CRC Press.

Rotta J. 1951. Statistische Theorie nichthomogener Turbulenz. Zeitsch. Zeitschrift für Physik, 131: 51-57.

Schlichting H. 1930. Uber das ebene Windschattenproblem. Gottingen: Gottingen University.

Schlichting H. 1933. Laminare Strahlenausbreitung. ZAMM, 13: 260-263.

Schlichting H. 1979. Boundary Layer Theory. 7th ed. New York: McGraw-Hill Book Company.

Seyer F A, Metzner A B. 1969. Drag reduction in large tubes and the behaviour of annular films of drag reducing fluids. The Canadian Journal of Chemical Engineering, 47(6): 525-529.

Shir C C. 1973. A preliminary numerical study of atmospheric turbulent flow in the idealized planetary boundary layer. Journal of Atmospheric Science, 30(7): 1327-1339.

Taylor G I. 1922. Diffusion by continuous movements. Proceedings of the London Mathematical Society, s2-20: 196-211.

Taylor G I. 1935. Statistical theory of turbulence. Proceedings of the Royal Society A: Mathematical, Physical and Engineering Sciences, 151(873): 421-444.

Taylor G I. 1958. Flow induced by jets. J. Aerospace Sci., 25: 464-465.

Tollmien W. 1926. Berechnung turbulentz Ausbreitungsvorgänge. ZAMM, 6: 468-478.

Tomotika S. 1935. On the instability of a cylindrical thread of a viscous liquid surrounded by another viscous fluid. Proc. Roy. Soc. Ser. A, 150(870): 322-337.

Toms B A. 1948. Some Observations on the Flow of Linear Polymer Solutions through Straight Tubes at Large Reynolds Numbers. Proceedings of 1st International. Congress on Rheology, North Holland, Amsterdam, 2: 135-141.

Townsend A A. 1947. The measurement of double and triple correlation derivatives in isotropic turbulence. Mathematical Proceedings of the Cambridge Philosophical Society, 43(4): 560-570.

von Karman T. 1930. Mechanische Ahnlichkeit und Turbulenz. Nachr. Ges. Wiss. Gottingen, Math. Phys. Klasse: 58.

von Karman T. 1911. Über den Mechanismus des Widerstands, den ein bewegter Körper in einer Flüssigkeit erfährt. Gottingen Nachrichten. Math. Phys., Kl.: 547-556.

von Karman T. 1921. Uber laminare und turbulente reibung. Zeitschrift Angewandte Mathematik Und Mechanik, 1(4): 233-252.

von Karman T, Howarth L. 1938. On the statistical theory of isotropic turbulence. Proceedings of the Royal Society of London Series A, 164: 192-215.

Wehrmann O, Wille R. 1958. Beitrag zur Phänomenologie des Laminar-turbulenten Übergangs im Freistahl bei kleinen Reynoldszahlen//Görtler H. Grenzschichtforschung / Boundary Layer Research. Internationale Union für theoretische und angewandte Mechanik / International Union of Theoretical and Applied Mechanics. Berlin, Heidelberg: Springer, 387-404.

Wieghardt K. 1948. Uber einen Engergiesatz zur Berechnung laminarer Grenzschichten. Ingenieur-Archiv, 16: 231-242.

Winant C D, Browant F K. 1974. Vortex pairing: the mechanism of turbulent mixing layer growth at moderate Reynolds number. J. Fluid Mech., 63(2): 237-255.

Wolfshtein M. 1970. Some solutions of the plane turbulent impinging jet. Journal of Fluids Engineering, 92: 915-922.

Абрамович Г Н. 1960. Теория турбулентных струй. Гоударственное Издателъство Физикоматематической Литератупы.

Жуковский Н Е. 1906. Оприсоебиненых вихпях. Собрание сочинений. Т. 1937.

Колмогоров А Н. 1941. Локальпая структура турбулентносри в несжимаемой жилкоти ПРИ оценъ Б альцих чилах рейнользса. ДАН, СССР, 30(4): 299-303.

Ландау Л Д, Лифшиц Е М. 1954. Механика солошных сред. Гостехиздат.

Шищенко Р И. 1951. Гидровдлка глинистъ растворов. Азнефтеиздит.

附录 1　高等流体力学常用术语中英文对照表

(按汉语拼音排序)

半经验理论　semi-empirical theory

半体　half body

半值宽　half-value width

保角变换　conformal transformation

保角映射　conformal mapping

贝塞尔函数　Bessel function

本构方程　constitutive equation

比热　specific heat

比热比　ratio of specific heat

壁面层　wall layer

壁面定律　law of the wall

壁面切应力　wall shear stress

壁面紊流　wall turbulence

边界层　boundary layer

边界层方程　boundary layer equation

边界层分离　separation of boundary layer

边界条件　boundary condition

变换　transformation

变形　deformation

变形张量　deformation tensor

遍历定理　ergodic theorem

标准差　standard deviation

标准化　normalization

表观黏度　apparent viscosity

表面力　surface force

宾厄姆流体　Bingham fluid

波谱　wave spectrum

不变量　invariant

不可压缩流体　incompressible fluid

布西内斯克近似　Boussinesq approximation

层流　laminar flow

层流射流　laminar jet

长度比尺　length scale

常微分方程　ordinary differential equation

超声速流　supersonic flow

出射速度　issuing velocity

初始段　zone of flow establishment

初始条件　initial condition

触变性流体　thixotropic fluid

大气边界层　atmospheric boundary layer

大气层　atmosphere

代数应力模型　algebraic stress model

单方程模型　one-equation model

单宽流量　discharge per unit width

当地加速度　local acceleration

导数　derivative

等离子体　plasma

等值线　contour line

狄拉克 δ 函数 Dirac delta function

点汇 point sink

点涡 point vortex

点源 point source

电离层 ionosphere

叠加原理 superposition principle

定常流 steady flow

定容 constant volume

定压 constant pressure

动力黏度 dynamic viscosity

动量 momentum

动量方程 momentum equation

动量守恒原理 principle of momentum conservation

动量通量守恒 conservation of momentum flux

动坐标 moving coordinates

断面平均流速 cross-sectional mean velocity

对称张量 symmetric tensor

对流 convection

对流层 troposphere

对流加速度 convective acceleration

对流扩散 convection diffusion

对流输运 convective transport

对流项 convective term

对数层 logarithmic layer

对数流速分布 logarithmic velocity distribution

多方程模型 multi-equation model

二维 two-dimension

二维射流 two-dimensional jet

方差 variance

非定常流 unsteady flow

非均匀流 nonuniform flow

非牛顿流体 non-Newtonian fluid

弗劳德数 Froude number

复势 complex potential

傅里叶变换 Fourier transform

高超声速流 hypersonic flow

高斯分布 Gaussian distribution

各向同性 isotropy

各向同性紊流 isotropic turbulence

各向异性 anisotropy

各向异性紊流 anisotropic turbulence

拐角绕流 flow around corner

管流 pipe flow

过渡段 transition zone

过渡区 transition region

焓 enthalpy

核心区 core region

横坐标 abscissa

互相关系数 cross-correlation coefficient

缓冲层 buffer layer

混合层 mixing layer

混合长度 mixing length

迹线 path line

积分 integral

积分变换 integral transform

积分尺度 integral scale

积分方法　integral method
激波　shock wave
剪切层　shear layer
剪切稠化　shear thickening
剪切流　shear flow
剪切流速　shear velocity
剪切紊流　shear turbulence
剪切稀化　shear thinning
简单波　simple waves
渐近匹配法　asymptotic match
截面积　cross sectional area
经验公式　empirical formula
径向流速　radial velocity
镜像法　method of images
卷吸　entrainment
均方差　mean square deviation
均方根　root mean square
均匀流　uniform flow
均匀紊流　homogeneous turbulence
卡门常数　Karman constant
卡门涡街　Karman vortex street
卡森流体　Casson fluid
科氏力　Coriolis force
可压缩流体　compressible fluid
可压缩流体动力学　compressible fluid dynamics
空气动力学　aerodynamics
孔口　orifice
控制方程　governing equation
控制面　control surface
控制体　control volume
跨声速流　transonic flow
扩散　diffusion
扩散方程　equation of diffusion
扩散系数　diffusion coefficient，diffusivity
扩展率　spreading rate
拉格朗日法　Lagrangian method
拉普拉斯变换　Laplace transform
雷诺比拟　Reynolds analogy
雷诺方程　Reynolds equation
雷诺数　Reynolds number
雷诺应力　Reynolds stress
理想流体　ideal fluid
连续介质　continuum
连续性方程　equation of continuity
量纲　dimension
量纲分析　dimensional analysis
零方程模型　zero-equation model
零压梯度　zero pressure gradient
流场　flow field
流函数　stream function
流量　discharge, flow rate
流速分布　velocity distribution
流速剖面　velocity profile
流体　fluid
流体动力学　fluid dynamics
流体力学　fluid mechanics
流体运动学　fluid kinematics
流体质点　fluid particle

流线　stream line

流型　flow pattern

卵形体　oval body

马赫数　Mach number

脉动流速　fluctuating velocity

脉动值　fluctuating value

脉线　streak line

幂函数　power function

幂级数　power series

幂律　power law

明渠水流　open channel flow

摩擦阻力　friction drag

摩阻流速　friction velocity

那布拉 (微分算子)　nabla

能量串级　energy cascade

能谱　energy spectrum

拟塑性流体 pseudoplastic fluid

拟序结构　coherent structures

逆变换　inverse transformation

逆压梯度　adverse pressure gradient

黏弹性流体　viscoelastic fluid

黏性底层　viscous sublayer

黏性力　viscous force

黏性流体　viscous fluid

黏性应力　viscous stress

牛顿流体　Newtonian fluid

欧拉法　Eulerian method

偶极子　doublet

喷嘴　nozzle

膨胀性流体　dilatant fluid

偏微分方程　partial differential equation

频谱　frequency spectrum

平流层 (同温层)　stratosphere

平稳随机过程　stationary random process

平移　translation

普朗特数　Prandtl number

奇点　singularity

气体动力学　gas dynamics

迁移　migration，transfer，movement

切应力　shear stress

球坐标系　spherical coordinates

屈服应力　yield stress

绕流阻力　drag around body

热层　thermosphere

热力学　thermodynamics

熵　entropy

射流　jet

射流扩展　jet spread

施密特数　Schmidt number

时均流速　time-averaged velocity

时均值　time-averaged value

势流　potential flow

势流核　potential core

输运方程　transport equation

数学模型　mathematical model

数值计算　numerical calculation

数值解　numerical solution

数值模拟　numerical simulation

衰减　decay

双方程模型　two-equation model
水动力学　hydrodynamics
水力半径　hydraulic radius
水力坡度　hydraulic slope
水力特性　hydraulic characteristics
水力学　hydraulics
水头损失　head loss
水位　water level
顺压梯度　favourite pressure gradient
瞬时值　instantaneous value
速度场　velocity field
速度分布　velocity distribution
速度环量　velocity circulation
速度亏损　velocity deficit
速度剖面　velocity profile
速度势　velocity potential
速度衰减　velocity decay
算子　operator
随机变量　random variable
随机过程　stochastic process
随机函数　random function
随体导数　material derivative
泰勒级数　Taylor series
体积力　body force
通量　flux
通用微分方程　versatile differential equation
统计理论　statistical theory
外逸层　exosphere
蜿蜒曲折　sinuous
完全气体　perfect gas
微尺度　microscale
微团　lump
尾流　wake
尾流函数　wake function
紊动扩散　turbulent diffusion
紊动扩散系数　turbulent diffusivity
紊动能　turbulent kinetic energy
紊动黏性系数　turbulence viscosity
紊动强度　turbulence intensity
紊动射流　turbulent jet
紊流　turbulent flow, turbulence
紊流边界层　turbulent boundary layer
紊流模型　turbulence model
紊流统计理论　statistical theory of turbulence
涡　eddy
涡管　vortex tube
涡量　vorticity
涡黏性系数　eddy viscosity
涡通量　vorticity flux
涡线　vortex line
涡旋　vortex
涡旋配对　vortex pairing
无量纲　dimensionless
无旋流动　irrotational flow
误差函数　error function
稀疏波　rarefaction wave
相关　correlation
相关函数　correlation function
相似性　similarity

小扰动 small disturbance
协方差 covariance
斜压流体 baroclinic fluid
形状阻力 form drag
虚源 virtual origin
旋转 rotation
压缩波 compression wave
亚声速流 subsonic flow
翼型 airfoil
因变量 dependent variable
应力张量 stress tensor
有旋流动 rotational flow
圆形射流 round jet, circular jet
运动方程 equation of motion
运动黏度 kinematic viscosity
震凝性流体 rheopectic fluid
正态分布 normal distribution
正压流体 barotropic fluid
直角坐标 rectangular coordinates
直线涡 line vortex
质点 particle
质量流量 mass flow rate
质量守恒原理 mass conservation principle
质量输运 mass transportion
中间层 mesosphere
轴对称射流 axisymmetric jet
轴线流速 axis velocity
轴向流速 axial velocity
主体段 zone of established flow
柱坐标 cylindrical coordinates
自变量 independent variable
自相关系数 auto-correlation coefficient
自由射流 free jet
自由紊流 free turbulence
纵坐标 ordinate
阻力系数 drag coefficient

附录 2　外国人名译名表

(按西文、俄文字母排序)

Albertson　艾伯森

Barratt　巴勒特

Barus　巴勒斯

Batchelor　巴彻勒

Baumgartner　鲍姆加特纳

Bernoulli　伯努利

Bingham　宾厄姆

Biot-Savart　毕奥–萨伐尔

Birkhoff　伯克霍夫

Bjerknes　皮叶克尼斯

Blasius　布拉休斯

Boussinesq　布西内斯克

Brodkey　布罗基

Brown　布朗

Buckingham　白金汉

Casson　卡森

Cauchy　柯西

Chase　蔡斯

Christoffel　克里斯多菲

Clapeyron　克拉佩龙

Coles　科尔斯

Crow　克罗

Crowdy　克劳迪

d'Alembert　达朗贝尔

Dai　戴

Darcy　达西

Davies　戴维斯

Dodge　道奇

Einstein, Albert　爱因斯坦

Einstein, Hans Albert　汉斯 · 爱因斯坦

Euler　欧拉

Fanning　范宁

Fisher　费希尔

Forthmann　佛斯曼

Fourier　傅里叶

Froude　弗劳德

Gibson　吉布森

Görtler　格特勒

Gruschwitz　格拉希维茨

Hagen　哈根

Hanks　汉克斯

Hedstrom　海德斯特朗

Heisenberg　海森伯

Helmholts　亥姆霍兹

Howarth　霍华斯

Hussain　侯赛因

Jensen　延森

Kelvin-Thomson　开尔文–汤姆孙

Keulegan 柯立根
Kosterlitz 科斯特利茨
Kronecker 克罗内克
Lagrange 拉格朗日
Lame 拉梅
Laplace 拉普拉斯
Laufer 劳弗
Launder 朗德
Lee 李
Lin C C 林家翘
Lord Kelvin 凯尔文勋爵
Mach 马赫
Metzner 梅茨纳
Mooney 穆尼
Navier 纳维
Nezu 根津
Olsson 奥尔森
Patankar 帕坦卡
Poiseuille 泊肃叶
Poisson 泊松
Prandtl 普朗特
Rabinowitsch 拉宾诺维奇
Rankine 兰金
Reed 里德
Reynolds 雷诺
Riemann 黎曼
Rodi 罗迪
Roshko 罗什科
Savart 萨伐尔
Schlichting 施里赫廷
Schmidt 施密特
Schwarz 施瓦兹
Shir 希尔
Spalding 斯波尔丁
St. Venant 圣维南
Stokes 斯托克斯
Strouhal 施特鲁哈尔
Taylor 泰勒
Thomson 汤姆孙
Thouless 索列斯
Tollmien 托尔明
Toms 汤姆斯
Townsend 汤森
von Karman 冯 · 卡门
Wehrmann 威尔曼
Weisbach 维斯巴赫
Weissenberg 魏森贝格
Wieghardt 维格哈特
Wille 威尔
Wilson 威尔逊
Wolfshtein 沃尔夫斯坦
Абрамович 阿勃拉莫维奇
Жуковский 茹可夫斯基
Колмогоров 柯尔莫哥洛夫
Лойцянский 洛伊强斯基
Шищенко 希辛柯